JN312736

有機農業運動と
〈提携〉のネットワーク

桝潟俊子

新曜社

目　次

序　章　本研究の意義・視点・課題……………………………………………… 1
　　1　本研究の意義――有機農業運動になぜ着目するのか　1
　　2　日本の有機農業運動の研究　5
　　3　本研究の視点と方法　13
　　4　本研究の課題と構成およびデータ　23

第Ⅰ部　日本の有機農業運動

第1章　有機農業運動の草創期………………………………………………… 39
　　1　有機農業運動の先駆者たち　39
　　2　提携運動の出発――消費者の有機農業への接近　42
　　3　消費者集団が担った提携運動――「80年調査」から　45

第2章　提携を軸とする有機農業運動………………………………………… 56
　　1　提携運動の高揚――1970年代後半　56
　　2　拡大する提携運動――1980年代前半　60
　　3　提携運動のもつ変革作用　64
　　4　提携を軸とする有機農業運動の地域的展開　70
　　　　――高畠有機農業運動の先駆性と到達点

第3章　多様化する有機農産物の流通ルート………………………………… 86
　　　　――「運動」から「ビジネス」へ
　　1　拡大する有機農業　86
　　2　有機農産物の「商品化」の進行と流通ルートの多様化　89
　　3　市場流通の拡大にともなう問題と行政・有機農業運動の対応　93

第 4 章　転機に立つ提携運動 ………………………………………………… 101
　　　　──「90 年調査」からみた到達点と問題点
　　1　提携運動の到達点──「90 年調査」から　101
　　2　兵庫県下にみる提携方法の多様化　112
　　3　提携運動に求められているもの　114

第 5 章　有機農業の制度化・政策化 ………………………………………… 118
　　1　有機農業の公的認知と制度化・政策化の進行　118
　　2　有機農産物の基準・認証の制度化　121
　　3　「環境保全型農業」の推進　125
　　4　有機農業運動の対応と「脱制度化」の動き　129
　　5　有機農業推進法の成立と課題　134

第 6 章　WTO 体制下の有機農業運動 ……………………………………… 140
　　1　21 世紀の有機農業をとりまく情勢　140
　　2　オーガニック食品市場の急成長と国際的有機認証システムの整備　141
　　3　米国における有機農業の「産業化」と CSA の広がり　143
　　4　有機農業運動が拓くオルタナティブな生活世界　146

　第Ⅱ部　有機農業運動の地域的展開

第 7 章　酪農農家の共同体を拠点とする有機農業運動 …………………… 155
　　　　──島根県奥出雲地域における流域自給圏の形成
　　1　木次乳業を拠点とするネットワークの形成　155
　　2　生命への覚醒──有機農業の始まり　160
　　3　木次有機農業研究会の発足と自給・自立思想　164
　　4　木次乳業の事業と活動　166
　　5　木次乳業が支える地域酪農　176
　　6　有機農業に取り組む事業体　180
　　7　「品位ある静かな簡素社会」に向けて　193
　　　　──斐伊川流域における生命共同体・親密圏の形成

年表　木次乳業の歩みと奥出雲地域の有機農業運動　204

第8章　柑橘農家集団が担う地域再生運動 …………………… 206
　　　——愛媛県明浜町における有機農業運動

　1　愛媛県明浜町における有機農業運動　206
　2　無茶々園の出発——有機農業との出会い　210
　3　無茶々園の地域への浸透　212
　4　無茶々園の販売部門の拡充・強化——地域法人無茶々園の設立　213
　5　有機農業技術の確立をめざして　215
　6　南予用水事業と柑橘農業の危機　217
　7　無茶々園のノートピア（百姓の理想郷）づくり　222
　8　無茶々園の地域再生運動——生業・自治の担い手の形成　228
　　　年表　無茶々園の歩みと明浜町の有機農業運動　240

第9章　行政主導による有機農業の町づくり ………………… 244
　　　——宮崎県綾町における循環型地域社会の形成

　1　宮崎県綾町における有機農業　244
　2　町づくりの「哲学」の形成　247
　　　——国有林（照葉樹林）伐採反対運動をきっかけに
　3　綾町の有機農業の出発——自給運動としての健康野菜づくり　249
　4　綾町と農協による有機農業の普及・推進　251
　5　認証制度の導入と有機性廃棄物の堆肥化　254
　6　行政主導による有機農業の展開と特徴　259
　7　綾ブランドの光と影　263
　8　有機農業の町づくり——「土からの文化を楽しむ町」づくりに向けて　267
　　　年表　綾町の「有機農業の町」「照葉樹林都市」づくり　277

結論　日本の有機農業運動の特質——歴史的意義と変革力 …… 279

　1　日本の有機農業運動——「新しい社会運動」と比較して　279
　2　有機農業運動の変革力——有機農業運動は何をめざしてきたか　282
　3　グローバリズムとローカリズムのはざまで　285
　　　——有機農業運動の産業化・制度化を超えて

あとがき　291

　　初出一覧　　294
　　文　献　297
　　人名索引・事項索引　　313

　　装　幀　日髙眞澄
　　地図制作　谷崎文子
　　扉中央／第Ⅱ部扉写真提供　木次乳業　無茶々園

　　断りのない写真は著者撮影によるものです

序　章　本研究の意義・視点・課題

1　本研究の意義——有機農業運動になぜ着目するのか

1.1　食と農の分断

まず，有機農業運動に注目する理由を述べ，本研究の意義を明らかにしておきたい。

1961年にアメリカの近代農業を手本として生産力向上・食糧増産をめざす「農業基本法」が制定された。1960年代以降，この「基本法農政」のもとで日本農業の近代化・工業化が推進された。農薬・化学肥料によるケミカル・コントロールに依存し，大型機械化，選択的拡大，大規模単作化を推し進め，食料生産の国際分業化の道を歩みはじめたのである。生産性の向上と経済的利益，効率追求を第一義とする〈農〉の「工業化」が進行した。

農薬・化学肥料への依存や大産地形成と流通の拡大，食料輸入の増大は，生態系や地域における物質循環を切断し，土壌肥沃度を減退させていった。また，農薬・化学肥料の多投は，深刻な人体被害や食品公害，環境汚染を引き起こした。

基本法農政がめざしてきた大規模な近代農業は，地理的・歴史的・社会的条件からみて，もともと日本に移入しても生産性をあげる基盤はなく，農家は単作化した商品作物への依存度を高めたことによって，かえって経営困難に陥った。また，とくに基幹作物であるコメの消費量と価格の落ち込みにより，日本農業は際限のない縮小・衰退の過程を歩んできたといっても過言ではない。

私たちはいまや，「地産地消（地場生産・地場消費）」あるいは「日本の農山漁村の自給力に合わせた食べ方」を失ってしまった。世界各地から食料を輸入し，食べ物の旬や季節感を見失い，地元の農業の存在を忘れ，新鮮な食べ物の味覚や風味，地域の風土にはぐくまれた伝統的な食文化から切り離されてしまった。食料の輸送距離（「フードマイル」Food Miles. ラング T. Lang の用語）

はますます長くなり，それにつれて化石燃料の消費量が増大し，大気汚染や騒音被害をもたらしている。美食と肉食過多の不自然な食生活は，自らの健康ばかりでなく，食べ物の安全性を損ない，地球の限られた農耕地や資源・環境に過大な負荷をかけている。

さらに，こうした食と農が世界市場システムに組み込まれた構造は，農民にとっても消費者にとってもいっそう見えにくくなっている。食と農の分断は，農業の近代化を起点として，次第に食と農の物理的・社会的・心理的距離が広がっていったことによりもたらされた。その帰結として，食と農の荒廃という危機的状況を招き，農業の環境への負荷を高めてきた。さらに，グローバル化のもとで高度に産業化された農業・食料システムの構築が進み，食と農は世界市場システム（WTO体制）にいっそう深く組み込まれ，食糧や種子が多国籍企業に独占的に支配される状況になっている。

1970年代初め，近代農業が日本中を席捲していた頃，生命の危機や土の疲弊，食べ物の質の低下，環境の汚染・破壊を敏感に感じとった農民のなかに，自己防衛的に農薬・化学肥料・抗生物質等の化学合成物質に依存しない農法や家畜の飼養を実際に試みる動きがでてきた。他方，都市の消費者のあいだには，残留農薬や食品添加物等による食べ物の汚染や質の低下に不安を感じ，「安全な食べ物」を求める運動が起きた。この運動は，それまでの消費・流通過程における「かしこい選択」によって消費者主権を確立していこうとする消費者運動とは異なる，新しい質をもった〈生活者運動〉であった。それは，消費者が食べ物の生産過程（作られる過程）にも目を向け，生産過程における食品添加物・農薬・抗生物質等の合成化学物質の使用を排除して，「安全な食べ物」を手に入れていこうとする運動であった。

消費者は，無添加食品や，農薬・化学肥料・抗生物質を使用しないで生産された米・野菜・畜産物等（いわゆる「有機農畜産物」）を，食品メーカーや食品加工業者，有機農業を実践している生産者に作ってもらい，それらを共同購入という方法で手に入れようとした。そして，消費者は共同購入団体やグループを組織し，生命・健康の危機や食べ物の安全性への不安を共有する有機農業生産者や食品加工業者と結びつき，相互に生活やライフスタイルの見直し・変革を行いつつ，「安全な食べ物」を生産し，流通・消費していこうとしたのである。

1.2 社会経済システムの創造と変革

　有機農業運動は，農薬による被害や土の疲弊，作物や家畜の異変を敏感に感じとった生産者と「安全な食べ物」を求める消費者が，自衛的・自然発生的に運動として取り組むようになったものである。だが，有機農業運動は近代農業・現代文明を根本から問い直すところから出発して実に幅広い問題に行き着いている。単なる農法や技術，農産物流通の問題にとどまらず，食べ物や環境の汚染，健康，食べ方，ライフスタイル，エネルギー・資源問題，南北問題，近代科学技術，協同組合，共同体，地域社会等々，広範な課題と領域が絡み合っている。その課題領域は，まさに徳野貞雄のいう「広域性と相互性」という「構造特性」をもっていたのである[1]。

　なぜなら有機農業運動は，食べ物を「商品化」し，食と農を市場経済に組み込んでいった近代化・産業化を根底から問い直す農民と消費者の相互変革運動であったからである。それはまた，生活文化の創造・復権運動[2]でもあり，ライフスタイルそのものが，「社会システムのなかに組み込まれている」[3]事実に気づく過程でもあった。市場経済に組み込まれることなく，〈オルターナティブ〉なライフスタイルや生活文化を享受しようとすれば，農民と消費者は自ら〈提携〉という新しい生産・流通・消費システムを創造し，資源・エネルギー・環境問題を視野に入れて，社会経済システムそのものの変革や農山村の再生に向かわざるをえなかったのである。

　アメリカのラディカル環境社会学者 A. シュネイバーグら（Schnaiberg et al. 1994＝1999）は，

　　「近代産業社会にみられる資本主義的生産様式，産業主義的政治構造，そして大量生産・大量消費・大量廃棄のライフスタイルが，総体として自然環境からの収奪（資源枯渇）と自然環境への負荷（環境汚染）を際限なくくりかえすことを強調し，人間社会の自然環境における収奪と負荷が，生態系のもつ環境容量を超えて，加速度的に環境問題を悪化させる論理を明らかにした」。

　　「（中略）近代産業社会では，企業であれ，個人であれ，行政であれ，すべての社会主体は，際限なき欲望を喚起させられ，生産拡大を追求する価値観

や行動様式を自己増殖しながら，環境破壊を進行させており，とくに高度消費社会においては，モードやファッションという記号による情報コントロールを通して，大衆の欲望を無限に自己創出できるために，この欲望の無規制な発動は，必然的に地球生態系の有限な環境容量とのあいだにさまざまな矛盾と破局を生起させる」（満田，2001：127）

と指摘している。

　日本の農山村における環境問題発生にも，まさにシュネイバーグが指摘する近代産業社会の経済・政治構造とライフスタイルがかかわっているのである。近年，農山村では，こうした環境問題発生のメカニズムをも視野に入れて，有機農業や環境保全型農業への転換，あるいはグリーン・ツーリズムやエコ・ツーリズムの導入などによって，持続性のある地域社会を内発的に形成していこうとする動きがでてきている。農業の再生や地域の活性化，「内発的発展」，自給・自立の〈循環型地域社会〉の形成に向けて，各地でさまざまな取り組みが行われている。しかも，その多くは，都市住民との連携やネットワークの広がりのなかで展開されている。

1.3　リスク認識による危機回避

　さらに，1980年代後半になると，健康・安全志向が高まり，農業による環境汚染・破壊が問題視されるようになった。そのため，有機農産物へのニーズ（需要）が増大し，「商品」としての付加価値がつくようになるとともに，運動の政策化・制度化が進んだ。他方，農業の産業化がとくにアメリカで進展し，食と農は世界市場システムへと組み込まれていった。こうした農業・食料システムの形成のもとで，食と農は危機的状況に直面している。また，21世紀初頭にあいついで発覚した雪印食品や日本ハムのような大手食品企業による輸入牛肉偽装事件や大手生協の鶏肉の偽装表示などは，利潤優先の資本の論理や強大な管理機構下の企業倫理の退廃を端的に表している。巨大な官僚制機構（行政）による規制は，有機農産物の検査・認証の制度化と同様，財政問題や非効率性，信頼性が問われている。

　「リスク」という概念装置を用いて社会関係の解明をめざすU.ベックは，現代社会における「リスク」認識には，「人間の行為の未来における諸帰結を予

測する認識図（cognitive map）」と，「近代化の徹底化のさまざまな意図せざる諸帰結の認識図」という二面性があり，「未来を植民地化するためのひとつの（制度化された）試み，認識図」が「リスク」認識であることを指摘している（Beck, 1999: 3）。

いずれにしても，私たちがいかなる「リスク」認識をもつかによって，行為（ライフスタイル）が選択され，未来が決定されるのである。さらには，そうした「リスク」に対していかなる対処や回避の方法をとるのかもまた，「リスク」を孕んでいる。したがって，食と農をめぐる危機的状況を回避するには，透徹した危機（「リスク」）認識をもち，対処（行為）することが重要になる。

このような状況のもとで，〈有機農業運動〉は近代産業社会の価値を根底から問い直すことによって食べ物の生産・流通・消費過程におけるオルターナティブな関係性，ライフスタイル，生活文化を創造してきた。このことが，世界市場システムに組み込まれた農業生産・食料供給システムに対峙する新しい社会経済〈システム〉（しくみ）の探究，変革の方向性の探究にあたって重要な意味をもつと考えるのである。

2　日本の有機農業運動の研究

2.1　有機農業運動とは何か：有機農業の定義

(1) 物質・生命循環の原理

日本において「有機農業」という言葉が最初に用いられたのは，1971年の有機農業研究会の発足時である（1976年日本有機農業研究会と改称）。その当時，「有機農業」という言葉に込めて追求されたのは，近代農業に対置する本来の「あるべき農業」であった。有機農業研究会の結成を呼びかけた一樂照雄は，そのことを次のようにはっきりと述べている。

「会をどういう名称にしようかと，みなでいろいろと考えた。イギリスやアメリカで30年ぐらい前から，Organic Gardening and Farmingという言葉が使われている。それを直訳して『有機農業』という言葉を使うことにしたわけです。もちろんこの言葉によって，一定の方式の農業のやり方を広めようというつもりで使ったのではなく，正しい農業あるいは本当の農業，あるべ

き形の農業とでもいうわけですから，本当は有機農業という言葉自体がなくなることが望ましいと思う。

　現在の農業のやり方を反省して，訂正していかなければならない。そういう運動の目標として，便宜的に有機農業という言葉を使ったわけですから，言葉そのものにとらわれる必要はないと思う」（一樂照雄伝刊行会編，1996: 273-274）。

　有機農業研究会発足時の会の規約の目的（第1条）には，「環境破壊を伴わず地力を維持培養しつつ，健康的で味の良い食物を生産する農法」の探求と確立とあるが，その農法の規定は具体性に欠けていた。その後，日本有機農業研究会は，1988年9月に，「有機農業の原理」（「その地域の資源をできるだけ活用し，自然が本来有する生産力を尊重した方法」）を盛り込んだ有機農産物の定義を発表したが，それ以上の具体的な農法や栽培方法の基準は示さなかった（第3章3.3参照）。

　日本では，土地条件や天候，品種等によって多様に繰り広げられている生産現場での実践を集約するにとどまり，欧米における生産者団体のように栽培指針（基準）を策定してこなかった。このため第5章で詳述するように，農林水産省が「有機農産物とその加工食品の基準」（厳密には生産方法の基準）をJAS規格として制定してはいるものの，現在まで，「有機農業」について社会的な共通認識が成立するに至っていない[4]。

　一般に「オーガニック」（「有機」の英語表現）とは，基本的に農薬・化学肥料などの化学合成物質を使用しないことが前提となっている。たとえば，1980年7月の米国農務省報告でも，

　　「有機農業とは，合成化学肥料，農薬，成長調整剤および飼料添加物など人工薬剤の使用を全面的に排除するか，大部分を排除する生産方式である」，
　　「有機農業方式は，土壌の生産力と肥沃度を維持し，作物に養分を供給し，そして昆虫，雑草その他の病害虫を防除するのに，実行可能な極限にまで，輪作，作物残滓，家畜糞尿，豆科植物，緑肥，農場外の有機性廃棄物，機械中耕，無機養分含有岩石，および病害虫の生物学的防除に依存する」[5]

と定義されている。

序章　本研究の意義・視点・課題

また，イギリスのソイル・アソシエイション（土壌協会，1946年設立）の基準（1989年版）でも，「微生物，土壌動植物相，地上動植物などの生物学的循環を促進することが有機農業の基本」とされ，経営内物質循環を重視すること，外部から搬入（移入）した投入財への依存を少なくすること，豆科植物，緑肥，間作物を最大限取り込んだ輪作が本質とされており，「物質・生命循環の原理」がきちんと盛り込まれている。そして，イギリスでは，これが基礎となって国レベルの基準（UKROFS：イギリス有機食品基準）が策定されている。

(2) 提携の原理（関係性）

これに対して，日本では有機農業研究会として5年間ほど実践を重ねていく過程で，有機農業を追求し打ち立てていくためには，「どうしても生産に従事する人々と消費者との間に充分な理解が生まれ，双方相携え協力しあうという有機的関係がつくられなければ，実現しにくいということ」（一樂照雄伝刊行会編，1996: 286）を体験した。こうして日本の有機農業運動は，「生産者と消費者の有機的関係」，すなわち〈提携〉という関係性を軸に運動が展開していくのである。

提携とは，生産者と消費者が直結し，お互いの信頼関係にもとづいて創り上げた有機農産物の流通システムである。日本の有機農業運動では，単なる「物の売り買いの関係」と区別して，「信頼を土台にした相互扶助そのものを目的とする人と人との友好的付き合い関係」を表す言葉として，〈提携〉が用いられている。

「有機農業とは，人間関係の有機的関係を形成し，その上に成り立つ農業ともいえる。金もうけのための商品としての生産，お金さえ払えば手に入る商品としてしかみていない消費者の態度，その双方の関係が是正されないかぎり，実現しにくいのではないかと考えるわけです。食料についての脱商品性とでもいうべき方向を，生産者とともに消費者にも考えてもらわなくてはならない」（一樂照雄伝刊行会編，1996: 286-287）。

「あるべき農業」を追求・確立していくには，「経済の論理」に対抗し，「脱商品性」（＝「生命の論理」）にもとづく社会経済システムの組み立て直しへ向

かわざるをえないことを，日本の有機農業運動は初期の段階に体験し，「有機的関係の形成」（＝「関係性の変革」）が運動における重要な位置を占めるようになるのである。

(3) 地域自給の原理

1999年2月，日本有機農業研究会は，日本の有機農業運動が「めざすもの」を，あらためてわかりやすく10点にまとめ，「有機農業に関する基礎基準」に盛り込んで発表した（表序－1）。ここでも，生きた土づくりによる「地力の維持培養」「自然との共生」「地域自給と循環」が，有機農業の欠かせない要件となっている。

つまり，有機農業が近代農法を超えて環境保全的な機能をもち，循環型地域社会の基軸となりうるためには，単に農薬や化学肥料を使用しないだけでなく，「物質・生命循環の原理」がその生産方式や技術に内包され，地域の再生可能な資源やエネルギーを活かし，自然のもつ生産力を活用して地域の資源を循環・自給する農業をめざさなければならないのである。だが，こうした「環境に優しい」農業，あるいは農法が確立されているわけではなく，有機農業運動の現場で探究が続けられている現状にある。

また，そうした方向に農業のやり方を変えるということは，単に農法や技術の変革にとどまらない。農法や技術を変えることは農業の近代化・産業化を推進している産業社会の文明や価値観，社会経済システムを根底から問い直すことにつながり，生活や生き方，地域社会の変革にまで行き着くことになり，新しい生活文化，社会のしくみ，〈システム〉の創造に向けた「有機的関係」の形成が不可欠なのである。

日本における有機農業運動の実践に深くかかわってきた農業経済学者の保田茂は，

> 「有機農業とは，近代農業が内在する環境・生命破壊的性格を止揚し，土地―作物（―家畜）―人間の関係における物質循環と生命循環の原理に立脚しつつ，生産力を維持しようとする農業の総称である」（保田, 1986: 12）

と，農法だけでなく人間との関係をも包摂して有機農業の本質的性格を規定している。

表序－1　有機農業運動がめざすもの

安全で質のよい食べ物の生産	安全で質のよい食べ物を量的にも十分に生産し，食生活を健全なものにする
環境を守る	農業による環境汚染・環境破壊を最小限にとどめ，微生物・土壌生物相・動植物を含む生態系を健全にする
自然との共生	地域の再生可能な資源やエネルギーを活かし，自然のもつ生産力を活用する
地域自給と循環	食料の自給を基礎に据え，再生可能な資源・エネルギーの地域自給と循環を促し，地域の自立を図る
地力の維持培養	生きた土をつくり，土壌の肥沃度を維持培養させる
生物の多様性を守る	栽培品種，飼養品種，及び野生種の多様性を維持保全し，多様な生物と共に生きる
健全な飼養環境の保障	家畜家禽類の飼育では，生来の行動本能を尊重し，健全な飼い方をする
人権と公正な労働の保障	安全で健康的な労働環境を保障し，自立した公正な労働及び十分な報酬と満足感が得られるようにする
生産者と消費者の提携	生産者と消費者が友好的で顔のみえる関係を築き，相互の理解と信頼に基づいてともに有機農業を進める
農の価値を広め，生命尊重の社会を築く	農業・農村が有する社会的・文化的・教育的・生態学的な意義を評価し，生命尊重の社会を築く

（出典）日本有機農業研究会「有機農業に関する基礎基準」1999 年より抜萃

（4）まとめ

そこで，これまで検討した諸点を踏まえ，本書では，有機農業運動とは，近代農業が内在する環境・生命破壊的性格への不安・不満にもとづき，土地―作物（―家畜）―人間の関係における物質・生命循環の原理に立脚しつつ，生産力を維持しようとする農業への変革を志向する集合行為である，と規定する。そして，本書においては，「本来のあるべき有機農業」，あるいは「本来のあるべき有機農業への変革を志向する運動」を，「底の浅い」有機農業や有機農業運動と区別して，〈有機農業〉，あるいは〈有機農業運動〉のように〈　〉を付して表記することとする。

さらに，日本の有機農業運動の展開過程にみられる特徴として，有機農産物を手に入れるために有機農業生産者と消費者が直接結びつく〈提携〉という独創的な運動形態を編みだしたことがあげられる。近代農業への根源的批判から

出発した有機農業運動は，有機農業生産者と消費者が直結して〈提携〉のネットワークを形成し，これまで述べてきた食と農をめぐる問題状況を総体として受けとめ，食と農の分断を超克する新しい地平を切り拓きつつある。有機農業運動はそうした位置価をもった運動なのである。

2.2 有機農業にかかわる社会学的先行研究

(1) 社会学・社会運動論における有機農業研究

有機農業の調査や研究は広範な問題領域とかかわり，生態学，医学，農学，農業経済学，協同組合論など，さまざまな分野の専門家，および実践者によって学際的な研究が積み重ねられてきた[6]。ここでは，有機農業をめぐる環境社会学の分析視角と課題を導きだすために，まず社会学者による有機農業研究のレビューを通して，これまで社会学者が有機農業研究にどのようにアプローチしてきたかをみておきたい。

これまで社会学者によって行われた有機農業研究はごくわずかである。また，海外の環境運動研究の動向に詳しい長谷川公一（2003: 17）によれば，有機農業運動は，「筆者の知るかぎり海外の環境社会学者がほとんど扱っていない，日本の環境社会学に特徴的なテーマである」という。

初期の研究として，中野芳彦ほかによる，有機農業運動を実践する生産者グループや消費者グループについての一連の調査報告がある。千葉県「三芳村安全食糧生産グループ」と「安全な食べ物をつくって食べる会」との提携，および「菜っぱの会」と千葉県野栄町の生産者・熱田忠男さんとの提携についての詳細な事例分析がある（中野ほか, 1982; 1983; 1984; 1985）。

また，谷口吉光は，「所沢生活村」という消費者グループに会員としてかかわり，この消費者グループの活動を中心とする参与観察を通して，提携運動を「生活の場における主体性と提携関係における協同性」という2側面を追求する「『生活者の形成』過程」ととらえた（谷口, 1988; 1989）。

1982年から松村和則と青木辰司によって山形県高畠町有機農業研究会の研究が始められたが，それまでの有機農業運動論はどちらかというと都市や消費者の側からの運動理念の提唱や実践報告が多かったのに対して，むら社会に生きる農民の側から有機農業運動の地域的展開を描いたところにその特徴がある。筆者も途中から共同研究者のひとりとして加わって『有機農業運動の地域的展

開』（松村ほか編, 1991）をまとめたが，10年近くにおよぶ資料収集や調査，援農・交流を通じて参与観察を行った研究成果である。

さらに徳野貞雄の研究がある。徳野は，近年の農業解体の危機的状況に対抗して自覚的に「食と農」のあり方を根源的に問い直す農民や農民集団の運動に着目した。福岡県桂川町で合鴨を導入して完全無農薬栽培と直接産直を行っている古野隆雄さん・久美子さん夫妻の農家経営，産直の実態，集落や農協との関係についての事例分析である（徳野, 1990; 2002b）。また，徳野（1998: 13）は，「専門家によって分業化されシステム化され，狭義的にオーソライズされた視点」からの既存の農業・食糧問題へのアプローチの仕方では，「合鴨農法は無農薬で稲作栽培をおこなう一つの農法という認識はできても，合鴨農法が"消費者に一番知られている稲作栽培技術"の一つである」という認識的発展は生まれてこないとし，「生活農業論」を提唱している（徳野, 1998; 2003a）。

このほか，社会運動や環境運動研究にかかわる社会学者のなかに有機農業運動への言及がみられる。寺田良一は環境運動の類型化を試みたが，環境運動の志向や目標（「過度な産業化や国家介入の抑制」vs.「永続可能で自律的な社会・経済のオルタナティブ」）と担い手の属する領域（「産業社会的な生産効率至上主義が貫徹する領域〔産業的領域〕」vs.「『生命的（第一次的）生産』や地域，環境，家庭といった基本的な人間生活の領域〔非産業的領域〕」）という2つの軸から4つの類型をつくり，有機農業運動はそのうちの「地域自給型」環境運動の典型例とする。寺田によれば，

「『地域自給型』は，広い意味では『オルタナティブ経済』に含まれるが，あえてそのように表現したのは，それが企業による工業製品や商品の生産ではなく，農林漁業のように各地域の個性的な環境生態系に依存した『生命系の生産』の場であり，生業の糧としての『地域資源』を維持しつづける地域社会の実物経済的な豊かさを保全しようとする運動であるから」（寺田, 1990: 83-88）

だという。しかし，寺田は，有機農業運動を新しい社会運動のひとつとして類型化するにとどまった。

また，佐藤慶幸が主宰するネットワーキング研究会は，生活クラブ運動の実証的共同研究を組織的・継続的に実施した。生活クラブ生協は「素性のわか

る・考える素材」として「有機農産物」の共同購入を主要な事業活動としていた。ネットワーキング研究会の研究の理論的視点・関心は,「アソシエーション論」「システムによる生活世界の植民地テーゼ」「新しい社会運動論」, そして「3つの社会経済セクター」にあり, 生活クラブ生協の班別予約共同購入, 運動の事業化, ワーカーズ・コレクティブ, 代理人運動などに注目した「生協についての比較的まとまった社会学的研究の嚆矢」である(佐藤, 1996: 270-272)[7]。その共同研究の成果として, 佐藤(1996), 佐藤編(1988), 佐藤ほか編(1995)などがあるが, 生活クラブの運動と有機農業運動との交錯や関係についての論及はほとんどみられない。

　飯島伸子は,「地球環境の問題も社会学的に分析していけば, 地域社会で発生している問題としてとらえられる面が多い」と述べている (飯島, 1993: 246)。たしかに, 飯島が指摘しているように, これまでの社会学者による有機農業研究においてもほとんどが〈産消提携〉を実践する生産者や消費者の地域における運動の展開を問題としている。

(2) 村落研究における有機農業研究

　このように, 社会学者によるこれまでの有機農業研究は, 谷口を除いて村落研究に携わってきた数人の研究者によって取り組まれてきたわけだが, 後述のように, 日本の村落研究(とくに日本村落研究学会)においては, 近年に至るまで有機農業への問題関心はきわめて低かった。そのため, 村落研究において蓄積のある「いえ・むら」論や農民の主体性などに視点をすえた社会学的な有機農業研究は, ほとんど行われてこなかった。

　だが, 一部の農業経済学者や農学者, 協同組合研究者などは早い時期から有機農業に関心をよせており, 有機農業や有機農業運動研究の成果, および有機農業生産者や新規参入者などによる現場からの報告は数多くある。それらのなかで, 村落社会や農民の主体性にかかわる問題についても断片的に取り上げられ, 有機農業実践者が肉声で語っているものもある。

　1990年代に入ると, これまで「農業問題の座標軸を農業＝貧困問題」(工藤, 1993: 9)においてきた農業経済学者からも,「過度に農薬や化学肥料に依存した農法が, 環境に対しては, まぎれもなく加害者としての役割を果たしているから」,「日本農業の再生が農法の転換を抜きにしては語れないことは明白であろう」(工藤, 1993: 203)という見解がはっきりと示され, 近代農業の環境へ

の負荷，生命・健康の危機が誰の目からみても明らかになった。

　こうした有機農業をめぐる社会的情勢の大きな転換のもとで，1996年に開催された日本村落研究学会第44回大会において，ようやく有機農業運動がテーマになった。「有機農業運動の可能性と課題──農村の再生，都市との連携」と題するテーマ・セッションが，徳野貞雄をコーディネーターとして設けられた。しかし，

　　「報告者の顔ぶれに関してだけいえば，5名の報告者のうち元々の会員は1名だけであり，そして，大学や研究機関に籍をおく方を『研究者』とすればそうでない方々，つまり農業者や農業改良普及員として長く『現場』におられた方から報告をお願いしたことが新たな特徴であった。シンポジウムを村研会員の内々で開催するというのは，もはや限界ということであろうか」（庄司, 1998: 257）

と，村研の理事が大会の所感をもらしているように，それまで日本の村落研究のなかで有機農業はほとんど関心をもたれない問題であった[8]。このシンポジウムのテーマにそって，日本村落研究学会の年報として『有機農業運動の展開と地域形成』が編集され，1998年に出版された。

3　本研究の視点と方法

3.1　有機農業研究への接近

　筆者は「たまごの会」の取材（桝潟, 1974）をきっかけに，1970年代前半から有機農業運動に関心をもちはじめ，やがて研究対象とするようになった。しかしそれは社会学的な研究を意図したものではなかった。当時は，「安全な食べ物」を求める都市の消費者と農薬被害からの自衛や土の疲弊に気づいた生産者とが結びついて各地で自然発生的に起きた有機農業運動が社会的広がりを獲得しつつあった時期であった。そうした状況のなかで，むしろ有機農業運動が抱えていた問題，あるいはそこから派生した地域自給や有機農産物流通といった実践的な課題に衝き動かされながら調査研究を進めてきた。

　われわれは1977年から国民生活センターで有機農業運動研究を開始した

が[9]．その動機を，共同研究者の多辺田政弘は次のように記している．

　「この『新しい運動』の歴史的必然性は無視できえないばかりでなく，日本の農民運動と消費者運動にとって今後ますます重要な意味と役割を果たすことになるだろうという予感を感じるが故に，この『新しい質をもった運動』がどこから生まれ，どこへ行くのかという全体的な見取り図をどうにかして手に入れたいと考えたためである」（国民生活センター編，1981b: 6）．

　そして，われわれが研究対象にアプローチする姿勢は，「自らが生きる主体としてののっぴきならない関心をもったものにかかわる」という，「かかわり方」を大切にした．つまり，「切れ味のいい分析道具をもって何を切ろうかという姿勢ではなく」，「まず，分析者の目を一度，対象のなかに入り込ませるという等身大の作業が必要だと考えた」（国民生活センター編，1986: 11）のである．われわれの有機農業運動への「かかわり方」は，A. トゥレーヌが社会運動を問題にするときに提唱した「社会学的介入」[10]とも異なり，ひとりの〈生活者〉として「等身大」の視点と方法で対象に接近していったのである．

　しかし，筆者自身，社会学的思考やものの見方が身体化しているため，いきおい問題関心は社会学的視点が色濃くでてしまう．とはいえ，社会学だけでなくほかの関連諸科学の知見や理論，パラダイムを踏まえて，運動や実践にかかわる人びとの〈生〉や生活から対象に接近していく姿勢を大切にしてきたつもりである．つまり，有機農業にかぎらず環境問題を社会学が取り扱う場合，学際的な幅広いパースペクティブをもった問題構成が要請される．そしてそのなかに社会学固有の領域と課題をきちんと設定し，研究を進めていくことが望まれる．このことは，筆者が有機農業の研究にあたっていつも自分自身に言い聞かせてきたことでもある．

3.2　本研究の視点と方法

(1)「新しい社会運動」との比較

　日本の有機農業運動は，1960年代後半から70年代にかけて，学生運動，女性解放運動，環境・エコロジー運動，エスニシティ運動，反核・平和運動など，「新しい社会運動」が噴出する社会情勢のもとで発生し，1970年前後から意識

的に取り組まれるようになった。有機農業運動は生命，エコロジー，環境破壊に対して危機感・不安を抱く生活者（生産者と消費者）を担い手として，食べ物の生産・流通・消費の全過程を視野に入れた変革運動として出発した。

　長谷川は，社会運動を「現状への不満や予想される事態に関する不満にもとづいてなされる変革志向的な集合行為である」と定義している（長谷川, 1993: 147）。この定義は，ミクロの行為者レベルの不満によって，社会運動を含む集合行動の発生を説明する「相対的剥奪論」を念頭においたものである。のちに長谷川はこれを環境問題・環境運動の固有の文脈におき直して，「生産者と消費者の提携を重視する産直提携運動などを含む有機農業運動」も環境運動のひとつであると整理した。

　「初期の資源動員論は，先行の集合行動論との差別化を図るねらいもあって，公民権運動などを念頭に，不満は長期に持続してきたもので定数的であり，成員の動機づけにとって二次的な要因であることを強調した。しかし，環境運動においては，環境破壊・環境リスクへの危機感，不安，不満は，基本的には，被害の顕在化や因果関係の明確化，計画の発表などをきっかけに，急速に高まるような性質をもつものであり，その意味で第一次的な要因である」

　「環境運動は，環境保全に関する不満に基づいてなされる変革志向的な集合行為である」

　「環境運動は，階級闘争型の労働運動や体制変革的志向的な運動と対比される『新しい社会運動』の典型である」（長谷川, 2001a: 100）。

　長谷川は，「新しい社会運動」論（フランスのA. トゥレーヌ，イタリアのA. メルッチ，ドイツのJ. ハバーマス，C. オッフェなど）から相対的に共通性の高い理論的特徴を抽出して，次の3点をあげている（長谷川, 1990: 17-18）。

　第1に，新しい社会運動論というアプローチ自体が理念主義的，自省的（reflexive）な性格である。

　第2に，分析の焦点は，社会運動およびその成員のアイデンティティと価値志向にある。

　第3に，新しい社会運動論のバックグラウンドをなしているのは距離のおき方こそさまざまだが，マルクス主義的なアプローチであり，歴史性を射程に入

れた現代社会論の一環として，社会運動論はひとつの変革主体論として展開されているとしている。そして，オッフェ（Offe, 1985）やK. エダー（Eder, 1985）によると，80年代半ばにおけるその主要な焦点は，新しい社会運動と新保守主義との比較対照であり，ありうべき運動主体の同盟と，その運動の帰趨と性格変容の検討であったと指摘している。

　この点に関して，J. L. コーエンは，「新しい社会運動」の特質を，「革命運動のような体制変革を志向するのではない，市場経済と議会制民主主義を基本的に受け入れたうえで，市民社会の自律性の防衛とパブリックな空間の拡大をめざす自己限定的なラディカリズムにある」（Cohen, 1985: 670）と述べている。

　そこで，本研究では，オッフェが「新しい社会運動」の4側面として取り上げている，(1)担い手（行為主体），(2)イッシュー，(3)価値志向，(4)行為様式の各項目（Offe, 1985）[11]について，「新しい社会運動」の理論的特徴との比較を視野に入れて，日本の有機農業運動の特質を明らかにしていきたい。

(2)「物質・生命の循環」と人間社会・地域の視点

　日本の高度成長期以降の地域政策は，農村への工場誘致，宅地開発，リゾート開発といった「フローをもたらす地域開発」であった。これに対して，日本の有機農業運動の視点は，「地域内循環（ストック）を生かす自立と互助の地域（ムラ）づくり」（国民生活センター編，1981b: 277）が基礎になっている。地域の自然や資源を生かして持続的な自給と自立をめざす農法・農業への転換は，それまでの「地域」のとらえ方やかかわり方も根本的に変えるものとなった。つまり，「農業が新しい意味を帯びて見えてきたとき，農業を取りまく地域も同時に，新しい意味を帯びて立ち現れて」（国民生活センター編，1981b: 275）くるのである。都市の消費者との提携・交流は，むら社会に生きる生産者を苦悩させ，関係性を閉ざしてしまう側面もたしかにある（桝潟，1995: 44-45）。しかし，〈有機農業〉は健全なエコロジー・農林漁業が支える社会に向けての産業構造転換の突破口になるものである，と筆者は考える[12]。

　前述したように，早い時期から有機農業に注目してきた農業経済学者の保田茂は，有機農業を「物質・生命循環の原理に立脚した農業」ととらえている（保田，1986）。また，熊沢喜久雄によれば，

　「歴史的にみて，農業は自然環境の最大の破壊者として現れたが，同時に

農業の持続的発展を保障するために，絶えず環境を修復し，農業生態系を創造し，それを準自然環境として維持しながら自然との調和を計り，自然の生産力を生かしながらそれを農業生産物に凝縮して利用してきた」(熊沢, 1995 : 19)。

つまり，農業が持続性を維持するには，環境修復のための「物質循環完結，土壌肥沃度回復維持過程」が組み込まれていなければならないのである。本来，農業はエントロピーの処理機構を内包する人間の営みであったが，工業化・化学化した結果，それが自然そのものによって拒否されるという事態に直面して〈有機農業運動〉が生まれたわけである。したがって，〈有機農業運動〉は環境破壊的な近代農業，近代産業社会を根底から問い直す，根本的な問題解決・社会経済システム変革への志向性を内包している。

さらにこの問題は，エントロピー処理機構としての生命系における「人間社会の主体性・自主性」という主題と重なり合う。これは日本の「エントロピー学会」の主要創始メンバーである故・玉野井芳郎，槌田敦が「天動研究会」(室田武，中村尚司との小さな研究会) での研究交流から導いた主題である。多辺田は次のようにいう。

「逃れようもなくそれぞれの多様な地域の現実のなかに生きているという時空を踏まえるとき，必要なのは『天動の世界』の認識なのである。まず，われわれの『地域』を取りまく多様性と関係性に目をやり，その外延に向かって広がる大小さまざまなサイクルを物質循環を回復する方向へ向けるためにどのような社会システムをつくりだせるかが問われている」(多辺田, 1995: 52-53)[13]。

(3) 有機農業の環境社会学——新しい社会関係・社会〈システム〉の提示

このように，「地域」への視点に加えて，有機農業への転換，すなわち農法(技術)の変革にともなう社会関係の考察が，社会学固有の問題として浮上してくる。そして，これは，とりもなおさず高田昭彦の定義する環境社会学の一分野となりえよう[14]。また，鵜飼照喜 (鵜飼, 1992a; 1992b) が環境社会学の新しい独自の特質として提示している「社会的物質循環論」(高田, 1995) の視点は，「物質・生命循環の原理に立脚した農業」である有機農業を対象とする

17

環境社会学の枠組みには、すでに包摂されてしまっているのである。

　有機農業の環境社会学の課題に引きつけていえば、人間の自然への働きかけである農法を、物質循環を回復する方向に転換していこうとするとき、有機農業の展開の場である「地域」をどうとらえ、生産―流通―消費にわたってどのような社会関係や社会〈システム〉を創造しようとしてきたのか、創造しうるのかが問題になるのである。そして、農山村における健全な〈有機農業〉の定着・拡大に向けて、環境社会学は地域における循環性を保障するどのような関係性（社会関係や社会〈システム〉）を構想しうるのかが、問われているといえよう。

　こうした課題に接近するために、有機農業に関心をよせてきた農学者や農業経済、協同組合、環境問題などの研究者や実践家から多くの研究や報告が積み重ねられてきた。たとえば、有機農産物の流通問題に焦点をあてて筆者らが行った研究は、多様化する流通の実態分析を手がかりに、どのような生産・流通・消費のシステムをつくっていけば健全なかたちの〈有機農業〉への転換・拡大につながっていくのか、提示しようと試みたものである（国民生活センター編, 1992）。

(4) 生命系を支える持続的な社会経済〈システム〉の探究

　さらに、地域社会の持続性を維持する重要な要件として「循環性」がある。近年、有機農産物の広域流通をめざす産地形成や外国からの農産物輸入が活発になっている。佐伯啓思のいう「資本主義の自己拡張運動」は、「欲望の肥大化」を引き起こしている（佐伯, 1993）。消費者や生産者の欲望が資源や地域、共同体の制約を越えて増殖していくと、有機農業が内包していた「物質・生命循環の原理」が崩されていく懸念が大いにある。

　この循環性についてエントロピー学派（前述の「エントロピー学会」の創始メンバーら）は早い時期から問題にしており、われわれの地域自給の研究のきっかけは、経済学者室田武の『エネルギーとエントロピーの経済学』における問題提起にあった（室田, 1979）。室田武らによる『循環の経済学』(1995) は、エントロピー学派による当時の研究の到達点を示している。資源物理学者の槌田敦は廃熱・廃物の処理機構が定常開放系である地球には存在していることを解明したが、室田は『物質循環のエコロジー』(2001) の「あとがき」で、槌田敦が「人間の経済を考える場合、その根底に物質循環があることをはっきり

序章　本研究の意義・視点・課題

と示してくださった」（室田，2001: 271）と述べている。

　今日の環境問題の多くが地域における物質循環の崩壊によって引き起こされているのであるから，環境社会学の諸理論や分析の枠組みにこうした「循環の経済学」の考え方を組み込むことによって，環境社会学の実践的有効性を高めることができると考える。

　たとえば多辺田は，物質循環論にもとづく社会システムを構想するとき，「人間社会における経済行為の領域（熱化学機関の運転主体）として，公（政府），私（市場経済），共（コモンズ）の三つがあることを提示した」うえで，「自由則を担う私と，禁止則を外装する公と，内装する共とが補完・対抗する関係をもつことによって，物質循環の攪乱を防ぎ，更新性をもった定常系の経済を可能にするという考え方」(15)を提唱している。

　そして，そのための条件として2つあげている。ひとつは，「国際間の禁止則としての貿易管理」を行い，「農林漁業を中心とした国内の産業連関を地場産業として地域のなかに埋め戻していくこと」，もうひとつは，「自治（地域民主主義）の健全な育成」(16)であるという（多辺田，1995: 139-140）。

　さらに，環境問題は中村尚司のいう「民際学」(17)の領域である。中村は次のようにいう。

　　「生命系は循環性，多様性と関係性で支えられている」。そして，「生命系の本質は，循環性の永続である」（中村，1994: 187-191）。
　　「民際学研究は，何らかのかたちで，豊かな社会における豊かな生き方をめざす。それゆえ，民際学が最終的な課題とするのは，人間の社会的な関係のあり方であ（り）」「万人が当事者になる分野であるから，万人にとっての共通の課題でもある」（中村，1994: 201）。

　したがって，民際学の課題はまた環境社会学の独自の課題として受けとめることもできる。すなわち，人間を含む多種多様な生命の営みや関係性によって支えられる，地域固有の持続的な社会経済〈システム〉の構想であり，その主体形成（「自治（地域民主主義）の健全な育成」），さらにはそうした社会関係や社会〈システム〉を実現するための道筋の提示などが要請されている。

19

(5)「在地」の視点と〈提携〉のネットワーク・親密圏への着目

　以上の視点からみると，生産者と消費者の〈提携〉による〈有機農業運動〉の実践は，地域の多様性と循環性を保障する関係性（社会関係や社会システム）の形成に向けた自然や人間への働きかけであり，「循環の経済学」が構想する更新性のある持続的な経済社会〈システム〉の基軸になるといえよう。
　有機農業運動にかかわる生産者（農民）や消費者の〈農〉と〈暮らし〉は，経済原理と生命・生活の原理との矛盾・対立のなかで日常的に展開されている。熱帯農学・熱帯環境利用論を専門とする田中耕司は，農業という自然や環境に規定されている人間の営みの現代的な意義を，「在来」，あるいは「在地」という視点から考えていこうとしている。なぜならば，田中は，農業技術だけでなく，「農業の営み」自体が生活空間（屋敷地や集落など）全体のたたずまいや生活のリズムを創りだしているとみるからである。田中はいう。

　　「各地域の文化がその地域独自の文化であるのと同様に，それぞれの地域の農業もまたきわめて『在地性』の高い文化」であり，「その地域に『在る』もの，そしてその地域の暮らしとともに『在る』ものである」。
　　「在来農業の技術がちょうどそれが営まれる『場』に則した技術として成立しているように，『農』のある暮らしもまたその地域の自然を暮らしのかたちとしてとりこみながら営まれている」（田中, 2000: 17）。

　したがって，「農業」だけでなく，「生命（農）・生活の原理」を取り込んだライフスタイルへの変革に向かいつつある生産者（農民）や消費者の〈農〉〈暮らし〉の分析にあたっても，田中のいう「在地性」のそれぞれの「場」における規定力を見逃してはならないと考えるのである。
　さらに，「生命(いのち)を守る」ことから出発した有機農業運動は，その広がりのなかで農山村やその周辺地域と都市とのあいだに，信頼と互助にもとづく親密な「有機的関係」（提携）を形成してきた。この血縁・地縁にとらわれない新しい関係性は，安心・安全な食べ物の単なる流通ルートにとどまらない。生産力主義による食（都市—消費者）と農（農村—生産者）の分断に抗して結びついた，いわば「いのちの相互性のインターフェイス」（栗原, 1998）であり，「共生関係」ともいうべき内実をもった関係性である。そこで，本研究では，これを理念的な意味の〈提携〉と表現することとする。すなわち，〈提携〉とは，〈有機

農業〉が内包する価値の実現に向けて，運動体間や個人間で形成される信頼と互助にもとづく関係性である。

さらに，〈提携〉のネットワーキング(18)は社会的共同性をもった時空間を形成し，産業主義（生産力主義）のシステムに対抗する「生活世界」に「生命共同体」ともいうべき「親密圏」を形成しつつある。ここでいう親密圏とは，血縁・地縁関係ではなく，身体性をそなえた他者同士，および他者の生／生命への配慮・関心によって形成・維持される生命共同体的関係性である(19)。

システムの表象としての家族を親密圏とする考え方があるが，栗原彬は，「私」の領有化によって成り立っている家族のあいだにある親密さ，つまり，「血縁・地縁の親密性ではなく，他者＝非決定の存在同士が，非決定の存在だからこそお互いに丸ごと受容し合うという関係，相互にネットワーキングする関係」を，「親密圏」として再定義している。そして，

「親密圏が即公共性に開かれる。それ自体が表象の政治に対する抵抗，絶えざる権力への抵抗という形で出てくるわけですから。表象の政治の圏内ではあっても，親密な関係を取り結ぶことによって相互のコードを尊重し，その人の存在を尊重する。そういうあり方が，親密圏から新しい公共性，他者性に立った公共性を立ち上げるということにつながってくる」（栗原，2000：13）

と，述べている。筆者も，有機農業運動の展開過程でどのような形で親密圏が形成され，栗原が指摘するように親密圏からどのようにして「他者性に立った公共性」(20)が立ち上がりつつあるのか，みていくことにしたい。

(6)「縦軸の時間」と「横軸の時間」のせめぎ合いという視点

哲学者の内山節は，時間には「縦軸の時間」と「横軸の時間」の2つがあるという。縦軸の時間は，過去，現在，未来が縦の線で結ばれた不可逆的な時間であり，近代的な時間はこの不可逆的な直線を進んでいく。もうひとつの時間世界としてある横軸の時間とは，昼が夜になり，春が秋になり，生の世界から死の世界に還るという，永遠に円環運動を繰り返す時間である。つまり，横の時間は，自然と強く結びついた労働と暮らしを営む者たちの時間世界である。日常の暮らしのなかでは，この2つの時間は使い分けられているという。

「自然と結びついた労働や暮らしのなかでは,あるいは自然との共時的な場を形成するなかでは,横軸の時間が支配的な時間軸になり,縦軸の時間が支配する社会との結びつきのなかでは縦軸の時間に依存して」

「両者の矛盾が対立的なほどに高まっ（ている）」（内山, 1993: 32）

「自然との共同性のなかにつくられていた時間や,村の共同性とともにあった時間が,近代的な時間によってつき崩されていく過程であった」（内山, 1993: 261-262）。

「私たちは近代的な時間秩序のなかに身をおきながらも,けっしてその時間世界のなかだけで生きてはいない。労働の場面でも時間を基準にした経済価値の生産過程があるとともに,このような価値を超越した使用価値を生みだす労働過程が成立するように,私たちは支配的な時間秩序のなかに存在しながら,同時にもうひとつの時間世界をも手放してはいない」（内山, 1993: 263）。

つまり今日の近代産業社会では,縦軸の時間と横軸の時間が矛盾しながら生活時間の全体を形成し,使い分けられているのである。この両者の矛盾・対立は,近代産業社会を支配している「経済原理」（経済性・効率優先主義）と有機農業運動が価値をおく「生命・生活の原理」との矛盾・対立の表れととらえることもできる。

本研究では,縦軸の時間が支配的なマクロの社会レベル（第Ⅰ部）と横軸の時間が支配的な農や暮らしの場（第Ⅱ部）における有機農業運動の展開過程を,この2つの時間のせめぎ合いという視点から重層的にとらえることによって,日本における有機農業運動の実像により迫ることができると考える。この方法は,マクロのレベルとメゾ（地域）のレベルにおいて同質性のある有機農業運動の展開過程を調査して得られたデータや「資料全体を1つのプールとして扱い,そこに認められる共通特徴を取り上げて論じる」,いわば一種の「重ね焼き法」（小嶋, 1989: 84; 森岡, 1991: 22-24）である。

4 本研究の課題と構成およびデータ

4.1 課題と構成

　日本の有機農業運動の展開過程を欧米におけるそれと比較したときの特質は，生産者と消費者がじかに結びつき，生産者と消費者がそれぞれ抱える諸条件（提携品目や生産地との距離，消費者集団の運営や規模など）のもとで，有機農産物を「作り・運び・食べる」という〈システム〉を工夫して創造してきたこと，そして相互の信頼と互助を土台とする関係のもとで，農法や食べ方だけでなく，生活文化，価値観，ライフスタイルまで問い直し，変革を積み重ねてきたところにあるのではないか。以上を仮説として本研究では，有機農業生産者と消費者の〈提携〉のネットワークの形成とその相互変革作用を分析の中軸にすえて，前述した視点と方法によって次に述べる課題に接近する。
　本研究の第1の課題は，マクロのレベルにおける日本の有機農業運動の展開過程を，有機農業生産者と消費者との〈提携〉のネットワーキングに焦点をあてて跡づける。
　第2の課題は，とくに地域的な広がりをみせている有機農業運動を手がかりに，生命・環境・自治（自立）という価値を共有する〈提携〉のネットワーキングや「生命共同体」としての内実をもった親密圏の形成に着目し，そこにみられる新しい社会関係，生活文化，ライフスタイルを具体的に描き出すことである。
　第3の課題は，農業の「産業化」とグローバル化，食の世界市場システム（WTO体制）を超えて，21世紀の〈循環型地域社会〉を拓く社会経済〈システム〉（しくみ）の方向性を探究することである。
　第Ⅰ部では，30年余におよぶ日本の有機農業運動の展開過程を，その草創期・拡大期・転換期に分け，その「性格，目標設定，戦術，そして何より存在理由」（寺田, 1994: 146）をどう変えてきたのか，マクロのレベルにおける変容を中心に分析する。とくに，1990年代における有機農業の制度化・政策化の進展のもとで有機農業運動が直面している諸課題の抽出を通して，日本の有機農業運動の到達点と問題点を考察する。
　第Ⅱ部では，制度化・政策化という新たな段階を迎え，有機農業を点から面

へいかに拡大・普遍化していくかという問題状況のもとで，性格が異なる3つのタイプの「在地」の担い手による有機農業運動を事例とする。これまで日本の有機農業運動が「地域」をどのようにとらえ，どのように「地域」とかかわり，「地域」をどのように変えてきたか，といった地域的展開について比較分析を行う。そのうえで，1990年代以降のWTO体制のもとで，グローバリズムとローカリズムが対峙する辺境（周縁）の地における有機農業運動の地域的広がりと〈提携〉のネットワーク形成の意義を考察する。

そして結論では，本研究の視点や方法にもとづいて導かれた知見を社会運動論から整理し，日本の有機農業運動の特質と歴史的意義を考察する。

4.2 データ

筆者は，1970年前後から有機農業の動向に深い関心をもち，フィールドワーク（現地調査や関係機関・関係者へのインタビュー）を続けてきた。これと併行して，「有機農業運動」，「地域自給」，「帰農」（桝潟，1988a; 1988b），「有機農産物の流通」，「循環型地域社会の形成」などをテーマに共同研究・個人研究を行ってきた。本書で使用するデータは，これまでにこれらの調査研究の一環として実施した現地調査やインタビューによって筆者が収集した一次資料や文献・統計等である。さらに，筆者個人は，ある小さな消費者グループの一員として，有機農産物の共同購入運動にかかわってきた。援農（縁農）や活動への参加は，有機農業運動の参与観察の機会になっていたように思う。

また，ヨーロッパの有機農業の動向に関する資料は，1990年代の前半に数回，ハンガリー，オーストリア，イギリス，ドイツ，デンマークを訪れ，とくに「検査・認証システムが有機農業の普及・拡大に果たしている機能」を中心に調査を実施して収集したものである。さらに，日本の提携運動との類似性や親和性があるといわれるCSA（Community Supported Agriculture，地域が支える農業）については，アメリカ（2003年9月と2005年11月）とイギリス（2004年3月）を訪れ，CSA農場の見学および関係者や関係機関，研究者へのインタビューを行い，データを収集した（桝潟，2006）。

(1) おもな共同研究・個人研究の概要と研究成果

本研究の課題と関連して筆者が行ったおもな共同研究・個人研究について，

序章　本研究の意義・視点・課題

その概要と公表した研究成果を以下にまとめておく。なお，本書における共同研究の成果の利用方法について，ここであらかじめ断っておきたい。筆者独自の記述・分析にもとづく以外の共同研究者による記述・分析については，すべて引用・参照を明確に示して利用した。

1　有機農業運動に関する研究

（国民生活センター調査研究部一般研究による共同研究：1977～1980年度）

初年度の1977年度は，消費者集団と有機農業生産者集団による集団間提携を組織化主体別に類型化し，モデル集団の事例調査を実施した（国民生活センター編，1978）。

2年目にあたる1978年度は，有機農業生産者と消費者の直接的結びつきに焦点をあてて事例調査を実施し，有機農産物の地域内産直・提携，地域内流通の客観的条件と主体的条件を探った（国民生活センター編，1979）。

1979年度と80年度における2回の調査は，日本の有機農業運動をできるだけ全体としてとらえ，日本の有機農業運動を鳥瞰できる見取り図ないしは全体像を描きだすこと，そして，そのことによって過去2年間の調査事例を全体の運動のなかで位置づけ直すことを目的とした。1979年度は，全国の有機農業生産者を対象に，生産者有機農業運動の過去・現在・未来を考察するために，「有機農業生産者アンケート調査」（「生産者調査」）を実施した（国民生活センター編，1980）。これによって有機農業への取り組みの個人史を，分析軸を共通にとりながらできるだけ多く集積しようとした。

さらに1980年度には，有機農業生産者と結びついた消費者集団の有機農業運動の過去・現在・未来を考察するために，「有機農業生産者との提携に関する消費者集団調査」（「消費者集団調査」）を実施した（国民生活センター編，1981a）。これが，後述する「80年調査」である。

これらの4年間にわたる有機農業運動研究の成果を，『日本の有機農業運動』（日本経済評論社）として公表した（国民生活センター編，1981b）。

2　地域自給に関する研究

（国民生活センター調査研究部一般研究による共同研究：1982～1984年度）

農山漁村において自給を視野に入れた有機農業運動を展開している地域を選定し，3年間にわたり基本的に現地でのインタビューとアンケート調査を柱として調査を実施した。

初年度の 1982 年度は，島根県木次町・吉田村を中心とする奥出雲地域の農家の自給体系とその変容をとらえる現地調査を実施した（国民生活センター編，1983）。奥出雲地域の山村には，山地酪農を中心として地域に根ざして有機農業運動を展開している木次有機農業研究会の会員農家が点在する。第Ⅱ部第 7 章で取り上げた奥出雲地域における有機農業運動の調査研究は，この現地調査から始まった。

1983 年度は，さらに山村の自給構造を掘り下げるために，和歌山県東牟婁郡那智勝浦町色川地区で現地調査を実施した（国民生活センター編, 1983）。

3 年目の 1984 年度は，漁村の自給構造を視野に入れて愛媛県東宇和郡明浜町狩浜を調査地に選定し，半農半漁の地域の変遷過程を地域自給の視点から見直すとともに，柑橘農家の有機農業による地域の再建運動にも注目して現地調査を行った（国民生活センター編, 1985）。第Ⅱ部第 8 章で分析した柑橘農家集団を基軸とする地域再生運動の調査研究は，この現地調査が始まりである。

1985 年度には，3 地域の補足調査を実施し，4 年間の地域自給に関する調査研究の成果として『地域自給と農の論理』（学陽書房）をまとめて公表した（国民生活センター編, 1986）。

3 有機農産物流通の多様化に関する研究

（国民生活センター調査研究部一般研究による共同研究：1988〜1990 年度）

1980 年代後半，有機農産物へのニーズが増大するなかで，有機農業運動は新たな局面を迎え，有機農産物の流通ルートが多様化・拡大した。そこで，健全な〈有機農業〉の定着・拡大に向けた有機農産物の流通・販売システムを探るために，3 年間にわたって調査研究を実施した。

1988 年度は，1980 年代後半以降，急速に拡大したデパート・スーパーなどの小売店における有機農産物の取扱いの実態と問題点について調査研究を行った（国民生活センター編, 1989）。

次年度（1989 年度）は，有機農産物の専門流通業者のうち事業と運動の両立をめざしている「専門流通事業体」に限定して調査研究を行い，その実態と問題点を分析した（国民生活センター編, 1990）。

1990 年度は，〈提携〉を基本に共同購入活動を行っている消費者集団調査を実施し，「80 年調査」との比較分析を行った（国民生活センター編, 1991）。この調査が，後述する「90 年調査」である。

これら一連の調査研究の成果を中心にして，『多様化する有機農産物の流通』（学陽書房）をまとめて公表した（国民生活センター編, 1992）。

序章　本研究の意義・視点・課題

4　農山村における循環型地域社会形成の条件に関する研究
（文部省科学研究費補助金による個人研究：1998～2000年度）

環境保全的な農林業を基軸にした持続性のある自立した循環型地域社会形成の条件の考察を目的として，3年間にわたって調査研究を実施した（桝潟，2002a；2004）。この研究の一環として，第Ⅱ部で有機農業運動の地域的展開事例として分析した島根県奥出雲地域，愛媛県明浜町，および宮崎県綾町における現地調査を行った。

5　北米とイギリスにおけるCSA（地域が支える農業）の展開に関する研究
（淑徳大学社会学部学術研究助成費：2003年度）

CSA（Community Supported Agriculture，地域が支える農業）とは，日本の有機農業運動における「生産者と消費者の提携」に近い関係性にもとづく農場運営の〈システム〉（しくみ）である。筆者はアメリカとイギリスを訪れ，CSA農場の見学および関係者や関係機関，研究者へのインタビューを行った。その成果の一部を，『淑徳大学総合福祉学部研究紀要』において公表した（桝潟，2006）。

(2) 有機農業生産者と提携する消費者集団調査の概要

第Ⅰ部において有機農業生産者と提携する消費者集団の全国的動向の分析・考察にあたって，筆者が国民生活センターで実施した調査結果を必要に応じて引用しているので，対象の選定方法や調査方法，調査項目等を以下にまとめて記載しておく。

有機農業生産者と提携する消費者集団調査は3回実施しており，調査実施年は，それぞれ1980年（「80年調査」），1984年（「84年調査」），1990年（「90年調査」）である。なお，いずれの調査においても，対象を有機農業生産者との直接的，あるいは間接的（専門流通機関などを経由）な提携関係がある集団とするために，「安全性に着目して，農畜産物の産直・共同購入をしている消費者集団」に限定して，全国の消費者集団のなかから選定した。

1　「80年調査」
（「有機農業生産者との提携に関する消費者集団アンケート調査」1980年）
① 調査対象

有機農畜産物の産直・共同購入をしている任意の消費者集団，すなわち有機農業生産者と直接・間接に〈提携〉している消費者集団である。

なお，ここでいう「有機農畜産物」とは，「農薬・化学肥料や薬剤を含んだ配合肥料などの化学資材にできるだけ依存せず自然の循環を大切にする方向をめざす農業で生産されたもの」を指す。また，間接提携とは，有機農産物専門の流通業者や他の消費者集団などを経由して共同購入を行うことを指している。

② 調査対象の選定方法

以下の3つの方法によって選定した集団と，われわれが折りにふれて知りえた集団を加え，合計303団体を対象とした。

(1) 1979年の予備調査で回答を得た日本有機農業研究会の消費者会員が所属している消費者団体。
(2) 経済企画庁の『消費者団体名簿』(1080年6月) のなかから，団体の特色についての記述を手掛かりに，調査対象の条件にしたがって選定した。
(3) 日本有機農業研究会の機関誌『土と健康』(1980年5月号) の誌上を通じ購読者から知り得た有機農業生産者と提携する消費者集団も含めた。

③ 調査方法

郵送調査法。②で選定した303団体に直接郵送して調査票を配布した。会の代表者，あるいは会の運営の全体について熟知している人に自計式により記入してもらい，郵送で回収した。

④ 調査時期

1980年10月～12月

⑤ 回収状況

回収数179票 (回収率59.1％)。有効数114票，非該当 (回収後，調査対象の条件を満たしていないことが判明した集団) および無効数65票。

⑥ 主要調査項目

Ⅰ 現状と運営について (現在の会員数，会員の地域的拡がり，班やグループの現状，会員の年齢構成，仕事の役割分担と専従者の有無など)

Ⅱ 活動の経過について (母体となった組織の有無，会結成の時期ときっかけ・経緯，会員数の変化，別組織化した仕事の有無，取り組んだ運動など)

Ⅲ 共同購入の実態 (供給方法，供給品目，供給開始年，供給範囲など)

Ⅳ 有機農業生産者との提携について (提携生産者集団名あるいは個人名，軒数，所在地，農業経営形態，提携開始年，提携のきっかけ，提携品目，配送方法，消費者集団への出荷頻度，提携中止の有無，野菜の供給バランス，畜産物の提携，残飯や生ゴミの還元，農薬の使用，試験・検査の有無，配送システムの評価，価格の決定方法，不作時の対応，生産者との交流機会，提携の理念など)

Ⅴ 活動の問題点と今後の課題
⑦ 報告書
　国民生活センター編（1981a）として公表した。

2 「84 年調査」
（「有機農業生産者との提携に関する消費者集団調査」1984 年）
① 調査対象
　「80 年調査」と同様，有機農業生産者と直接・間接に〈提携〉して，有機農畜産物の産直・共同購入をしている任意の消費者集団。
② 調査対象の選定方法
　「80 年調査」に回答した集団（116 団体）を基礎として，日本有機農業研究会の集団会員のうち消費者とみられる集団や「80 年調査」後に知りえた集団（129 団体）を加え，合計 245 団体を対象とした。
③ 調査方法
　郵送調査法
④ 調査時期
　1984 年 1 〜 3 月
⑤ 回収状況
　回収数 181 票（回収率 73.9％）。有効数 169 票。活動停止中の集団や生産者グループが含まれていたため。
⑥ 調査項目
　Ⅰ 消費者集団・グループについて（集団・グループ名，会員世帯数，所在地，組織形態）
　Ⅱ 提携している有機農業生産者について（提携生産者集団あるいは個人名，軒数，所在地，提携開始年，提携品目）
⑦ 報告論文
　桝潟（1984）として公表した。

3 「90 年調査」
（「有機農産物の共同購入に関する消費者集団アンケート」1990 年）
① 調査対象
　「80 年調査」と同様，有機農業生産者と直接・間接に〈提携〉して，有機農畜産物の産直・共同購入をしている任意の消費者集団。
　なお，「80 年調査」で対象としていた既存の生協は含まれていない。10 年前に

有機農産物を扱う生協はごくわずかであったが，この間，生協の取り組みの増加はめざましい。有機農産物流通の総体を把握するには，生協による取扱いを含めてみることが必要であるが，既存の生協は組織の成り立ちも運動理念も消費者団体とは異なっている。そのため，生協に対しては別に調査を用意する必要がある。だが，日本生活協同組合連合会や農林中金研究センターが生協の産直活動について調査を行っており，その実態がある程度明らかになっているので，「90年調査」では省くことにした。ただし，提携団体の組織改変によってできた生協や会社は含めている。

② 調査対象の選定方法

以下のような3つの方法で消費者集団をリストアップし，重複するものを除いて832団体を選定した。

(1)「84年調査」の対象となった245団体（回答のなかった集団も含む）

(2) 経済企画庁『消費者団体の概要』(1987年) 所収の「消費者団体名簿」（生活学校，生協は除外されている）に記載されている団体のうち，安全性に着目して食べものの産直・共同購入しているとみられたもの。なお，その選定にあたっては，全国の都道府県の消費者行政担当課に対して，1990年7月に「県内で有機農産物を共同購入ないし取り扱っている消費者グループ」を問い合わせた結果（40都道府県回答）を参考にした。

(3) 1981年6月から発刊されている「自然食，共同購入運動専門の情報誌」である『自然食通信』(No.1〜47，隔月刊，自然食通信社)，および『新版・まともな食べものガイド』（まともな食べものを取り戻す会編，学陽書房，1990年）に記載されていた共同購入グループ。

③ 調査方法

郵送調査法。②で選定した832団体に直接郵送して調査票を配布した。会の代表者，あるいは会の運営の全体について熟知している人に自計式により記入してもらい，郵送で回収した。

④ 調査時期

1990年10〜11月

⑤ 回収状況

回収数553票（回収率66.5%）。有効数（有機農畜産物の共同購入を行っている）253票，非該当（行っていない）255票，転居先不明38票，解散7票。

⑥ 主要調査項目

Ⅰ 現状と運営について（現在の会員数，会員の地域的拡がり，班やグループの現状，会員の年齢・男女構成，会員の就業率，仕事の役割分担と専従者

序章　本研究の意義・視点・課題

の有無，会費など）
Ⅱ 活動の経過について（組織形態，母体となった組織の有無，会結成の時期と当時の会員数，会結成の目的・経緯，会員数の変化，取り組んだ運動など）
Ⅲ 共同購入の実態（供給方法，野菜・畜産物の取り扱い，供給品目，取り扱い高など）
Ⅳ 有機農業生産者との提携について（提携生産者個人あるいは集団・農協の所在地，軒数あるいは箇所数，最初の提携開始年・所在地，地域内提携開始年，提携する有機農産物専門の流通業者・消費者集団，農業経営形態，有機質肥料確保の方法，提携の実態，提携中止の有無・時期，農薬・化学肥料の使用についての取り決め，安全性の確認方法，公的機関等の基準・規格の必要性，最頻出荷生産者の所在地・出荷頻度・配送方法，配送システムの評価など）
Ⅴ 価格について（価格の決定方法と市価との比較，不作時の対応，生産者との交流機会，提携の理念など）
Ⅵ 今後の課題と活動の問題点について（今後の会員数・供給品目の増減，提携以外の活動への取り組み意向，活動の問題点など）

⑦ 報告書
国民生活センター編（1991）として公表した。

注
(1) 徳野貞雄は，日本社会が農耕社会から高度産業資本主義社会へと変容し，「農産物が食べものではなく商品として姿を現し，国民の大部分が非農業的性格をもつ消費者という人々の中で，食と農のあり方を問い直し，新しいパラダイムを構築しなければならない転換点に立っている」という現状認識に立つ。そして，そのうえで「作る側や食べる側の主体である【ヒト】や【クラシ】の問題をも含む社会学的な生活農業論的パラダイム」の必要を提唱している。そして，この「生活農業論的パラダイム」は，有機農業運動に限らず，農業・食糧問題を検討する場合，かなり共通性をもつ分析枠組（分析視角）」として有効であると考えている（徳野, 1998: 14）。
(2) 古沢広祐は，「これまで，農民や先住民族などが伝統的に守ってきた生物多様性や文化が，企業のビジネスとして商品化され，囲いこまれ」，「我々の生活文化が企業に根こそぎ吸い取られ，いわば『飼い殺し』のような状態になっていくという世界ビジョンは，すでに現実化している。そういう構造をもう一度

転換し，広げていくための拠点として農業，食文化を位置づけ，一種の文化的復権運動としてとらえていく視点」の重要性を指摘している（古沢，1999）。
(3) 舩橋晴俊はこれを「構造化された選択肢」と表現し（舩橋，1995），鳥越皓之はほとんど同じ意味内容を表すわかりやすい用語として，「ビルト・インされている選択肢」という表現を使っている（鳥越，1999）。
(4) 有機農業は，本来，農薬・化学肥料の使用の有無に限定した「底の浅い」ものではない。福士正博は，有機農業の誤った理解の例として，次の3点を指摘している。

第1は，「有機農業はしばしば無農薬・無化学肥料農業と理解されている」が，むしろ，「植物が栄養補給をするときに，自然の生物学的循環を活用し，それを歪める物質代謝を可能なかぎり避けようとする農業」であるという。

第2は，「有機農業とは，無機質の肥料投入の代わりに，有機質肥料を投入する農業だと考えられている」が，これも「過剰に投入したり，投入期間を誤ったりすると，自然の生物学的循環を損ねることになる」という問題がある。

第3に，「しばしば有機農業を発展させることは第二次世界大戦前の農業に回帰することだと考えられている」という点である。しかし，これも有機農業では，「植物生理学，育種学，土壌学，畜産学など科学の成果を積極的に取り入れ，それを生かそうとして」おり，「近代科学の成果を取り入れることなくして，そもそも有機農業の発展はない」という（福士ほか，1992: 18-19）。
(5) 米国農務省が1980年7月にまとめた「有機農業に関する報告と勧告」に明記されている有機農業の定義。同報告書の邦訳が，アメリカ合衆国農務省有機農業調査班編（1982）である。
(6) 1989年7月時点までの有機農業関連の単行本・単行資料については，食糧問題国民会議編（1989）の巻末「有機農業主要文献目録」を参照。
(7) 生活クラブ生協は，数人の青年活動家が家庭の主婦たちに牛乳のグループ購入を働きかけたことから出発した。共同購入という事業活動を基盤に，「自らの生活を自ら治」め，生活の基盤である地域社会を変革するために，生活者運動としての女性の政治参加（代理人運動）にも，活動領域を拡大していった。

代理人運動とは，「政治から生活へ」ではなく「生活から政治へ」という視点から，既成の特定政党からは自立した人を生活クラブの代理人として地方議会に送り込み，生活クラブの考え方を地方議会に反映しようとする運動である。「代理人運動は，男性中心の既成政党にカルチャー・ショックを与え，石けん問題，ゴミ問題，食品安全性問題，給食問題，環境問題，福祉問題など生活関連課題が地方議会や自治体で論議されるようにな」るという成果をあげている。

序章　本研究の意義・視点・課題

　　　この代理人活動が提案されたのは，生活クラブ生協を設立して約10年後の1977年であった。「代理人運動は，出発点においては生活クラブの代理人であったが，その後，生活クラブの代理人ではあるが同時に生活者の代理人，あるいは市民の代理人へと，思想的に発展してきた」。この代理人運動を支える市民的基盤として「生活者ネットワーク」が各地に形成され，生活クラブとのネットワークのもとに運営されている（佐藤，1996: 28-29）。
(8) この第44回大会以前には，1990年の岐阜白川郷の大会のテーマ・セッション「農村社会編成の論理と展開―転換期の家と農業経営」のなかで，松村和則と青木辰司が共同で「有機農業運動の地域的展開」という報告を行ったのみである。
(9) 単行本として刊行したものは3冊，国民生活センター編（1981b；1986；1992）であるが，これらの著作の基礎となった調査報告書が国民生活センターから逐次発行されている（国民生活センター編, 1978；1979；1980；1981a；1983；1984；1985；1989；1990；1991）。
　　　筆者らは1982〜85年度に有機農業運動の実践的課題となった地域の更新性を支える地域自給の社会経済システムの問題を探究した。そのために，自給を視野に入れて有機農業運動を展開している3地域（島根県奥出雲地域と和歌山県那智勝浦町色川地区，および愛媛県明浜町）における生業と自給構造の変遷および有機農業運動の展開過程を調査して「地域再生の視点」を提言した（国民生活センター編, 1986）。このうち島根県奥出雲地域と愛媛県明浜町については，最近の展開まで調査して，本書の第7章と第8章で事例として取り上げた。
(10) トゥレーヌは，高度に産業化した社会（プログラム化された社会）では，秩序と支配とによって，「組織とその権威の関係，政治的意思決定とそれに対する影響力，階級関係，排除と独占の機能として考えられた秩序のシステム」が，大なり小なり隠されているので，「社会学の主要な問題は，これらの関係を顕現させ，現実隠蔽的な社会的実践に関する諸カテゴリーに，とどめをさすことである」という。「この作業は，社会学者による積極的な介入 intervention を前提と」し，社会学者の仕事は，組織され承認された諸実践のネットワークの背後に存在するこれらの社会関係を顕現させることである」。すなわち，「社会学の介入とは，社会学者の行為であって，その目標とするところは，社会関係を顕現させ，それを分析の主要な対象とすることである」と，定義している（Touraine, 1978＝1983: 200-201）。
(11) 長谷川公一（1990；2001a）によれば，これらは，トゥレーヌの枠組みでいえば，(1) 主体性（identité），(2) 社会的紛争の場（enjue），(3) 意味（sens）な

いし文化的志向性（orientation culturelle），(4) 行為（action）の各次元にほぼ対応するという（Touraine, 1985）。

(12) このような消費者との提携が農民や地域に及ぼす変革作用は，辺境の山村・岩手県山形村と「大地を守る会」との提携においてもみられる。山形村と「大地を守る会」の付き合いは，1980年に3頭の日本短角牛の取引から始まったが，「これまで都市の人たちと直接知り合う機会も少なく，TVなどの情報でしか知ることのなかった都会人とやらと，直に接することでいろんなことを知ることになったのである。そして，彼らの考え方を聞いて，自分たちの暮らしや価値観を見つめなおすきっかけにもなった」という村長の述懐からもうかがえるように，「村の人たちを大きく変えていくことになった」のである（小松ほか, 1995: 165）。

(13) ここでいう「天動の世界」とは，「地球上の生物の生活に妥当する空間は，朝，東から太陽が昇って夕に西に没する天動の世界なのである」（玉野井）から，「気象学，生態学，社会学，経済学など地上現象を扱う諸科学はすべて天動説を主張すべきである」（槌田）ということにもとづくとらえ方である（多辺田, 1995）。

(14) 「環境社会学とは，〈環境〉という視点から現代の産業社会をとらえることによって生じる〈環境問題〉を解明する社会学の一分野であり，〈環境〉とは，自然と人間の共生関係が地球規模まで含めうる一定地域の自然の循環のサイクルのなかで保たれている状態のことである」（高田, 1995: 17）。

(15) 多辺田政弘の用語である「自由則」と「禁止則」について若干説明を加えておきたい。多辺田によれば，「自由則」が市場経済における経済行為の基本原理であるのに対して，「禁止則」は，経済行為が自滅の道に至らないように（物質循環を破壊し，自らの生存の基盤を崩壊させないように）するための人間社会のルール（社会システム）である（多辺田, 1995: 60）。そして，「その禁止則は市場経済に内在していないがゆえに，市場経済の外部から設定しなければならない。その設定主体になりうるのは公的部門（外装）と共的部門（内装）である」（多辺田, 1995: 68，カッコ内筆者）という。

(16) 中田実の「地域共同管理論」（中田, 1992; 1993）と部分的に重なり合うが，中田のように「共同社会的消費手段」を意志決定権の根拠とする「共同性」と「公共性」を備えた「住民自治組織の存在が不可欠」とは考えられていない。多辺田は，コモンズ（共的世界）が私の自己増殖を抑え，公を自治へと引き戻す役割を果たしているとしたうえで，公的禁止則の外装だけでなく，共的禁止則（コモンズのルール）を内装した地域自治の必要を説いている（多辺田，

1995: 128)。
(17) 中村尚司は,「民際学というのは,専門をもたない,ふつうの民衆の生き方が,そのまま研究活動になる学問である」という（中村, 1994 : 200）。
(18) アメリカでは, 1970 年代後半から草の根市民運動が活発化し, 一定数の人びとが, 産業社会のオルターナティブとなる価値観のもとに, ひとつの運動として互いに相手を認知し, 意識的に手をつなぎはじめた。J. リップナックとJ. スタンプス（Lipnack & Stamps, 1982 = 1984）は, こうした動きに注目し,「ネットワーキング」と名づけた。高田昭彦（1990: 208）によれば, 1980 年代に入って情報テクノロジーの著しい発達により, 行政や企業が従来のヒエラルヒー型組織のままでネットワーク化し「生活世界の管理化」をいっそう推し進めるという「上からのネットワーキング」に対抗して, 草の根運動の側も領域を超えた運動体同士が連合して繋がることになった。これが,「下からのネットワーキング」である。「80 年代の草の根運動においては, 強力な『上からのネットワーキング』への対抗上, ネットワークが鍵概念となる必然性があった」という。
(19) 親密圏の定義にあたっては, 斎藤純一の次のような指摘および定義を参考にした。「公共圏が人びとの〈間〉にある共通の問題への関心によって成立するのに対して, 親密圏は具体的な他者の生／生命への配慮・関心によって形成・維持されるという」。「具体的」とは,「親密圏の関係性は間―人格的（inter-personal）であり, 身体性をそなえた他者である, という二重の意味においてである」（斎藤, 2000: 92-93）。
(20) これは, ハバーマスの「公共圏」（public sphere）の概念とは異なるので, ここでは栗原彬の「公共性」概念に依拠する。ハバーマスの「公共圏」は, 言説の公開性と他者との共同性とを組織原理とした, 自由なコミュニケーション空間の設営であり,「政治的公共圏」である。そして, 公共圏が公衆による批判的な言説の空間から, 体制化した諸組織による大衆に対する PR の空間へと転化した事態を「公共圏の再封建化」と呼んでいる（花田, 1993 : 50）。
　これに対して, 栗原がいう「公共性」は,「個人の視点に立ったカント的な正義という公共性でもないし, ハンナ・アーレント的な市民的な公共性とも違う。（中略）それからハバーマス的なコミュニケーション的行為を前提にした対話的な公共性でもない。ハバーマスの議論の土台は, 民主主義的な公共性で（中略）, 双交通的なコミュニケーションは, 同一の市民的コードを強めるだけで（中略）, コミュニケーション的な公共性は, 名づけ, 語ることができる主体＝市民同士の公共性にとどま」るが,「水俣病者という『他者』の立つ位置

からは，その先に異交通的な公共性が切り拓かれてくる」という。「異交通」という考え方は，「非存在の決定同士が差異を保ったままで，その存在を相互に受容し合う関係で，（中略）それがつまり本来の意味の『共生』であり，そういう形での親密圏があり得る」と，主張している（栗原, 2000: 13）。

第Ⅰ部　日本の有機農業運動

写真上:稲刈りの援農(山形県高畠町)
写真下:有機JAS規格の野菜(岡山市)

第1章　有機農業運動の草創期

　日本において有機農業運動への意識的な取り組みが始まったのは，1970年代初頭である。当時は近代農業が全国を席捲しており，ごく少数の生産者が農薬害や土の疲弊，家畜の異変等に気づき，手探りで有機農業への転換を試みていた。しかし，絶対的な少数派であった有機農業生産者は「狂信的な変わり者」とみなされたり，村八分に遭った時代であった。一方，都市では，「安全な食べ物」を求める消費者が各地に現れた。こうした草創期に，日本の有機農業運動は生産者と消費者が直結して有機農産物を生産・流通・販売する〈提携〉という独創的な運動形態を生みだした。

　そこでまず本章では，有機農業生産者，および都市の消費者が，どのような問題にかかわり，どのような契機から提携するようになり，提携運動をいかに組織していったのか，国民生活センターが実施した「80年調査」も手がかりにしながら，そのプロセスを跡づけていくことにする。

1　有機農業運動の先駆者たち

1.1　戦前～1970年前後

　日本の有機農業運動が，消費者と手を結んで「運動」としての広がりをみせはじめたのは，1970年前後である。

　有機農業運動の先駆者は，敗戦後，食糧増産の掛け声とともに農薬・化学肥料[1]が急速に普及しはじめるなかで，化学肥料の弊害を訴え[2]，「自然農法」や「堆肥農業」の道を拓きつづけていた人たちである。

　1940年代の後半は，戦前からの土壌微生物研究・堆肥研究と篤農技術の最後の開花期であった。そのなかから，愛媛県伊予市で福岡正信による「自然農法」というひとつの体系をもった農法が完成されていく。そして，その自然農法は主として世界救世教という宗教集団を共鳴盤として普及していった。

世界救世教の教祖岡田茂吉は，機関誌『地上天国』（1948年12月創刊）を通して，無農薬・無肥料の「自然農法」を提唱し，自然農法実践者を増やしつづけた。この当時，

　　「有機農業運動の先駆者は，地力のメカニズムを知っていた篤農家（精農家）と，宗教や人生観をよりどころとした——つまり，『近代化』という『物神崇拝的価値』とは全く異なった価値体系を持った人びとであった」（国民生活センター編, 1981b : 21）。

　1950年代に入ると，早くも食品公害への警告が一部の先駆的な学者からだされた。農林省の水産研究所で食品衛生化学の研究をしていた天野慶之は『五色の毒——主婦の食品手帳』（真生活協会，1953年）という著書で食品添加物の怖さを訴えた。1950年，J. I. ロディルの"Pay Dirt"の最初の邦訳が『黄金の土』（赤堀香苗訳，北海道酪農学園通信部）と題して出版されたが，世はまさに農薬・化学肥料時代を迎えようとしていた。
　そのようななかで，「やはり戦前からの研究や運動のストックのあった『食養』運動の実践者たちをその主たる担い手」（国民生活センター編, 1981b: 21-22）として，食べ物と健康の問題に取り組むグループが発足している。
　福岡市の医師・安藤孫衛は，1952年に「食養健康むすびの会」をつくり，農薬や化学肥料は極力使わない「堆肥農業」と，合成食品添加物入りの食品はなるべく食べない「正しい食生活」の普及啓発活動を始めている。この会は「天然食品購買組合」に発展し，無添加食品・堆肥農産物などの共同購入運動を行った。その後は「天然食品購買組合」→「福岡県自然食普及会」→「食品公害から命を守る会」（1975年改称）と名称を変えつつ現在に至っており，先駆的な「自然食」運動のひとつである。
　その後，日本農業における農薬・化学肥料の使用，機械化は，稲作を中心に速度を早めて普及していく。1961年に農業基本法が制定され，近代科学への信仰と相まって，農薬・化学肥料の使用は歯止めのない多投へとつながっていった。そのようななかで，奈良県五條市の開業医・梁瀬義亮が，農民の患者の臨床と，自分の人体実験を含めた農薬栽培実験のなかから，1959年に『農薬の毒について』（自費出版）を発表した。R. カーソンの「サイレント・スプリング」（邦訳書『沈黙の春』）が『ニューヨーカー』誌に連載される2年前であ

った。そして，農薬害の啓蒙活動と完全無農薬有機農法の実践と推進のために「五條市健康を守る会」(「慈光会」の前身，1959年発足)の運動を起こしている。

このように農薬害や食品公害からの自衛運動が起こされ，「世はまさに農薬万能時代へ歯止めなく動きだしたその時代の腹の中で，現在の有機農業運動へつながる一筋の赤い糸が生まれ出たのである」(多辺田，国民生活センター編，1981b: 23)。

しかし，農業近代化路線に突入したこの時期に有機農業を開始する生産者はほとんどなく，きわめて例外的であった。地力の低下を危惧する篤農家が中心で，安全性・健康への関心から有機農業に取り組む生産者はごくまれにみられる程度であった。

1.2 有機農業研究会の結成

1970年代に入ると，高度成長のひずみが表面化し，その限界が明らかになっていった。反公害運動が各地で起こり，四大公害訴訟では相次いで原告勝訴判決がでた。農業においても，生命と環境を破壊する農薬使用への警告・告発が出はじめる。

1965年には，戦後農村医学の先駆者・若月俊一の「農薬の危害とその防止について」(『今月の農薬』)が発表され，1966年には，水野肇の『農薬亡国論——一億人の人体実験』(講談社)が刊行されている。また，1960年代後半から70年代初めにかけて，次々に農薬(BHC, DDT, ドリン剤，有機リン系農薬など)の急性毒性，残留性，慢性毒性が明らかにされ，農林省もこれらの農薬の使用禁止措置を講じざるをえない状況に追い込まれていった。

他方，消費者運動においては，AF2などの食品添加物追放運動が大きな盛り上がりをみせた時代でもあった。このような時代的背景が，有機農業運動が必然的に発生する土壌を用意したのである。そして，反公害運動の高揚に刺激されて農薬禍の告発と反省が起こり，それらが解決方法，脱出口を求めて，有機農業研究会の結成へとつながっていったのである。

一樂照雄(当時，財団法人協同組合経営研究所理事長)は，「遅ればせながら生命第一主義の立場に立って健康の問題，食糧，農業の問題，環境問題に取り組まねばならない」と，医学者，農学者と協同組合関係者による「農と医の

懇談会」(1971年5月)を開いた。この会が母体となって1971年10月17日，有機農業研究会が誕生した(1976年から日本有機農業研究会に改称)。一樂は有機農業研究会の呼びかけ人のひとりであり，初代代表幹事である[3]。

当初，有機農業研究会は農薬禍と食品公害による食べ物の汚染と健康の現状を憂える学者のサロン的研究会として発足したが，1970年代に入って各地で有機農業に取り組みはじめた生産者や，安全な食べ物を求める消費者を吸収して，「運動」としての広がりをみせはじめる。

有機農業研究会の発足に力を得て，有機農業を開始する生産者が増加した。その開始動機には，「農薬からの自衛」「家族のための安全な食べ物の確保」に加えて，「消費者への安全な農産物の供給」が目立つようになる(国民生活センター編, 1981b: 27-28)。だが，当時はまだ少数派でしかなく，"勇気農業"と揶揄された時代であった[4]。

そうした困難な草創期に，日本の有機農業運動は〈提携〉という独創的な運動形態を編みだした。有機農業運動は試行錯誤を繰り返しながら〈産消提携〉という共同購入方式を築き上げ，次章で述べるように，1970年代から80年代にかけて全国的な広がりをみせていくことになるのである。

2　提携運動の出発——消費者の有機農業への接近

2.1　先駆的提携運動の発生

(1) 食品公害・農薬の害に抗して

〈提携〉とは「生産者と消費者が直結し，お互いの信頼関係にもとづいて創り上げた有機農産物の流通システム」のことである[5]。有機農業生産者と消費者の提携運動は1970年代半ばにひとつの高揚期を迎えるが，その原型となった先駆的提携運動の発生時期は，1970年代前半である。

「農業近代化」の波が全国の農山村に押し寄せつつあった1960年前後から，すでに有機農業生産者と消費者が結びついて有機農産物の共同購入運動が始まっていた。たとえば，「食品公害から命を守る会」(福岡県，前身は前述の安藤医師の「食養健康むすびの会」)の久留米支部と，農薬の害にあって無農薬に切り換えた中村一さん(福岡県久留米市)との提携開始は，1960年である。しかしいずれも，化学物質の使用に警鐘を鳴らす医師の先見的な問題提起と指

導性に負うところが大きく,身体が弱く化学物質に敏感なごく少数の人びとによる自衛・啓蒙活動にとどまっていた。

　ところが,1970年代の前半になると,食品公害や環境汚染(農薬,PCB,合成洗剤など)の問題が噴出した。DDTやBHCによる牛乳の汚染問題(1969年),食品添加物再点検(1970年～),石油タンパクの安全性への疑問(1970年),母乳からの残留農薬の検出(1971年)などである。石油タンパク・合成洗剤反対運動やAF2追放運動が盛り上がり(1973～74年),これらの問題が多くの消費者にとって身近で深刻な問題として受けとめられるようになった。高度経済成長のもとで農業の「近代化」と食品加工の「大規模・工業化」が進められた結果,食べ物の汚染と質の低下が進んだことに,消費者が気づいたのである。

　そこで消費者は,とにかく「安全な食べ物を手に入れたい」とグループを組織し,無添加の加工食品や"ほんもの"の牛乳や卵の共同購入に取り組みはじめた。そうした消費者運動のなかから,毎日の食生活に欠かせない野菜や米も,農薬・化学肥料が使われていないものを求める動きがでてきた。そして,各地で有機農業に取り組みはじめた生産者と消費者がようやく出会い,相互の共同作業のなかで提携運動が形づくられていくのである。

　このように有機農業運動は,当初から生命や環境の危機を直感していた。工業的な農業は生産力の向上や農業生産・経営の効率,経済的利益の追求のために,生態系を無視して「商品」としての農畜産物を生産してきた。このことが消費者にとって何であったのか,農民にとって何であったのか,という問題意識から有機農業運動は出発したのである[6]。

(2) 1970年代の提携運動

　時代との緊張関係のなかで生産者が有機農業に取り組んだ出発点は,生産の現場で生起しつつあった農業固有の問題にあった。このことは,国民生活センターが1979年に実施した「有機農業生産者実態調査」からもうかがえる。有機農業生産者の有機農業開始時期と消費者集団との提携開始時期との関連をみると,有機農業開始時期が消費者集団との提携よりかなり先行しており,消費者団体と提携する生産者は約3分の1にとどまっている。しかも,消費者集団との提携が本格的に開始するのは,1974年以降である(図1-1)。

　しかし,当時はまだ有機農業を実践する生産者は非常に限られており,消費

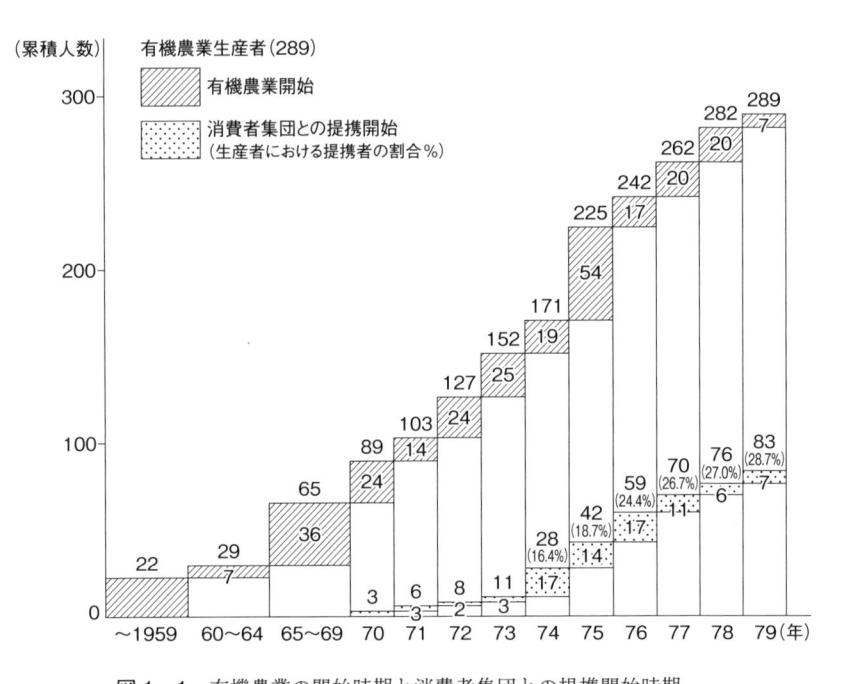

図1-1 有機農業の開始時期と消費者集団との提携開始時期
(注) 各年の開始者を加えた累計人数。無回答を除く
(資料) 国民生活センター「有機農業生産者実態調査」1979年より作成

者が近くに生産者を見いだすことはなかなか困難であった。そのため、「食生活研究会」(神奈川県藤沢市, 1971年発足) のように, 北海道や岩手県といった遠隔地の有機農業生産者と提携せざるをえなかった事例もある。

また, 提携運動のひとつのモデルとなった「安全な食べ物をつくって食べる会」がスタートしたのもこの時期である (東京都田無市, 1974年2月)。この会の発足に先立つ1973年10月, 北海道の「よつ葉牛乳」[7]の共同購入グループの主婦たちが千葉県三芳村の生産者に熱心に働きかけて, 18戸の農家を有機農業に踏み切らせた。「三芳村安全食糧生産グループ」(1976年10月に「三芳村生産グループ」と改称) とのあいだで, 全量引き取り制[8], 生産者による配送, 価格の固定, 不作時の補償基金制,「縁農」(消費者が農作業を手伝う「援農」を生産者との縁を深める意味も込めて「縁農」と呼んでいる) など, きわめてユニークな方法を試みながら, 会員を増やし運動の持続を図った[9]。

3 消費者集団が担った提携運動——「80年調査」から

3.1 消費者集団の発生論的系譜

(1) 発生契機

日本における有機農業運動の草創期においては，都市の消費者が運動の展開に大きな役割を果たした。そこでここでは，都市に生活する消費者が，どのような問題にかかわり，どのような契機から有機農業生産者と提携するようになったのか，その発生論的系譜を国民生活センターが1980年に実施した「有機農業生産者との提携に関する消費者集団アンケート調査」(以下，「80年調査」と略す。序章4.2 (2) 参照) を手がかりに整理しておこう。

表1−1は，草創期の有機農業運動を担った消費者集団の発生契機（集団発生時の直接的きっかけ）を，発生時期（つまり時代的背景）との関係でみたものである。

1970年代初めから半ばにかけて，食品公害・環境汚染が深刻化するなかで，「その学習や運動」を通じて発生した消費者集団がもっとも多い (19%)。やや遅れて，「安全な食べ物を手に入れたい」(11%) ということが直接的な契機となって共同購入運動を組織するという行動が起きてくる。とくに，「牛乳」は共同購入グループや生協の組織化過程における会員拡大にあたって中核となる供給物であり，「牛乳の共同購入」が直接の契機となっている集団が5% (6団体) みられた。

「生協運動のな・か・で・」(13%) 有機農業生産者との提携を始めた消費者集団も比較的多く，高度経済成長下の物価高のもとで消費者の生活防衛のための組織として1960年代後半までに発生した生協と，1970年代前半以降に「安全な食べ物」の共同購入を主眼として出発した生協，あるいは生協のなかから生まれた消費者集団とに分かれる。

また，「消費者問題の学習グループ」(16%) が母体となった消費者集団は，食品の安全性に目覚めて形成された集団 (19%) に次いで多い。1960年代後半になって消費者問題への関心が高まり，1968年には消費者保護基本法が成立して消費者行政が次第に整備された。各地で研修会や講演会などがさかんに開催されるようになり，消費者団体が数多く組織され，そのなかから有機農業

表1-1 消費者集団の発生契機と発生時期

発生契機＼発生時期（年）	全体（％）	～1965	1966～70	1971～75	1976～80
全体	114*(100.0)	8 (100.0)	27 (100.0)	48 (100.0)	30 (100.0)
有機農業生産者との出会い	15 (13.2)	- (0.0)	- (0.0)	4 (8.3)	11 (36.7)
有機農業生産者による組織化	2 (1.8)	- (0.0)	- (0.0)	- (0.0)	2 (6.7)
安全な食べ物を手に入れたい	12 (10.5)	- (0.0)	2 (7.4)	8 (16.7)	2 (6.7)
子供の健康・安全をねがって	3 (2.6)	- (0.0)	- (0.0)	1 (2.1)	2 (6.7)
食品公害・環境汚染の学習・運動から	22 (19.3)	1 (12.5)	1 (3.7)	13 (27.1)	7 (23.3)
消費者問題の学習グループから	18 (15.8)	- (0.0)	9 (33.3)	9 (18.8)	- (0.0)
牛乳の共同購入	6 (5.3)	- (0.0)	2 (7.4)	3 (6.3)	1 (3.3)
食養・健康	5 (4.4)	1 (12.5)	2 (7.4)	1 (2.1)	1 (3.3)
生活防衛のため	3* (2.6)	1 (12.5)	1 (3.7)	- (0.0)	- (0.0)
生協運動のなかで	15 (13.2)	2 (25.0)	6 (22.2)	4 (8.3)	3 (10.0)
反公害・自然保護などの運動から	1 (0.9)	- (0.0)	- (0.0)	1 (2.1)	- (0.0)
その他	11 (9.6)	3 (37.5)	4 (14.8)	3 (6.3)	1 (3.3)
無回答	1 (0.9)	- (0.0)	- (0.0)	1 (2.1)	- (0.0)

（注）＊に発生時期無回答1を含む
（資料）「80年調査」

生産者との提携集団が生まれた。たとえば，前述の「食生活研究会」の発足は浅井まり子さんの呼びかけによって始まった「健康な食べ物」を考える勉強会に端を発している。以上は消費者集団に内在する発生契機である。

　他方，有機農業生産者との提携が直接の契機となって消費者集団が発生するようになったのは，「有機農業生産者との出会い」（13％）や「有機農業生産者による組織化」（2％）で，1972年以降である（第2章参照）。

　「使い捨て時代を考える会」（京都市，1973年発足）のように，当初は使い捨て生活の見直しから出発し，現代石油文明によって荒廃した〈食〉と〈農〉を問い直し，自立した生活文化の創造をめざして，有機農業生産者と提携するという，高い質的水準をもった運動を展開している集団もみられた。このほか，農薬被害による農民の健康破壊や，農村の健康問題から出発した「慈光会」（奈良県五條市）や「いのちと食べものを考える会」（熊本市）などの運動がある。

　以上のように，1970年代前半には食品（とくに加工食品）や環境の汚染からの自己防衛手段として「安全な食べ物を手に入れる」ために多くの消費者集

団が発生した。これに対して，1970年代半ばから1980年代に入ってからは「有機農業生産者が作った農畜産物を食べる」ために消費者集団が組織される事例が多くみられるようになった。また，反環境破壊・反開発・反原発運動など，環境問題やエコロジーの視点から現代石油文明の見直しを始め，有機農業運動へ接近・合流する動きが1970年代後半からみられた。

消費者集団の発生契機は，有機農業運動の展開とのかかわりで変化してはいたが，その底には都市消費者に共通する思いが流れていた。食品添加物，農薬，化学合成添加物に汚染された食品に取り囲まれ，化学物質による環境破壊が進み，身体や生命が脅かされ，生活の「主体性」や「自立性」を失っていくなかで，「安全で自立した生活を有機農業生産者とともに創ろう」という目標に収斂していった。まさに，リスク社会における身体・生命への危機に目覚めた人びとの自然発生的な自衛運動であったといえよう。

(2) 5つの系譜

これまでみてきたような消費者集団発生の流れを，その発生論的系譜によって，大きく整理してみると，次のようにまとめることができる。

第1は，「反公害」運動の系譜である。理念型的には，「食品公害」に問題を限定する安全食品追求型と，より視野の広がりのある反公害運動型とに分けられるが，実際にはかなり重なりあっている。たとえば，「安全な食べ物を手に入れる」ことをきっかけに発生した消費者集団は，この系譜の典型のひとつである。

第2は，「産直・共同購入」運動の系譜である。この系譜のなかには，「牛乳」の共同購入運動や生協運動のなかから有機農業生産者と提携を始めた消費者集団が含まれる。

第3は，消費者問題の学習グループのなかから生まれた「学習型」消費者運動の系譜である。これには，1960年代後半以降，消費者意識の高まりにつれて増加した消費者問題の学習グループのなかから「安全な食べ物」の共同購入運動や有機農業生産者との提携運動を始めた消費者集団などが含まれる。

第4は，「自然食・食養生」運動の系譜である。「自然食・食養生」を直接的な契機とする集団はそれほど多くないが，自然食や食養への関心から有機農業運動に接近した消費者集団は，この系譜に含まれる。

第5は，「有機農業」運動の系譜で，「有機農業生産者との出会い」や有機農

業運動への共鳴が消費者運動の発生につながった。

以上，大きな流れとして5つに類型化してみたが，もちろん現実には，運動の過程で絡み合って複合的になっている場合が多い。

3.2 組織化主体による提携運動の3類型

消費者集団の発生契機はさまざまであったが，消費者運動から有機農業生産者との提携運動（有機農業運動）に転化するひとつの重要なモメントが「有機農業生産者との出会い」である。また，「消費者と生産者がどのように出会い，どちらが運動を主導したか」ということは，その後の運動の展開の方向性をかなり決定づけるものである。

そこで「80年調査」から，有機農業生産者との提携運動の組織化過程を組織化の主体を軸に類型化してみた。まず，組織化主体を大きく「消費者」と「生産者」に分けて類型化した結果，

　A型＝消費者集団主導型
　B型＝消費者集団と生産者集団の提携（集団間提携型）
　C型＝生産者主導型

という3類型が考えられる。

また，A型の極限形態としては，都市住民である消費者がみずから自給農場，あるいは実験農場を建設するといった消費者運動がある。これを

　A'型＝消費者農場型

とする。

草創期の先駆的提携運動を担った消費者集団についていえば，生産者と消費者の提携開始は，1973～74年頃より本格化しはじめ，1975年以降に集中していた。75年頃までは，直接あるいは間接に消費者側から呼びかけて提携を開始した事例が圧倒的に多い。また，生産者側からの呼びかけが増えてくるのは，70年代半ば以降であった。

表1-2は，さらに細かく組織化主体を，集団化の有無，組織形態，性格などによって分類し，それぞれについて具体的な事例を示したものである。3つの類型別にその提携実態を概観してみると，

・B型の集団間提携型がもっとも多い類型であった。
・A型の消費者集団主導型の事例，なかでも消費者集団による場合は，「三

第 1 章　有機農業運動の草創期

表 1-2　提携運動の 3 類型

類型	組織化主体	消費者集団	所在地	生産者あるいは集団	所在地
消費者集団主導型（A型）	① 消費者集団	安全な食べ物をつくって食べる会	東京都田無市(1,360)	三芳村安全食糧生産グループ	千葉県三芳村
		所沢生活村	埼玉県所沢市(300)	本橋征輝さん	埼玉県所沢市三ヶ島
		たまごの会	東京都足立区(140)	自給農場周辺の生産者	茨城県八郷町
		使い捨て時代を考える会	京都府宇治市(1,700)	生産者会員	京阪地域
		慈光会	奈良県五條市(3,000)	協力生産者	奈良県五條市ほか
	② 生活協同組合	生活クラブ生協	東京都世田谷区	遊佐農協	山形県遊佐町
消費者農場型（A'型）	① 消費者集団	たまごの会	同前	自給農場（注1）	茨城県八郷町
		使い捨て時代を考える会	同前	月ヶ瀬農場（注2）	奈良県月ヶ瀬村
		慈光会	同前	慈光農場（注3）	奈良県五條市
		食生活研究会	神奈川県藤沢市(300)	会員の共同農場（注4）	
		桑の実学級	愛知県大治町	同上	
	② 生活協同組合	生活クラブ生協	同前	古平牧場（注5）	北海道古平町
集団間提携型（B型）		所沢生活村	同前	高畠町有機農業研究会	山形県高畠町
		食品公害を追放し安全な食べ物を求める会	神戸市(1,400)	市島町有機農業研究会	兵庫県市島町
		使い捨て時代を考える会	同前	木次有機農業研究会	島根県木次町
		鈴蘭台食品公害セミナー	神戸市(900)		
		良い食べものを育てる会	兵庫県尼崎市(500)	丹南有機農業実践会	兵庫県丹南町
		生活クラブ生協	同前	わたらい有機農法グループ	
		灘神戸生協甲子園支部	神戸市灘区	市島町有機農業研究会	同前
				丹南有機農業実践会	同前
生産者主導型（C型）	① 生産者個人	周辺および都市消費者	埼玉県小川町・首都圏	金子美登さん	埼玉県小川町
		なずな会（注6）	埼玉県富士見市(10)	島村登ула男さん	埼玉県富士見市
		黒里を耕す会	静岡県富士川町(70)	浦田雅史さんほか	静岡県富士川町
		ぎふ・人と土の会	岐阜県高富町(80)	寺岡知正さんほか	岐阜県高富町
	② 生産者集団 (1) 有機農業運動	米沢食の会	山形県米沢市	高畠町有機農業研究会	同前
	(2) 公害・環境破壊反対運動	都市消費者		水俣甘夏グループ	熊本県水俣市
		ワンパック野菜の会		三里塚微生物農法の会	千葉県成田市
	(3) 宗教・共同体運動	都市消費者		世界救世教（メシア教）の自然農法実践者	
				愛農会（注7）	
				山岸会（ヤマギシズム）	
	(4) 農協	北九州市民生協	福岡県北九州市	下郷農協	大分県耶馬渓町

(注1) 卵, 野菜, 豚肉, 米, 牛乳など多品目を組み合わせて生産する〈有畜複合〉の有機農法と, 家畜飼料の自給まで視野に入れて実験を試みた. 農場には運営を中心的に担う専従者をおいた（注3まで同）
(注2) 有機農法の実験とともに, オルタナティブな生活文化の実験の場とした
(注3) 完全無農薬栽培の研究が行われ, そこで穫れた農産物は会員に供給された
(注4) 家庭菜園を共同化したような, 規模の小さい農場をもち, 会員が有機栽培を試みた（桑の実学級も同）
(注5) 粗飼料による牛の飼育を試みた
(注6) 生産者が周辺地域に小規模の消費者集団を組織し, 地域自給をめざした（米沢食の会まで同）
(注7) 1945年無教会派キリスト者が興した愛農運動
(出典) 桝潟(1981a: 44)；国民生活センター編(1981b: 297-349)「付表　消費者集団提携一覧表（改訂版）」をもとに作成

芳村安全食糧生産グループ」を除くと，消費者集団の周辺地域の個人生産者（散在しており，集団化していない）と提携する傾向がある。
- A′型の消費者による農場づくりは，消費者の〈農〉への理解を深め，非常に大きな教育機能をもつ場となっていた。これに対して
- C型の生産者主導型の提携運動には，生産者が周辺地域に比較的小規模の消費者集団を組織し，地域自給をめざす提携の場合と，公害・環境破壊反対運動を支援する都市消費者や信仰集団，あるいは消費者集団と提携する場合があった。生産者側が集団化して供給能力があっても，生産者周辺地域では大規模な消費者集団の組織化は困難なようである。また，提携運動の草創期においては，下郷農協（大分県耶馬溪町）を除いて，農協が大都市において大規模な消費者集団を組織化した事例はほかにないようだ。

このように，組織化主体の組織形態や性格，あるいは集団化の有無によってそれぞれ特徴があり，提携運動の組織化過程において「どのような生産者と消費者がどのように出会って結びついたか」は，その後の運動展開の方向性をかなり決定づけていたといえよう。

3.3　供給開始時の供給品目：提携運動の組織化とのかかわりで

(1) 供給開始時期と供給品目

提携運動の組織化にあたって，もうひとつ重要な役割を果たしているものがあった。それは，有機農産物という生産者からの「供給物」である。有機農業生産者と消費者との提携運動は，有機農産物という「考える素材」としてのモノが日常的に行き交うことによって，自発的・自省的な相互の生活変革作用までもつのである。さらには，その提携関係のもとで，農村と都市との分断を超えて，生産者と消費者を結ぶオルタナティブな社会の〈システム〉が創造されていった。そこで，草創期における提携運動では，どのような品目から産直・共同購入を始めたのか，供給開始時期（つまり時代的背景）との関係でおさえておこう（表1－3）。

どの時期においても比較的多くの消費者集団が，最初は「加工食品」を産直・共同購入することから取り組んでいた。これは，野菜や牛乳・卵などの生鮮食品と違って産直・共同購入がしやすい品目であること，しかも，反食品公害運動のなかで，1970～71年頃から無添加ハムやAF2抜きの豆腐などを加工

第1章 有機農業運動の草創期

表1−3 消費者集団の有機農産物供給開始時期と供給品目

供給開始時期（年） 供給品目	全体（％）	〜1970	1971〜75	1976〜80
全 体	114*（100.0）	7（100.0）	61（100.0）	43（100.0）
加工食品	42（36.8）	2（28.6）	22（36.1）	18（41.9）
葉菜・ねぎ類	50（43.8）	3（42.9）	17（27.9）	30（69.8）
根菜類	54（47.4）	3（42.9）	22（36.1）	29（67.4）
果菜類	45（39.5）	3（42.9）	17（27.9）	25（58.1）
豆類	33（28.9）	3（42.9）	11（18.0）	19（44.2）
米	17（14.9）	−（0.0）	7（11.5）	10（23.3）
麦	11（9.6）	1（14.3）	3（4.9）	7（16.3）
雑穀	5（4.4）	1（14.3）	−（0.0）	4（9.3）
その他の農産物	18（15.8）	−（0.0）	8（13.1）	10（23.3）
果物	42（36.8）	2（28.6）	17（27.9）	23（58.5）
茶	26（22.8）	1（14.3）	11（18.0）	14（32.6）
牛乳	22（19.3）	1（14.3）	17（27.9）	4（9.3）
卵	38（33.3）	1（14.3）	22（36.1）	15（34.9）
肉類	23（20.2）	−（0.0）	13（21.3）	10（23.3）
海産物	15（13.2）	1（14.3）	7（11.5）	7（16.3）
その他	2（1.8）	−（0.0）	−（0.0）	2（4.6）

（注）＊に供給開始時期無回答3を含む。供給品目は複数回答
（資料）「80年調査」

業者に作ってもらう運動に取り組んでいたこと，自然食品店などを通して手に入れやすかったなどの理由によるものとみられる。

また，「牛乳」や「卵」といった量嵩性のある畜産物を，最初の供給品目に加えている集団も多かった。とくに，1973〜74年頃に「安全な食べ物」を求めて共同購入運動を開始した消費者集団の供給品目の中核となっていたのは，牛乳や卵であった。これらの畜産物は，高度成長期以降，高タンパクで栄養のバランスがとれた食べ物という理由から，日常的に食卓にのぼるようになった。とくに，提携運動の中心的担い手であった子育て期にある母親にとっては，その「価格」「品質」「安全性」に強い関心があったからである。

(2) 牛乳・卵

1960年代後半から「新鮮な牛乳を安く」求めて，「牛乳の共同購入組織」から出発した集団がいくつかあった（「生活クラブ生協」1965年，「東都生協」

1968年など)。1970年代前半になると,「安全性」を視野に入れた消費者団体が共同購入で取り扱うようになった。たとえば,前述の「安全な食べ物をつくって食べる会」は,「よつ葉牛乳」の共同購入組織がその母体となった。また,「所沢生活村」(埼玉県所沢市)も「所沢牛乳友の会」という改称前の会名が示しているように,「よつ葉牛乳」の共同購入によって組織づくりがなされた。

この「よつ葉牛乳」の共同購入は,「輸入飼料に頼って牛舎飼いする牛乳ではなく,放牧飼いの北海道の質のよい牛乳を飲もう」という発想から生まれたもので,いわば"ホンモノの牛乳"を求める消費者運動であった。この運動は,酪農家で有力な指導者であった岡田米雄さん(当時は酪農・農業問題ライター)のもと,東京近郊を中心に広がったものである。北海道からの牛乳輸送は1971年8月に試みられたが,本格的に首都圏に「よつ葉牛乳」が運ばれるようになったのは1972年10月からであった。1975年4月からは関西方面にも運ばれるようになった[10]。この運動が広がりをみせた背景には,牛乳の農薬汚染,母乳からの残留農薬の検出,明治乳業のいわゆる「ニセ牛乳」事件の表面化などがあった。

ところが,1976年に「牛乳の缶詰」というキャッチフレーズで登場したロングライフミルク(LL牛乳)に対する反対運動のなかで,「よつ葉牛乳」を見直す動きがでてきた。超高温殺菌処理によって常温で1ヵ月以上の長期保存が可能なロングライフミルクは,「国内の酪農を壊滅させてしまうものであり,超高温殺菌処理によってコゲ臭く,有効微生物が絶滅した牛乳はもはや"ホンモノの牛乳"ではない」ということが,その反対の論拠であった。こうした視点から「自然で安全な牛乳」とされてきた「よつ葉牛乳」の見直しが起きた。超高温殺菌され,はるばる北海道から関東や関西方面にまで,冷蔵・長距離輸送されてくるわけで,品質や輸送エネルギーについていえば程度の差はあっても,ロングライフミルクと同質の問題が内包されているというわけである。

ロングライフミルク反対運動や「よつ葉牛乳」の見直しのなかから,近場の低温殺菌牛乳を取り扱う消費者集団がでてきた。たとえば,「使い捨て時代を考える会」(京都市)や「鈴蘭台食品公害セミナー」(神戸市)では,10頭前後の小規模な山地酪農で飼育された牛の乳を低温殺菌処理して紙パックに詰めた「木次牛乳」(第Ⅱ部第7章参照)を会員に供給した。

他方,卵についても1970年代前半,無精卵に対する疑問がだされた。ケージ飼いの鶏は抗生物質や飼料添加物入りのエサを食べてタンパク質変換装置と

化していたのに対して，自家配合飼料や平飼いの有精卵（いわゆる"ホンモノの卵"）志向が消費者のあいだに生まれた。

(3) 野菜・果物・米

次に「野菜」であるが，1970年代前半までに供給開始した集団の場合，「葉菜・ねぎ類」「根菜類」「果菜類」といった野菜が最初の供給品目に加わっている事例は少なかった。野菜は鮮度が要求され，しかも量がかさばり扱いにくいこと，また有機農業生産者が限られていたことなどが，その理由とみられる(11)。

これに対して，1970年代後半に入ると，6～7割の消費者集団が最初から有機野菜の産直・共同購入に取り組むようになった。野菜のなかでも「根菜類」は，有機栽培しやすく，しかも日持ちがして貯蔵がきくためか，最初の品目として取り扱われる傾向があった。他方，「葉菜・ねぎ類」や「果菜類」は，根菜類より鮮度が要求され，需給のバランスがとりにくいためか，取り組む集団が増えるのは1976年以降である。この頃に有機野菜の共同購入の経験も蓄積されはじめる。前述の「所沢生活村」も1975年から地元の生産者や高畠町有機農業研究会との野菜や果物の提携に取り組んだ。

また，特産物である「果物」（37％）や「茶」（23％）が最初の供給品目に加えられることも多いが，「米」（15％）は，食管法の規制などがあり，供給体制の整備がなされる必要があるため，最初から取り扱っている集団は少なかった。

このように，70年代後半になると，生産者との提携運動の経験が蓄積されてきたこともあって，少しずつ提携しやすい卵や根菜類などから始めるのではなく，最初から，葉菜類，果菜類といった野菜や，米，麦，果物なども加えて，全面的提携に取り組む消費者集団もでてきた。こうした全面的提携の背景には，この時期に地場生産・地場消費の原則にもとづく地域内提携志向の高まりがあったとみられる。

1970年代前半に起きた「安全」あるいは"ほんもの"の食べ物を求める消費者運動は，牛乳や卵の産直・共同購入から始めて，だんだんと野菜や肉などへと供給物を拡大していったのである。

注

(1) 食糧増産が叫ばれていた1952年頃から，稲作を中心に農薬が導入されはじ

めた。有機リン剤のホリドール，フェニール水銀剤のセレサン石灰，有機塩素剤の BHC などである。毒性が強いためのちに禁止された。

(2) 化学者・槌田龍太郎は，1948 年に「硫安亡国論」を書き，農民に警告を発した。当時，硫安は花形の「人造肥料」で，農家に硫安を持って行けば，欲しいものが手に入るという時代であった。その時代に槌田は「私は疎開先の農村で，つぶさに農耕の現状を観察し，(中略) 硫安の害毒が予想以上に大きいのに驚いたのである。この硫安の害毒を述べ，その対策を論じ，硫安の合理的な使用法を講じて，(中略) これを出来るだけはやく全国農家に知らせて今年度から増産に役立たせようと決心した」と，その著書『豊作への指針—肥料対策』(増進堂) で述べ，安易に硫安を使えば「田畑は石膏で埋まる」と警告し，「篤農家の経験を尊重せよ」と訴えている (槌田ほか編，1975)。

(3) 一樂照雄は，1906 年生まれ。農林中金常務理事，協同組合経営研究所理事長などを歴任。著書に『協同組合の使命と課題』，訳書にロデイル『有機農法』などがある。1994 年 2 月 3 日死去。『一樂照雄伝』(一樂照雄伝刊行会編，1996) は，一樂の死後，一樂の論文・講演筆記等をもとに「論集・語録に近い形」で編集された伝記である。この文献には，日本有機農業研究会発足前後の有機農業運動の思想や運動論が克明に集約されており，日本の有機農業運動史研究にとって貴重な歴史的資料でもある。

　ほかに有機農業研究会の初代幹事には，足立仁 (土壌微生物学)，露木裕喜夫 (自然農法)，横井利直 (土壌肥料研究)，深谷昌次 (昆虫学)，梁瀬義亮 (医師・慈光会)，若月俊一 (医師・佐久総合病院)，河内省一 (食養)，といった「先駆者」の錚々たる顔ぶれが並んでいる。

(4) これまでみてきたように，先駆的な生産者が有機農業を開始した動機はその時代背景に規定されて変遷してきた。

　多辺田政弘は，有機農業運動初期における見聞と調査結果にもとづいて，生産者の有機農業開始の契機を主軸にした 8 つの「発生論的類型」を導きだしている。8 つの類型とは，①農薬被害・病気からの自衛，②宗教・信仰からの開始，③安全な食べ物を求める消費者との接触，④昔ながらの農法の継続，⑤学習を通じての覚醒，⑥反公害運動からの派生，⑦農協婦人部の自給・産直運動の延長，⑧脱都会派による農場作り，である (国民生活センター編，1981b: 29-33)。ちなみに，次節で述べる消費者の有機農業への接近とかかわる「消費者との話し合いや産直」がきっかけとなった生産者 (③の類型) の大半は，1970 年以降に有機農業を開始している。

第 1 章　有機農業運動の草創期

(5) 日本の有機農業運動における〈提携〉という用語の意味については，序章の 2.1(2)を参照。
(6) この時期に提携を開始した事例としては，前述の「食品公害から命を守る会」と下郷農協（大分県耶馬溪町, 1974 年），「安全な食べ物をつくって食べる会」（東京都田無市）と「三芳村安全食糧生産グループ」（千葉県三芳村, 1974 年），「食品公害を追放し安全な食べ物を求める会」（神戸市）と「市島町有機農業研究会」（兵庫県市島町, 1974 年），「毛呂山主婦の会」（埼玉県毛呂山町）と「新しき村」（同町，武者小路実篤が創始）や桂木地区の生産者（同町, 1972 年），「『たべもの』の会」（松江市）と「木次有機農業研究会」（島根県木次町, 1975 年）などがある（カッコ内は提携開始年）。
(7) 北海道のいわゆる"ホンモノの牛乳"ということで，後述のように，1972 年 10 月に最初に首都圏に運ばれた。
(8) 日本有機農業研究会の「提携の十原則」（表 2−1）にもとづく。「三芳村生産グループ」と「安全な食べ物をつくって食べる会」との提携では，消費者集団が生産物を全部引き受ける「全量引き取り制」の原則を，何よりも守らなければならない約束としてきた。それは，消費者が希望する安全な農産物を作ってもらうためであり，生産者にとっては生活の保障であった（実際には，生産グループは生産が安定してきた 70 年代末から「食べてもらえる量」を考慮して出荷するようになった）。第 4 章注(4)参照。
(9) 1970 年代の前半には，「三芳村安全食糧生産グループ」（千葉県, 1973 年），「市島町有機農業研究会」（兵庫県, 1974 年）などが地域の農業者を組織して誕生しているが，これらは消費者グループの働きかけによるものである。
(10) 1975 年，関西でも多くの消費者集団が「よつ葉牛乳」の共同購入から有機農業生産者との提携運動に取り組むようになった。たとえば，「鈴蘭台食品公害セミナー」「よつ葉牛乳を飲む会」「よつ葉牛乳関西共同購入会」「徳島くらしを良くする会」などである。
(11) ごく早い時期から集団として組織的に野菜の共同購入を始めていた事例もあった「食品公害から命を守る会」では，1959 年から「食養」にもとづく「正しい食生活」のために野菜の共同購入を始めた。牛乳，卵，肉などの畜産物を供給品目に加えるようになったのは逆にかなり遅く，下郷農協と提携を開始した 1974 年である。

第2章　提携を軸とする有機農業運動

　有機農業運動の草創期はまた，時代の大きな転換点でもあった。1973年末の石油ショックを契機に高度成長から低成長への移行が始まり，エネルギー危機・食糧危機という問題が顕在化して，有機農業運動の展開に少なからぬ影響を与えた。本章では，生命や環境への強い危機感から出発した有機農業運動が，1970年代後半から80年代前半の提携運動の高揚・拡大期に，「地産地消」「地域自給」「資源・エネルギー問題」を視野に入れつつ，どのような広がりと変革力，質的深まり，運動の地平を獲得していったのか，みていくこととする。

1　提携運動の高揚——1970年代後半

1.1　産直から提携運動へ

　1970年代の後半，提携運動はひとつの高揚期を迎えた。そのきっかけとなったのが，1974年10月から『朝日新聞』に連載された有吉佐和子著『複合汚染』である。
　『複合汚染』は，1970年代初めの有機農業研究会の活動成果を農家会員に取材した，いわばルポルタージュ小説である。この読みやすく，わかりやすい「有機農業入門書」は，農民と，とりわけ都市の消費者に大きな影響を与え，有機農業の実践や提携運動，共同購入運動へと向かわせた。さらにこの時期，食品添加物追放や「安全な食べ物」の共同購入が，有機農業生産者との出会いを契機に，単なる産直から提携運動へと転化していったのである。消費・流通過程における商品選択や表示などの情報提供の問題にかかわってきた消費者が，食べ物の「作られる過程」に目を向け，生産の現場に足を踏み入れた。これはまた，消費者運動から，「作り・運び・食べる」という生活過程の全体に目を向けていく〈生活者〉運動への質的な転換でもあった。
　この背景には，1971年の日本有機農業研究会の結成があり，運動の広がり

第2章 提携を軸とする有機農業運動

を支える基盤となったことは見逃せない。つまり，日本有機農業研究会による有機農業運動の提唱は，農薬被害や地力の低下を感じとっていた農民の有機農業への転換を促し，消費者側の動きに先行して生産者側の有機農業運動を胎動させていた。さらには，機関誌『土と健康』の発行や各地での研究会，研修会などの開催を通じて，先駆的提携運動の紹介や消費者と生産者の情報交換の場を創りだし，橋わたしの機能を果たした。

ところで，この時期の運動の高揚は，"ブーム"ともいえる側面を少なからずともなうものであった。流行やファッションを追うように有機農産物に飛びついた消費者たちは，一時の"ブーム"が去ると運動から離れていった。だが，この時期に有機農業運動の「洗礼」を受け，「生命の感覚」を呼び覚まされ，淘汰されるかたちで残った消費者は，それぞれの運動の中心的担い手として，重要な役割を果たしていくことになるのである。

1.2 地域自給と地域内提携

1970年代半ばにエネルギー危機や食糧危機が顕在化すると，有機農業運動のなかに〈地域自給〉〈地産地消〉，あるいは〈地域内提携〉という視点が入ってきた。

都市の膨張と市場流通機構の巨大化と近代化は，野菜の主産地形成を促し，遠距離輸送を不可避なものとして，中央卸売市場から地方市場への「転送荷」を増やしてきた。有機農業運動が起きたのは，主産地形成のための単作化（専作化），すなわち農業の工業化が，連作障害や病虫害の発生というかたちで自然そのものによって拒否される事態に直面したからである。

有畜複合小農経営[1]のなかで多品目少量生産されたモノを流通・消費するには，「地場生産・地場消費」がもっとも理にかなった方法であり，これがごく自然に運動の理念（めざすもの）となったのである。これはまた，昔からの食哲学「身土不二（しんどふじ）」の精神（その土地で生産された食べ物をその土地の人が食べること）に一致しており，生産地が近ければ，消費者の残飯や下肥（しもごえ）を農地に返して断ち切られている物質循環を回復することも可能になるのである。また，遠距離輸送は石油エネルギーの浪費や大気の排ガス汚染を引き起こすが，近距離輸送はこれを緩和する。

国民生活センターが1984年に実施した消費者集団調査（以下，「84年調査」

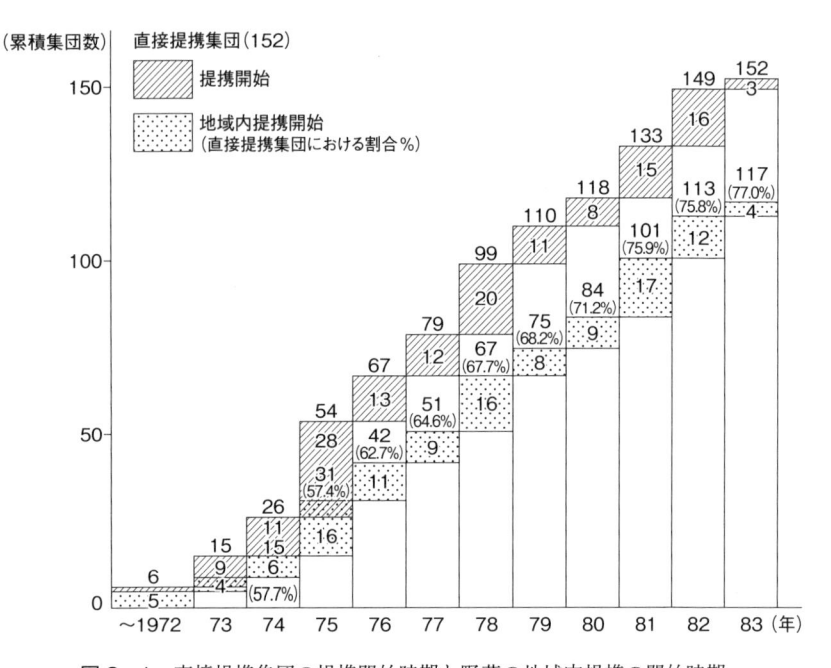

図2−1 直接提携集団の提携開始時期と野菜の地域内提携の開始時期
(注)「直接提携集団」は生産者と直接提携している消費者集団をさす。第4章参照。
　　「地域内提携」は,生産者が同一都道府県の場合。無回答を除く
(資料)「84年調査」

と略す。序章4.2(2)参照)によると,1974年以前に野菜の「地域内提携」[2]に取り組んでいた集団は少なく,「地域内提携」を始める集団が目立って増えてくるのが,1975年以降であった(図2−1)。

1970年代前半の「安全な食べ物」を求める動きは大都市圏を中心に起きたが,1970年代後半になると次第に地方の中小都市にも波及し,周辺の生産者との提携に取り組むようになった。また,生産者が消費者を組織化し,有機農産物の供給ルートを開拓していく動きが目立つようになるのも,やはり1975年以降である。1970年代前半から生産者のあいだに浸透した有機農業運動の活力が,生産者主導の提携運動を生みだしたのである。1970年代後半から80年代にかけて,生産者からの働きかけで提携を開始した事例はいずれも,生産者が周辺地域に小規模な消費者集団を組織して,〈地域自給〉をめざす地域内提携となっていた[3]。

〈地域自給〉をめざす提携運動を主導したのは生産者たちである。彼らは

第 2 章　提携を軸とする有機農業運動

表 2-1　提携運動の十原則（生産者と消費者の提携の本質）

1	物の売り買い関係ではなく，人と人との友好的付き合い関係
2	産消合意のもとでの計画的生産
3	生産物の全量引き取り
4	互助互恵精神にもとづく価格決定
5	相互交流の強化
6	自主配送
7	グループの民主的運営
8	学習活動の重視
9	グループの適正規模の維持
10	理想に向かっての漸進的発展

1973年末の石油ショックを契機とする時代の転換を鋭く感じとり，その主体的運動理念に強く魅かれて提携を開始した。個人あるいは数人の生産者が組織づくりをする場合，農産物を頻繁に配送することのできる範囲に自ずと制約がある。「周辺地域の消費者と手を結ぶ」ことがきわめて理にかなっており，運動を持続させていくうえでも，重要な要件であった。ところが，農村周辺地域では生産者が集団化して供給力が増しても，大規模な消費者集団の組織化はもとより，少数の消費者と提携することもなかなか容易ではなく，このことが地域内提携成立のネックとなっていた。農村周辺地域では，住宅進出にともなって流入した都市住民を組織した事例がほとんどである。

　水俣では，公害被害に遭って海で働けなくなった患者さんたちが有機農業を始めたが，それは「被害者の加害者性」，つまり農薬を使って甘夏を作ることの矛盾に気づいたのである。三里塚の空港反対・反開発運動のなかから，生産の場の見直し，農民の自立運動として有機農業に取り組む動きがでてくるのも，1970年代後半である。都市の支援者や消費者のグループもまたこれらの生産者と手を結び，有機農業運動に加わったのである。

1.3　提携運動の十原則

　このようななかで，日本有機農業研究会では，前述のように1970年代初めから半ばにかけて蓄積された提携運動の実践経験をもとに，具体的な提携の方法を十原則にまとめ，1978年11月の第4回全国有機農業大会で「生産者と消

費者の提携の方法についての十原則」として発表した（表2-1）。これは，巨大な流通機構に対抗して生産者と消費者が結びつき，本来の農産物の価値実現を図るための具体的方法（指針）であり，この時点までの運動の到達点を示したものである。

この十原則の第1に，生産者と消費者の提携の本質は，「物の売り買い関係ではなく，人と人との友好的付き合い関係である」と謳われ，以下9つの原則が掲げられている。その後，提携運動はこれを拠りどころとして運動の質を高め，新たな運動を組織していったのである。

2 拡大する提携運動——1980年代前半

2.1 拡大・増加の3タイプ

1980年代前半に入ると，南北問題を内包する食糧危機や資源問題の構図が鮮明となり，石油文明の非永続性がはっきりとみてとれるようになる。こうした状況のもとで，有機農業への共感や理解が深まり，提携運動の方法が「十原則」という形で明確に打ちだされたこともあって，新しい提携関係が次々と紡ぎだされていった。

この時期における提携運動の拡大・増加には，大きく分けて3つのタイプがある（表2-2）。

第1は，既存の消費者集団が，会員の増加への対応や，会員への供給品目の拡大・充実を図るために，新しく生産者を開拓したり，あるいは既存の消費者集団が新たな受け入れ先となることによって，提携関係が網の目のように広がっていったタイプである。

第2は，提携の経験のある生産者や生産者集団が，消費者集団との提携運動を新たに組織したタイプで，この時期に多くみられる。これには，①生産者集団の会員増や生産技術の向上により増大した供給力の受け入れ先として消費者集団が組織された場合と，②有機農産物を求める消費者側の働きかけによって生産者側の供給体制がつくられた場合がある。いずれにしても，生産者側に消費者集団との提携経験の蓄積があるので，提携関係を結びやすく，取り扱いにくい野菜が最初から供給されている場合が多く，品目も多彩である。

第3には，既存の運動にのるかたちではない「新たな生産者と消費者の出会

第 2 章　提携を軸とする有機農業運動

表 2-2　提携運動の拡大・増加の 3 タイプ

	主体	契機・目的	方法・特徴	消費者集団	所在地	提携開始年	生産者個人あるいは集団	所在地
第1タイプ	既存の消費者集団	会員増加	新たに生産者を開拓			1980	相原成行さん	神奈川県藤沢市
		供給品目の拡大・充実	生産者の供給力受け入れ先になる	食生活研究会	神奈川県藤沢市	1982	佐渡農協	新潟県相川町
		生産者の供給力増大	提携関係が網の目のように広がる			1983	小田川太さん	青森県
				健康を守る会	東京都大田区	1982	東毛酪農協同組合	群馬県新田町
				黒豚の会	東京都中野区	1983	青森若葉生産組合	青森県鯵ヶ沢町
				食品公害から命を守る会	福岡市	1983	朝倉農協婦人部土の香グループ	福岡県朝倉町
				土と文化の会	長崎市	1983	臼井太衛さん	静岡県藤枝市
第2タイプ	提携経験のある生産者個人あるいは集団	消費者集団との提携運動を新たに組織	①生産者集団の会員増や生産技術の向上により供給力が増大　消費者集団を供給力受け入れ先として組織	いなほの会	東京都港区	1983	三芳村生産グループ　青森若葉生産組合	千葉県三芳村　同前
				京浜共同購入会	神奈川県川崎市	1982	三里塚微生物農法の会	千葉県成田市
			②消費者の働きかけによって生産者の供給体制がつくられた	鳩山町ニュータウン有機農業グループ	埼玉県鳩山町	1981	金子美登さん	埼玉県小川町
			生産者側に提携経験の蓄積があり、提携関係を結びやすい	グループつゆくさ	神戸市	1983	藤井誠次さん　原重男さん	神戸市兵庫県丹南町
			提携開始時から野菜が供給されていることが多く、品目も多彩	大牟田いのちと土を守る会	福岡県大牟田市	1981	土の会	熊本市
				山形野菜とたまごの会	山形市	1982	大江町みどり農場	山形県大江町
第3タイプ	新たに発生した消費者集団	新たな生産者と消費者の出会いによる提携		土と健康をつくる会	札幌市	1980		
				遠軽（えんがる）卵のグループ	北海道遠軽町	1981		
				南北海道食を考える会	北海道七飯町	1982		
		消費者集団が既存の組織から分離（「巣分け」）して独立		高松土と自然の会（注1）	高松市	1982		
				善通寺くらしを考える会	香川県善通寺町	1982		
		消費者集団が運動方針の対立から「分裂」して方針転換		（新生）たまごの会（注2）	東京都足立区	1982		
				食と農をむすぶこれからの会	東京都小平市	1982		
		消費者自給運動に連なる消費者集団		我孫子自給村を考える会（注3）	千葉県我孫子市	1981		
				グループ青空	東京都中野区	1983		
				自給の邑	愛媛県松山市	1983		

（注1）「徳島暮らしをよくする会」（徳島県）から「巣分け」して「高松土と自然の会」「善通寺くらしを考える会」に独立
（注2）「（新生）たまごの会」は消費者自給運動の理念と実践を継承し、「食と農をむすぶこれからの会」は「食と農をむすぶ提携運動」を方針とした
（注3）生協での運動経験をふまえ「自給を基本とするむら（地域）づくり」をめざして、地元の生産者と提携

い」が，もちろんこの時期にも起きている。このほか，既存の組織から分離（「巣分け」）して独立した消費者集団もある。消費者集団の規模が大きくなりすぎたり，地域的に離れていると，会員間の交流や情報交換が難しくなるからである。このような「巣分け」ではないが，運動方針の対立から「分裂」して転換した集団もある。

また，これまで消費者の有機農業への接近は，生産者との提携を中心に進んできたが，消費者自給運動の流れに連なる消費者集団の運動も，この時期，いくつか開始されている。

2.2　地域への広がり，生協への浸透

1980年代前半には，提携運動が中小都市や町村部へ波及していくのが目立つようになる。それまで，提携運動の発生は大都市圏や地方中核都市周辺に集中しており，生産地に近い小都市や町村部では，生産者の引き売りや消費者が農家に出向いて直接取引することが多く，組織的な提携は成り立ちにくかった。ところが，大都市や中核都市が膨張して周辺の農村部や小都市へ住宅が進出し，移住した都市住民を中心的担い手として，提携運動が組織されるようになったのである。他方，大都市でも，大手流通資本が「有機農産物」の販売に進出するようになるほど，一般消費者の「安全な食べ物」への関心が高まった。大都市では消費者を組織化しやすい条件もあって，この間，新たな提携運動が発生したのである。

もうひとつの特徴として，1980年以降に提携を開始した消費者集団の場合，運動の開始時点から「地域内提携」を射程に入れていることが多いことを指摘しておきたい（桝潟, 1984: 42）。なかには，途中で活動を停止してしまった集団や，長続きしなかった提携もあったが，全体としてみれば，1980年代前半において生産者と消費者の提携関係がかなり広がった。有機農業運動は，提携を軸として広範な都市住民や農民のあいだに静かに浸透していったのである。

既存の大規模化した生活協同組合（生協）においては，有機農産物の導入は組織の一部やいくつかの品目に限って実験的に試みられることはあっても，量や品目の確保，流通・販売技術上の困難などのため，組織全体で取り組まれることはまれであった。

ところが1970年代から80年代にかけて，提携を軸にした有機農業運動の広

第2章　提携を軸とする有機農業運動

表2-3　提携が代替する市場機能

提　　携	市場機能
地場生産・地場消費・有畜複合化	産地開発
顔の見える関係・援農	情報伝達
自主配送・作付に合わせた食べ方	集荷・品揃え
泥つき・無選別・簡単な荷姿	選別
生産者主体の価格	決定評価
ユニット化と会員同士の調整	分荷
分配の均等化などによる集金システムの単純化や基金作り	金融
生産者との直結・手づくり加工	保管・加工

(資料) 具体的な方法や事例については，国民生活センター編 (1981b)

がりのもとで，生協も有機農産物に取り組むようになってくる。「より良いものをより安く」をスローガンにしていた生協が，安全性のみならず，生産者と消費者相互の信頼関係と交流を重視しはじめたのである。そして，生活クラブ生協や東都生協などの共同購入型産直を主体とする生協や，地方の比較的規模の小さい生協運動のなかに，有機農業生産者との提携が広がり，提携の原則が浸透していった[4]。

国民生活センターが1984年に実施した「消費者集団調査」(「84年調査」) では，1980年以降新たに提携運動に加わった消費者集団42団体のうち，「生協法人」はわずか2団体[5]であった。しかし，1980年代以降において生協は有機農産物の産直や提携運動に取り組み，有機農産物の流通拡大に果たした役割には目覚ましいものがある（第3章2.2参照）。

2.3　まとめ

以上のように，提携運動は10年余の試行をへて，生産者の有機農業への転換・拡大を促し，近代農業が推進する単作化・主産地形成のベクトルとは逆の，物質循環にもとづく多品目少量生産・有畜複合経営への移行・転換を進め，運動の一定の高まりと広がりを獲得しつつ質を深めていった。そして，有機農業による農民の自立・自給運動，農山村の再生運動を側面から支える大きな力となっていったのである。提携運動は市場流通の諸機能を表2-3のような方法

で代替している（国民生活センター編, 1981b）。

　しかし，若干の危惧がないわけではなかった。消費者集団の規模拡大にともなう有機農産物の需要拡大がもたらす流通の広域化。その場合の各農家や生産者集団別の有機農産物の作付分業化（つまり少品目大量作付や単作化），あるいは産地別分業化といった問題。また，有機農業生産者を全国各地から一本釣りすることによって消費者側の需要をまかなうために単作化が推し進められると，その農家の循環を逆に断ち切ってしまい，商品化した「有機農産物」の収入に全面依存する経営体質に固定させてしまったり，その農民が生活している集落内での関係を断ち切ってしまう問題もあった（多辺田, 1983）。

　これらの危惧は，1980年代半ば以降，有機農業の「産業化」にともなう問題として現実化していく（第6章参照）。

3　提携運動のもつ変革作用

　有機農業生産者と消費者の提携を軸に広がった有機農業運動は，単なる「安全な食べ物の共同購入」という消費者運動の枠を超えて，提携する生産者や消費者の生活変革にとどまらず，農業生産や経営のあり方，さらには次節で紹介するように地域社会を変革する作用をもった運動であった。

　提携運動がもつ変革力の源泉は，分断された都市と農村の狭間で，「生産者」と「消費者」という固定化した役割分担（分業）の関係を乗り越えつつ，「安全な食べ物を作って運ぶ共同作業」を積み重ねてきたところにある。つまり，食べ物の「流通・消費過程」にしかかかわってこなかった消費者が「作られる過程」に目を向け，食べ物が生産されている現場に出向き，生産者やその家族，地域の人たちと交流し，田畑の耕作や家畜の飼育の状態を実際に自分の目で確かめる。また，ときには農作業の手伝い（これを「援農」あるいは「縁農」という）もする。生産地から消費地までの配送の一部を消費者が担う場合もある。

　ここでは，1970年代から80年代前半における提携運動の高揚・拡大期に，提携運動は生産者や消費者の生活，農業生産のあり方をどのように変えたのか，まとめておく。それはまた，初期の有機農業運動が獲得した運動の質的深まりと到達点を確認する作業でもある。

第 2 章 提携を軸とする有機農業運動

3.1 有機農産物の衝撃力・変革力

　有機農業生産者との提携によって消費者が手にする農畜産物。それは，その存在自体が都市の消費者にとって非常に大きな衝撃力・変革力をもつものであった。「欲しいものを，欲しい時に，欲しい量だけ，欲しい形で買って食べる」という消費態度が習慣となっていた都市住民にとって，自然の成長のリズムのなかから生みだされる泥つき，虫喰い，不揃いといった農作物は，まさに「考える素材」としての衝撃力をもった存在であった。
　どの消費者集団でも，生産者が有機農業に転換したばかりで田畑の地力回復が十分でなかったり，技術の未熟や天候不順（異常気象）などのため，ときには虫喰いや見ばえのよくない野菜が洪水のように押し寄せてきて食べつづけなければならないという経験をへてきた。だが，やがて地力がつき，農法や栽培技術が確立するにつれて，生命力にあふれ，味がよく，自然の色や形，香りをそなえた"ほんもの"の食べ物が生産されてくるようになった。
　農畜産物はその「作られる過程」を如実に反映するものであるから，提携する消費者への供給物は，農村や農業がおかれている状況を「考える素材」として，啓発的・変革的役割を果たしてきた。有畜複合の〈農〉から生みだされる生命力のある米や野菜などの農畜産物は，近代農業への批判的存在としての"ほんもの"の輝きをもっていたのである。

3.2 「食べ物」観・「生き物」観を変える

　消費者は"ほんもの"によって「食べ物」本来の味や香りを知り，援農や現地訪問によって農業の現場にふれ，次第にその「食べ物」観や「生き物」観を変えていった。卵の共同購入をしていたある消費者は援農に行き，そこでの見聞を通して，鶏の飼い方や植物と動物と人間の関係に，「それまでの科学分析的な常識と逆のやり方があることに気づき，新鮮な驚きにうたれた」という。

　「たとえば，ヒヨコのうちはなるべく粗食にしたほうが内臓が丈夫になるとか，細菌類のカンヅメである土と接しているほうが病気になりにくいという話である。生き物が生き生きと生きているというのは，なるべく吸収しや

すい栄養物をとることではなく,消化しにくいものを摂取できる活力のことであり,厳しい環境に柔軟に適応する能力であると思えるようになった。生態系が示す複雑多様さの秩序を科学手法が扱いかねている姿がみえてきた。すると,漠然とした不安をもっていた市販の食品がグロテスクな異物のようにみえてくる」

「食べ物については,それが作られる過程に信をおかざるをえないこと,したがって,誰がどこでどんな想いで作り出したものなのかを知ることが,『腑におちる』食べ物の条件であると考えるようになった」(湯浅,1984)。

このように,「食べ物」や「生き物」の見方が変わってくると,食べ物の安全性についても,自ずと単なる「安全主義」=「分析主義」を乗り越え,新しい考え方が生まれてきている。食べ物の安全性は,生態系を破壊しない持続的な〈農〉を協力して創り上げていく生産者と消費者の〈関係性〉のもとで,結果的に保証されるという考え方である[6]。そして,安全性を確保する確実な方法として,提携運動の実践が定着していくのである。

こうした〈関係性〉のもとで品質や安全性を保証していくという考え方は,近代的合理主義や科学的分析主義の考え方にもとづく「検査・認証」や「トレーサビリティ」(追跡可能性)という方法を超えて,ポスト・モダンの社会構成原理となる予兆を感じさせる。というのは,国内でのBSE(狂牛病)の発生や偽装表示事件によって,食品の安全性や表示規制が根底から揺さぶられている。広域化・大規模化した食品の生産・流通・消費を前提とする世界市場システムのもとでは,安全性確保のために,科学的・分析的制度やシステムが設けられている。ところが,こうした制度やシステムの構築に膨大な費用と労力を注いでいるにもかかわらず,決して万全でないことが,これらの事件や未登録農薬の使用などで露呈しているからである。

消費者は〈健康な生き物〉が生みだす〈健康な食べ物〉が安全でおいしく栄養もあることに気づき,近代農業や食品産業が生産する「食品」(たとえば,石油タンパク,ロングライフミルク,最近では遺伝子組み換え作物など)への鋭い批判を展開する一方,生産者との共同作業のなかから「食品」に対峙する"ほんもの"(有機農産物,低温殺菌牛乳など)を見いだしたのである。

第2章　提携を軸とする有機農業運動

3.3 「食べ方」を変える

〈健康な食べ物〉は，生態系の循環のなかで生き物の成長のリズムに即して生みだされるのであるから，当然のことながら季節ごとに「食べ方」も変えていかなければならない。提携運動にかかわる消費者たちは，供給される農産物のリズム，すなわち「旬」に即して献立をたて，保存することを学んだ。

有機農業生産者との提携を継続していくには，消費者が供給物を「いかに食べこなすか」が問題となる。しかし，都市住民はそれまでの消費態度が習慣となっているうえに，核家族化した若い世代に，日本の伝統的調理法や保存法が継承されることはごく稀になってしまっている。動物性タンパク質偏重の食生活では野菜の消費量は少ない。このような食生活になってしまっているところに，季節の野菜が週に1〜2回配送されてくるわけだから，経験のない消費者に混乱が起こるのは無理もないことである。

そこで，有機農業生産者と提携する消費者集団では，旬の野菜の調理法や保存法を随時会報等に掲載したり，「しおり」や「パンフレット」を作ったり，料理講習会を催したりして，会員が食生活を変えていきやすいようにさまざまな工夫や細かい配慮をしている[7]。

生産者に都市の食卓を預けることと，生産者が有畜複合の〈農〉へ移行することは表裏一体をなすもので，どちらが欠けても提携関係に無理が生じる。移行過程では相互の辛抱強い理解と協力が不可欠であるようだ。また，畜産物過食の見直しは，豆類や海産物，あるいは玄米食の導入となって表れている。主食についても，米だけでなく，麦や雑穀，芋にも目を向けて，「自給」がめざされている。さらに，加工食品を使わないで，素材を手づくりする食生活へと変わりつつある。

都市住民が農民との提携を通じて自らの食生活の内在的批判をバネにして到達した食生活は，日本の農山村がもつ豊かな自給力に合わせた「食べ方」である。農林水産省が「日本的食生活」[8]として提唱するのは，外国からの穀物輸入を前提とする食生活の固定化であるが，これとはまったく異なった内実をもつものである。

食生活がこのように変化してくると，市販のものと比べて1つひとつの有機農産物の価格には高低があっても，食費全体としてはむしろ少なくてすむこと

は，すでに多くの消費者の体験から明らかになっている（国民生活センター編, 1981b: 267-270, 湯浅, 1984）。

3.4 「脱商品化」の試みと労働の質の変革

「有機農産物は高い」ということが，もはや「神話」になりつつある。たとえば，「三芳村生産グループ」と「安全な食べ物をつくって食べる会」との提携では，野菜の価格が下がる出盛り（旬）の価格を市価と比較しても，三芳村生産者受取り価格は市場価格の1.8倍，消費者価格は市販価格より1割安かった。年間を通しての同一価格であるから年平均で比較すると，差はさらに大きいものとなっている（中野ほか, 1983）。

もちろん，この提携関係は有機農産物を安く手に入れようとして始められたわけではない。むしろ，価格については，大変な苦労を重ねている生産者に対して消費者として最大限報いたいという気持から，生産者が「このくらいいただければ，まあやれるんじゃないか」という水準を目安に，生産者主導のかたちで決めてきた。

そのようにして出発した提携運動を継続するうちに，生産も移行期を経て安定してきたこと，とにかく安全なものをと願う会員の自発的意志による無償労働に支えられ，流通経費が少なく済んでいることの「結果」として，市価と比較しても安くなったのである（市場流通では流通経費が年々増加しているといわれる）。最初から価格の高低を問題にして提携を始めたならば，長続きしなかったであろう。つまり，経済合理性ではなく，〈生命〉という譲れない価値観に固執したからこそ長続きし，その長続きが工夫と知恵を生み，日常性を獲得する過程で，経済性さえ獲得してきたという逆説的(パラドキシカル)な事実がそこにみられるのである。

農産物を「商品」として取り扱わないところから出発した提携運動は，流通や配分過程における「賃労働」もなるべく取り除こうとした。そのため，提携運動では，主婦を中心とする会員の自発的意志にもとづく無償労働によって，配送や配分が担われている場合が多い。また，グループの運営や事務処理などもほとんど無償のボランティア活動であるが，提携運動にかかわる女性も男性もこうした日常活動を持続的に，信頼にもとづく親密な関係性（「顔の見える関係」）のもとで実に生き生きと行っている。

このようにして，いくらかでも市場経済からはみだすことによって，そこでの労働は質を変え，お互いに「顔の見える関係」のもとで信頼と共感，運動としての意味覚醒に支えられている。こうして〈意味のある「楽しい」労働〉になっているのではないだろうか。また，I. イリイチがいう「シャドウ・ワーク」(Illich, 1981=1982) のように，現在の社会経済システムを補完し人間生活の自立と自存の基盤を破壊し，経済成長に加担する活動に陥ることのない労働の質をもちつつある。提携運動にかかわる都市住民や農民は，自分たちの活動が「シャドウ・ワーク」を超克する労働の質をもちはじめていることを直感し，そうした感覚が運動継続のエネルギー源ともなってきたとみられる。

そして，「賃労働」に従事する人びとの多くが「運命共同体」化した企業社会に深く組み込まれ，産業社会を支える労働にほとんどのエネルギーを振り向けざるをえない状況にあって，現在の社会経済体制を支配している経済価値ではなく，〈生命〉に導かれた新しい世界を切り拓いていった。その主体は，産業社会に組み込まれてはいても，その度合の低い主婦や農漁民を中心とする人びとである。現在の経済社会のしくみやライフスタイルを変革していく価値やエネルギーは，産業社会の周縁(マージン)にいる人びとのなかに培われつつあった。

3.5 多様な〈農〉への接近

提携運動にかかわる都市住民や農民は，物質循環と地域自給による農業の再建なしに，都市住民のまともな食べ物などありはしないことに気づいた。そうした運動の流れのなかで，都市住民による生活の点検・見直しはさらに進み，本当の意味で生産者と消費者のつくられた対立関係を乗り越えようと，家庭菜園や消費者自給が試みられている。

たとえば，東京都中野区を中心とする「グループ青空」という15世帯の消費者集団は，栃木県壬生(みぶ)町に共同農場（3町7反）を手に入れ，1978年から耕しはじめた。1984年にはその田畑で，15世帯に必要な穀類や野菜のほとんどを自給していた。このグループも，もともと安全な食べ物を求めて生産者と提携していた。ところが，かなり厳しい注文をつけるので，付き合っていた農民にとうとう「自分で作りなさい」と言われ，田畑まで見つけてくれたのだという。こんなきっかけから始めた自給農場だが，リーダーの小寺ときさん（週4日農作業に従事）を中心に通勤農業で農民の伝統的知見に学び，工夫をこらし

て「素人らしからぬ有機農業の実績」をあげた（岩下, 1984）。

また，神奈川県藤沢市の「食生活研究会」も，安全な食べ物の産直から始まった消費者グループである。リーダーの浅井まり子さんは，1973年から毎年夏休みに「自然学園」を開いて新潟県佐渡に通いつづけ，その後子どもたちと移り住んだ。「都会の人間がより深く村づくりにかかわり，村に根を下ろすことによって，村も都会の人間も変わりうる」。そのような可能性を探ろうと，むらに入ったのである。

この2つの事例は，提携運動にかかわった消費者が，農民や農業に接したことがきっかけとなって，食べ方だけでなく，自らの暮らしや生き方を〈農〉的なものに変えていったことを示している。むらに入ったり自給農場をもつまでには至らなくとも，自家菜園で野菜の自給を試みたり，田畑を借りて通勤農業を始めたり，都市住民の〈農〉への接近は多様なかたちで進んでいる。

しかも，1970年代の後半以降，管理社会に組み込まれた都会のサラリーマンや退職者，あるいは反公害運動や自然保護運動，有機農業運動など，エコロジー運動とのかかわりを通じて生命や自然に対する感覚を呼び覚まされた都市住民（とくに若者）が，〈農〉の世界の魅力に引きつけられ，百姓を志願し，帰農する事例が目立って増えている[9]。

アメリカの有機農業運動の創始者であるロディルが，自著『黄金の土』（邦題『有機農法』）のなかで，「帰農運動はあなどりがたい運動である」（Rodale, 1946＝1974: 367）と述べているように，家庭菜園運動，「週末農業」まで含めた帰農の流れは，都市と農村への住み分けや生産者と消費者という社会的分業をつき崩していくひとつの力になりうるかもしれない。

4　提携を軸とする有機農業運動の地域的展開
　　——高畠有機農業運動の先駆性と到達点

これまで提携を軸とする有機農業運動の歴史的展開をみてきた。1970年代から80年代前半にかけて有機農業運動は拡大したとはいえ，まだ点の存在であり，面としての地域的な広がりをもつ運動は限られていた。ところが，山形県高畠町では，有機農業運動の草創期から生産者が集団となって「地域に根ざす運動」が展開された。

山形県高畠町は"有機農業のメッカ"といわれ，1970年代初めから有機農

第 2 章　提携を軸とする有機農業運動

業運動の前衛的・先駆的役割を担ってきた。80 年代に入ってからは和田地区において「上和田有機米生産組合」を発足させるなど，新たな運動の局面を切り拓いた。その後の展開には紆余曲折があったが，四半世紀を経た時点で，町内の広範な生産者を有機農業の「戦列」に組み込み，地域運動として広がりをみせている[10]。さらに，高畠町を訪れ農業体験などを通して，農業のもつ豊かな価値に目覚めた若者やサラリーマンが 40 数名も移住し，有機農業に取り組み，〈農〉的暮らしを営んでいる（星，2000: 233）。

そこで本節では，高畠有機農業運動を事例として取り上げ，提携を軸にした有機農業運動の拡大期において，どのような地域的展開をみせ，どのような運動の地平に到達していたのか，明らかにしておきたい。

なお，高畠町は，1953 年の町村合併促進法の制定にともない，1954 年 10 月に高畠町，二井宿村（にいじゅく），屋代村，亀岡村，和田村の 1 町 4 ヵ村が合併し，社郷町（やしろごう）が発足したのち，さらに 1955 年 4 月に糠野目村（ぬかのめ）が加わって現在の高畠町となった。その後も，6 つの旧村それぞれが社会経済的な特徴をもつ地区として機能している。

4.1　高畠町有機農業研究会の結成

1970 年代の前半は，減反政策の導入に始まり，近代化しても農業だけでは食べていけない状況のもとで，出稼ぎ・兼業が雪崩のように農村を覆い，崩壊を始めた時代であった。高畠町では青年団活動や農民運動が盛んで，青年たちは出稼ぎ拒否運動や巨大なカントリーエレベーターの建設計画を中止に追い込むといった実践活動を通して，農業近代化の矛盾に目覚めていった。また，自給手段を奪われ，農業資材から生活必需品まで，すべて購入して当たり前になっていることにも気づいていく。

そのようなとき，高畠町の農業後継者を中心とする青年たちは，青年研修所主催の長野県視察の帰途に，東京で協同組合経営研究所の築地文太郎の話を聞く機会を得た（1973 年 3 月）。築地は，「今の農村がいかに荒廃し，かつての豊かな自給を失ってしまったか，そしてなんとしてももう一度生活全般にわたっての自給を回復しなければ，日本農業の再生はありえない」ということを力説した。青年団活動が「出稼ぎ拒否宣言」から自給運動へと移ってきていた頃で，青年たちは大いに感動した。

その後,「有機農業研究会」の初代代表幹事であった一樂照雄(当時協同組合経営研究所理事長)が築地と一緒に何度か高畠を訪れ,講演会や座談会をもった。高畠の青年たちは一樂が提起した有機農業の基本的な考え方に強い刺激を受けて啓発され,そこで約40名が結集して1973年9月に「高畠町有機農業研究会」(以下,「有機研」と略す)を旗上げした。

　このように,高畠町の有機農業運動は日本有機農業研究会と強いかかわりをもって歩みはじめた。つまり,一樂が提唱した自給の思想にもとづく有畜複合経営への転換,協同組合間提携などといった理念や考え方を,自らの課題として受けとめ運動を進めていったのである。また,高畠の場合は,「青年運動を通して深い議論の果てに社会的な認識に辿り着いたというか,その矛盾に目覚め,その過程で有機農業に取り組むようになった」(星,1990)というところに特徴がある。高畠の若い農民たちのなかでは,青年団活動や農民組合運動,米価闘争を通して,近代化農政のもとで進められてきた農業の機械化・化学化がもたらす影響を自らの問題として批判的に問い返す視座がすでに獲得されていた。

　また隣接する白鷹町では,すでに1971年頃から,機械化貧乏に追われ,化学肥料や農薬を多投する近代農業に疑問を感じて,手探りで無農薬の実験田に取り組む若い農民がいることを彼らは聞いていた。つまり高畠の農民には,一樂や築地の有機農業や自給の思想が,砂漠に水がしみ込むように受け入れられる素地が醸成されていたのである。

　それでは当時,「有機研」はどのような課題を自覚化していたのであろうか。「有機研」の初代会長を務めた菅野利久さんは,発足当初の活動の方向性を次のようにまとめている。

　第1は兼業化,大規模化という方向への疑問であり,これに対して小規模複合経営という方向。第2は,経営の有畜化による循環資源の活用。第3は,メーカー品の拒否(生産・生活資材の手づくり,自給:筆者注)。第4は,健康な食べ物づくりによって農民と消費者の健康を守るということ。そして,具体的な課題としては,農協や行政がこうした方向をとるように働きかけること,生協との連携や地場消費,直売の拡大,小規模複合経営の実践的な展開方向を考えること,農民ばかりでなく地域運動として進めていくことなどが考えられていた。

　しかし,その頃は日本中が近代農業に席捲されており,1971年に「有機農

業研究会」が結成されたものの，有機農業を実践するごくわずかの生産者が全国に点在しているにすぎなかった。地域を基盤とする組織的な有機農業運動としては，「木次(きすき)有機農業研究会」の先駆的な試みがあり（第7章参照），高畠よりほぼ1年早い1972年5月に，島根県奥出雲地域の酪農家が中心となって発足していた。まだ，お互いの情報交換などはほとんど行われていなかったから，モデルのない手探りの実践が始まったのである。

　高畠は全国でも早い時期から生産者が集団化して地域づくりも視野に入れていたことで「地域に根を張る有機農業運動」として注目を集めた。そうした実践が有吉佐和子著『複合汚染　その後』やマスコミなどで取り上げられたため，高畠は日本の有機農業運動の前衛的・先駆的役割を担っていくことになる。そのひとつとして，一樂の紹介によって農協を経由して福島生協と「協同組合間提携」をめざしたが，それは時期尚早で挫折してしまった。

4.2　首都圏の消費者グループとの出会い：運動理念の深まり

(1)「顔の見える関係」

　「有機研」発足当初に掲げられた理念や運動目標は，首都圏の消費者グループとの出会いと提携のなかで，さらに磨かれ深められていった。また，消費者の〈食〉をはじめとする生活の問い直しや変革に向けた実践からも強い影響を受けてきた。「有機研」が出会った首都圏の消費者グループは，1970年代における日本の有機農業運動の理念，思想を切り拓いていった先鋭的な消費者たちであった。そこで，消費者グループとの出会いと提携が「有機研」の初期の運動や理念・目標の形成にどのようにかかわってきたのか，みていくことにしたい。

　「有機研」の初期は「自給運動」の段階にあったので，首都圏の消費者グループとの提携はごく一部に限られ，福島や米沢，町内の朝市への出荷といった近距離の地域内提携が中心であった。しかし，会員の有機農業への取り組みが少しずつ拡大する一方で，地元との提携は，福島生協との提携解消，地域住民との話し合い不足による朝市の不首尾など，思うように広がらなかった。

　高畠町における有機農業運動のリーダーである星寛治さんは，提携失敗という経験を通して「有機研」が学んだことを次のように総括している。

「まず最初から大きな組織間の高所からの連結を求めないで，自立する小集団の一体化した連帯をこそめざすべきだと考える。そこでは構成員の底辺意識の変革が前提となり，人間の顔がいつも見える関係を保つことだろう。また，農産物を店舗に並べてはダメで，あくまで自主的な宅配のシステムをつくる必要がある。商業主義のルートを一歩脱する決断が求められる。次には，市民が生産の現場に入ることである。耕すという体験を，自らの体に刻まなければ理解は皮膚をなでるだけに終わるだろう」（星，1976）。

この反省を通して，自立した小規模な提携，「顔の見える関係」，自主配送，援農といった，「有機研」がそれ以後消費者グループと提携していくうえでの基本的な考え方が固められていったといえよう。そこで，地産地消と首都圏提携との兼ね合いの問題はあったが，1976年頃から，地元米沢市の消費者グループ，「所沢牛乳友の会」（1979年10月に「所沢生活村」と改称）や「たまごの会」との提携を強めていった。なかでも，首都圏の消費者グループとの「顔の見える関係」のもとで，生産者と消費者の提携運動＝産消提携の質が深められていった。

「たまごの会」（のちに，運動路線の相違から「たまごの会」と「食と農をむすぶこれからの会」に分裂）[11]は，1972年に卵の共同購入運動から始めて1974年9月に茨城県八郷町に自給農場を開設し，自らが「作り，運び，食べる」という消費者自給の理念を追求していた。消費者でありながら，鶏や豚のことに詳しく，飼育法や有機農法による野菜栽培についても自給農場での経験をもっていた。また，「所沢生活村」[12]もニュータウンの主婦たちが牛乳の共同購入に取り組んだ消費者グループが母体であるが，単なる共同購入運動にとどまらず，近代農業や都市生活のあり方を問い直し変革していくことを目標に運動を進めていた。

近代農業を内在的に批判する視点をすでに青年団活動や文化運動のなかで学びとっていた高畠の青年たちは，都市の先鋭的な消費者が投げかける「生産・生活の変革」という課題を自らのものとして受けとめて実践に移していったのである。彼らはまた，そうした課題を受けとめるだけの主体的力量をそなえた農民たちであった。運動理念や目標のなかに画一的な近代化路線の虚構をつき崩して未来を切り拓く希望や可能性を見いだしたからでもある。

高畠は地区にもよるが，果樹の産地であり，もともと稲作に果樹や畜産を組

み合わせた複合経営によって生業としての〈農〉を組み立てていたところであった。消費者との提携によって高畠の農民たちはあらためて複合経営の強さを見直し，地域全体を視野に入れて複合化を図るとともに，自給の思想もさらに深めていった。

そうした高畠の実践を，「有機研」の思想的バックボーンである星寛治が，対外的には「有機研」の「顔」として，詩作や著書，講演などを通して広めていった。

　「生活の自給と併せて私たちが求めたのは，生産手段の自給であった。必要最小限度の機械は止むを得ないとしても，肥料や家畜の飼料はかなり自給できる見通しがあった」（星, 1982: 249）。

(2) 提携運動の深まり

「有機研」が首都圏の消費者グループとの結びつきを強めていった頃，日本有機農業研究会は「提携の十原則」をまとめ，1978年11月の第4回全国有機農業大会で発表するなど，提携を軸に〈有機農業運動〉を推し進めていった（「十原則」については，表2－1参照）。

そうした動きを受けて，「有機研」は提携の方法についても，「顔の見える関係」を実現するため「提携の十原則」にそってきちんと取り組んだ。生産者と消費者による自主配送，援農の受け入れ，現地での交流会や作柄の検見（「出来秋の会」），作付会議，収穫祭などの開催のほか，病虫害発生時の対応についても消費者とその都度話し合いをもつなど，頻繁に情報交換や交流を行い，きわめて密度の濃い理想的な提携関係をとり結ぶことに多くのエネルギーを注ぎ込んだ。「田圃に入らざるもの食うべからず」という意気込みが消費者にも生産者にもあふれていた。また，「味が悪かろうとも，多少腐敗が混じってもそれを食べこなし」，支えてくれた消費者グループの存在が大きな力になったことも事実である。

このように，首都圏の消費者グループとの提携運動の深まりは，「有機研」の方向と質に強い影響を与えた。つまり，高畠の生産者への都市の消費者の熱い期待とまなざしによって，「有機研」の運動が性格づけられていったのである。

「有機研」の「第6回通常総会資料」（1978年度）では，「たまごの会，所沢

生活村との取り組みが中断すれば高畠も解体する」という危機感にもとづいて，首都圏の大規模消費者集団との提携を重視する方向が明示され，それ以後，都市の消費者グループとの関係を強めていった。提携する消費者集団は当初の2グループから1980年頃には10数集団に広がり，理念の実現に向けて先鋭的な運動が展開されていった。そして，地域で足場を固めるよりも消費者を強く意識した前衛的な少数精鋭の運動に傾斜していく。

4.3 提携を軸とする有機農業運動の変革力と限界

(1) モノを媒介にした変革力

　高畠の農民は日本の有機農業運動の草創期に，消費者との提携を強めつつ，自給思想にもとづく有畜複合経営への転換をめざして運動を進めていった。当初は「一人一作物」という自給思想の具体的実践から有機農業に取り組んだ。ところが，有機農業運動の「自給段階」から〈産消提携〉段階に入り，消費者との交流や援農が行われるようになると，モノが流れるという経済活動を通して，農法も流通も，そして生活もすべて連動して変わっていった。また，変わらなければ，運動を続けられなかったのである。その点では，それまでの文化運動や青年団を舞台とする社会教育活動とは，生産の現場や経営，生活に対してもつ変革力という意味において決定的な違いがあった。

　農民運動や農協運動のような「ムシロ旗」を掲げ，外に向けて要求を突きつけていく運動ではなく，むしろ自分自身の生き方や経営・労働・生活のあり方そのものの変革を求める内に向けられた自省的(リフレクシブ)運動であった。つまり，日常的な営みによって，周囲の農家や地域への浸透を図っていく新しいスタイルの運動であった。またそれが，〈有機農産物〉の生産・流通・販売という経済活動をともなうがゆえに，実際の変革力，浸透力をもったのである。

　また，「有機研」は，首都圏の消費者グループとの提携運動のもとで，農家や農民の自立，小農複合経営への移行をめざして，試行錯誤を繰り返してきた。有機栽培技術の研究・開発や会員の拡大，行政・農協への働きかけなど，精力的に運動を展開していったのである。少数精鋭化のなかで，一時は20名を割ってしまっていた会員数がわずかずつ増え，提携する消費者グループへの供給量も増えていった。また，会員の経営も少しずつ有畜化・複合化（有畜小農複合経営）の方向に向かっていった[13]。

第 2 章　提携を軸とする有機農業運動

(2) 消費者との文化的差異

　ところが，冷害を乗り越えて有機農業に技術的な自信を深めた会員たちが，実施面積を拡大し，仲間を増やしていった 3 年目あたりから，提携運動はいくつかの問題や限界にぶつかった。

　組織運営の問題としては，「有機研」が出荷組合としての機能をもつようになっても組織的整備がほとんど行われなかったために，「会に入れば，（有機農産物を）責任をもって消費者に販売してもらえる」という「ぶらさがり会員」を生みだしたり，あるいは消費者グループとの調整や出荷・販売をめぐって会員間に感情的なしこりや反目が堆積していった。加えて，消費者グループがもつ論理，運動理念，背景と，生産者やむらにおけるそれとのあいだに文化的差異があり，それに起因する相克や限界がみえてきた。

　ひとつは，提携運動では往々にして消費者が生産者より優位な状況にあることから起きる問題である。提携は「物の売り買い関係ではなく，人と人との友好的付き合い関係」を理念としていたが，商品経済のもとでは，買う立場にある消費者のほうがどうしても優位に立っていたのである。ある消費者グループからの提携打ち切りの申し入れに対する高畠の生産者からの返書に，次のようなくだりがある。「食べてもらってはじめて（運動が：筆者注）続けられるという農民の弱さを痛感しました」。ここに，消費者がいかに優位な立場にあるかが，如実に語られている。

　また消費者，なかでもリーダーたちは，都市の「卓越」した文化・経済を背景にして，目に見えるかたちの変化を性急に求めてくる。しかし，農村といえどもますます深く商品経済のなかに組み込まれて生産と生活が成り立っているところに，「共存共貧」や「小農自給」といった先鋭的な運動の論理を持ち込むことは，イエやむらにおける経済的・文化的な亀裂を深めることになる。それは「有機研」の生産者にとっては，イエやむらに背を向けることであり，奥深い相克をともなうのである。

　提携運動においては小農複合経営や自給という理念を生産者と都市の消費者が共有し，相互変革によってこれらの実現がめざされてきた。しかし，「有機研」の運動の大きな目標であり，農業近代化路線を克服する理念と考えられてきた小農複合経営への移行は，農業が切り捨てられていく危機的状況において，壁に突きあたっていく。

　「有機研」のなかでもこの目標に向けて熱心に努力してきた渡部務さんは，

10年目の時点の総括のなかで，小農複合経営に移行しにくいおもな要因として次の4点をあげている。

「① 理論的に頭に描けても今の規模をどう進めて行くのかの実践方法が見い出せない
② ①と関連するのだが，貨幣経済の中で生活費をまかないきれるのか，又まかなえる価格での消費者との提携が可能か（金だけでなく，都市生活者の構造も含め）
③ 自立農家を目指し，特に戦後の農地解放を味わった父母，祖父母の理解を得られるのか
④ 運命共同体の集落の中で，この事が受け入れられるのか，等々」（「有機研の有機農業運動10年の総括」）。

変革を志向する強い意志だけでは乗り越えられない，経営，生活，家族，集落をとりまく壁に直面して，苦悩する高畠の生産者の姿がそこにあった。つまり，都市の消費者からの先鋭的な科学技術・近代農業批判に引きつけられ，理念を共有して実践に向かったとき，そこで出会う本質的な問題は何か。いみじくも，山下惣一が星寛治との往復書簡のなかで指摘しているように，「欲望の自己規制なくしては"ゆとり"は農家の暮らしには生まれない」のである（星・山下, 1981: 76）。

(3) むらや地域との相克
もうひとつは，「有機研」の運動とむらや地域との相克がある。農薬空中散布反対の取り組みにおいても，提携する消費者グループからの要請によって，生産者はむらの人たちとの深い亀裂と不信にさらされることになった[14]。

1986年，高畠町において農薬空中散布が急激に拡大したとき，提携していた消費者グループのなかに「空散の田に身を挺してでも阻止したい」という性急な行動や要望がわき起こった。このことが，かえって生産者を苦しい立場に追いやってしまった。つまり，消費者グループから期待される農民像・経営像に近づこうと真面目に努力する生産者ほど，運動とむらの狭間で苦悩が深まってしまうのである。

高畠ブロックの中川信行さんは，「有機研」だけでなく，農協，集落，PTA

第2章　提携を軸とする有機農業運動

その他各種団体の要職に就任し，地元の人びとから厚い信望を寄せられていた。ところが，「(「有機研」の)『運動』の成果がむら社会を飛び越えたところの活動によって得られ」るために，「有機研のやっていることで，地元の人からよいと言われることはあまりない」という。

「逆に，田にヒエを生やしていれば，あれは有機研の連中だといわれる」ように，「有機研」の実践がややもするとむらの人たちの目には，都市の消費者グループと提携して有機農産物を有利に販売できる「特権的なエリート集団」と映ったようである。「有機研」は苦労して消費者グループとの提携ルートを開拓してきたわけだが，今度はそれが農協関係者や集落など周辺の人びとからやっかみ半分の中傷や妬みを買うことになった。「売り方のうまいやつら」「あいつらのものが安全で，俺たちのものは毒入りか」との批判をあびた。

「有機研」の運動は，「地味でささやかな農民としての自立をさぐる道」と中川信行さんが語っているように，有機農業を実践し，地域に深く根ざす地道な浸透をめざしたのである。「有機研」の会員は，設立当初から農協や農政のなかに理解者，協力者を得て，少しずつ有機農業を地域に広めていった。また1977年には，さまざまな抵抗があったが，苦労して町の基本計画に「有機農業」を盛り込み，行政や農協を通じて地域への制度的・組織的な浸透を図ろうとした。ところが，なかなか「理解」から「実践」に至らない。「有機研」と消費者グループとの結びつきが強まり，有機農産物の流通・販売が拡大するにつれて，農協や地域との距離はむしろ広がっていった。

(4) 身体的負担

もうひとつの問題は，首都圏の消費者グループが志向した先鋭的な有機農業運動によって，「有機研」と高畠の生産者に過重な身体的・精神的負担がかかり，彼らの身体を痛めつけてしまう虞れである。もちろん原則に忠実で緊密な提携を維持・拡大することは消費者にとっても大きな負担をともなうが，生産者はそれだけではすまない。農民の自立運動として「地域に根を張る有機農業運動」を志向する実践(生産)だけでなく，都市の消費者グループとの提携関係の維持・拡大に日常的に多大なエネルギーを注ぎ込むことを余儀なくされたのである。

なかでも，自主配送の原則から，片道350kmの距離を夜を徹して首都圏まで生産者自らが農産物を配送するという負担は大きかった。星寛治さんは，

「有機研」の運動の生成期に早くも,消費者に合わせていかざるをえない生産者の立場の弱さを感じとり,流通(配送)の問題とかかわらせて次のように言っている。

「流通の問題でまだやはり生産者というのは優位に立っていないですね。消費者団体の言うなりにそれに合わせていかざるをえないような,そういう弱みがあるわけです。それではまだほんものじゃないと思うし,ぼくら首都圏まで何回か運んでくるわけですが,2回に1回くらいはぼくらのところまで取りに来てくださいというんです」(有吉,1977: 253)。

とはいえ,実際には主婦を中心とする消費者グループにそうした機動力はほとんど望めない。自主配送ということになれば,いきおいその負担は生産者にかかっていったのである。

(5) 地域への回帰と運動の軌道修正

これまでみてきたように都市の消費者グループの力が強く,それらとの提携に多大な運動のエネルギーが注がれ,生産者の足元を固め地域に浸透する力がなかなか働きにくい状況が続いた。そうしたなかにあっても,「グリーンプラザ」という流通業者との提携の是非やブロック制[15]への移行,そして前述の農薬空中散布反対の運動方法をめぐる議論を通して,消費者リーダーの意見や考え方に振り回されるのではなく,有機農業運動の出発点に立ち戻り,生産者運動として地域に回帰していく方向に意識的に軌道修正していくようになる。

その表れとして,「有機研」の運動は個別実践の深化を求める糠亀ブロック(糠野目地区と亀岡地区の生産者を中心とするブロック組織)と,地域運動としての展開を志向する「高畠町有機農業提携センター」グループ(旧和田・高畠ブロックが中心)に二極化していった。

糠亀ブロックでは,「安全なものが欲しい」,「おいしいものが欲しい」という消費者の要望に応えるためだけに有機農産物をつくっているのではない,「消費者の作男ではない」という問い返しのなかから,「自らの生活・経営をどう組み立て,自立を図るのか」という生産の現場や地域への回帰,つまり「農民としての自己転回」が始まった。糠亀ブロックの原則的な「等身大」,「横一線」の運動の力点は,流通・販売から生産の現場に回帰していった。それでも

消費者との提携，流通・販売には繁雑な業務がともなう。とはいえ，「農村を考える会」の糠亀ブロックへの参加など，わずかずつではあるが「有機研」は地域の農民を組織化していった。また，都市からの帰農者や脱サラして川西町にUターンした青年も「有機研」の会員に加わった。

　他方，「有機研」の主舞台となってきた川北上部落のある和田地区では，1987年3月に発足した「上和田有機米生産組合」が地域運動として急速な広がりをみせた。その要因のひとつは，無農薬に加えて少農薬・遠赤外線乾燥などの省力化した栽培技術も取り入れ，安定的に有利に流通・販売できるようにタテ型の組織体制をとったからである。それゆえ，前述のような相克に陥ることなく，有機農業の担い手を一定の地域的広がりをもって組織化することが可能になったのである。だがそこでは，〈農〉の現場から現代の消費文明や社会経済システムを根底から問い返していく論理は後退している。同組合の発足には，「有機研」の十数年におよぶ無農薬栽培の実績があり，「有機研」と思想的にも人脈的にも深くかかわっていることを見逃してはならない。

　和田・高畠両ブロックは，生産・流通面での行き詰まりを打開するために，1990年に「高畠町有機農業提携センター」を発足させ，流通の一元化によって業務を軽減し，生産・研究活動により専念できる体制づくりに着手した。高畠町有機農業研究会は，1996年3月，発展的に解散し，「高畠町有機農業提携センター」および「たかはた四季便りの会」（有機農業実践グループ）として活動を再開した。

4.4　まとめ

　これまで述べてきた20年近くにわたる高畠での有機農業運動の実践の積み重ねは，地域の農民にも深い影響を与えずにはおかない。「有機研」の会員は，日本有機農業研究会や首都圏の先鋭的な消費者グループの強い影響を受けながら，「地域に根を張る有機農業運動」をスローガンに運動を進めてきた。しかし「有機研」のかかげる高邁な理想と現実との距離が大きく隔たっていたがゆえに，なかなかむらに浸透しなかった。特定の消費者と提携して価格のうえでは有利に取引できることで周辺の農民の妬みを買うことはあっても，いくら高く売れても自分にはできないというのがむらの大方の反応であった。有機農業への転換にともなう労働の厳しさを身近にみていたからである。

「有機研」は市場経済のもとで現代の消費文明や社会経済システムの根幹的な変革を視野に入れ，飼料や生産資材までも含む自給や複合経営（個別農家，あるいは会員間複合経営，集落，あるいは地域複合経営）への移行など，〈農〉の現場で実践を積み重ねてきた運動であった。また，「有機研」の星寛治さんは，環境・開発問題から農業の存続を脅かす厳しい状況に直面して，「住民の意識水準が一定のレベルまで高まっていかないと，次から次へと地域環境が壊されていく」と，文化活動の必要性を強調する。そして，「たかはた共生塾」や「和田懇話会」といった学習と「地域振興」の実践の場を相次いで創り，都市と農村の〈共生〉のあり方を探っている。

　星さんによると，1997年に町内で環境保全型農業を実践している団体がゆるやかな協議会を旗揚げした。名称を「高畠町有機農業推進協議会」といい，会員はおよそ500名。その後，JAの経営する3つのライスセンターの組合員500戸も加わり，町内2200戸の農家のうち1000戸を「有機農業の戦列に組み込んだわけで，もはや少数派ではなくなった」（星，2000: 232）という。

　農民運動や青年団活動，文化運動など，この高畠の地で繰り返しかたちを変えつつも営々と積み重ねられてきた農民の主体性回復，自立運動の錯綜した成果のひとつが有機農業運動として実を結んだわけである。高畠には，1人ひとり個性をもった，力量のある，文字どおりの「百姓」たちが，有機農業運動の実践を通して地域自立・自治の主要な担い手として輩出している。崩壊しつつある農村の再生やむらづくり，それらの担い手が苦悩の実践のなかから立ち現れてきていることの意味は大きい。

注
(1) 有畜複合経営とは，単一作物の栽培ではなく，米麦や野菜など多品目多品種の作物を栽培，輪作する（これを「作りまわし」という）耕種農業と畜産（養豚，養鶏，酪農など）の組み合わせをさす。日本の有機農業運動は自立した有畜複合小農経営を実践してきた。
(2) 1984年調査では，提携する消費者集団と生産者の所在地がある行政区域にもとづいて，「同一市区町村内」あるいは「同一都道府県内」の提携を，「地域内提携」とみなして集計した。行政区域が必ずしも消費者集団と生産者とのあいだの実際の距離を表しているわけではないが，このデータを手がかりとして「地域内提携」を把握することにした。

(3)「なずな会」(生産者は埼玉県富士見市の島村登詞男さん, 1975年),「土と生命を考える会」(名古屋市村上邦昭さんほか, 1976年),「みどりの会」(茨城県猿島町帰農志塾, 1977年),「有機農業を広める会"ななほしてんとう"」(埼玉県富士見市渋谷勝嘉さん, 1977年),「黒里を耕す会」(静岡県富士川町の浦田雅史さんほか, 1978年),「山形野菜とたまごの会」(山形県大江町みどり農場, 1982年)などがあった(カッコ内は提携開始年)。
(4) 有機農産物の共同購入グループが生協法人化した「八王子消費者の会生協」や生協法人として発足した「愛媛有機農産生協」などがあった。

　生産者への補償例としては,首都圏の生活クラブ生協と山形県遊佐町農協が,農薬や化学肥料を抑えた共同開発米に取り組んできた。1992年産米から価格設定を「生産者原価方式」で決めるにあたって,農家が永続して米づくりができる必要経費として「農業環境保全費」(10a当たり19,810円)を盛り込むようになった。また,共同開発米を対象に,生産者の現収補償を組み込んだ相互扶助協定を同農協と1994年11月に調印した。具体的には基金を創設し,天災などで産地の基準収量が10a当たり30kg以上減収した場合,各農家の減収量に応じて所得補償するというものである。

　このほか,東都生協(東京都)の「土づくり基金」(1986年に「土づくり宣言」を提起して以来,食べ物の安全を求める消費者の立場から農家を積極的に支援しようと生協組合員が積み立てたもの)や山口中央生協(山口県)の「産直振興基金」(病虫害被害などを受けた農家の損失補償,生産意欲の向上,減農薬・有機農業の生産者のリスク軽減に役立てるための基金)などがある(古沢, 1995: 234-235)。
(5) ひとつは,「盛岡市民生協」(29,000世帯)である。1981年から岩手県内の生産者と手を結んでおり,果物(リンゴ,ブドウ)が組合員の一部に供給されているようだ。もうひとつは,「学園生協マイネ」(群馬県吉井町,500世帯)で,小規模であることの利点を生かして,1983年から有機農業生産者との提携に取り組んでいた。
(6) 多辺田政弘は,これを「関係性重視主義」あるいは「労働共感主義」と呼んでいる(多辺田, 1981)。
(7) たとえば,「食と農をむすぶこれからの会」(東京都小平市)では,茨城県八郷町(現・石岡市)の生産者との提携を主体にして「八郷に食卓をあずける」ためにどう食べるかを,イラスト入りのわかりやすい小冊子にまとめている。『八郷の春を食べる』と題した春号を皮切りに,夏・秋・冬号を順次発行し,旬の作物別に調理法・保存法を紹介している。

1984年春号の巻頭で会員の橋本明子さんが八郷の「自給する生産者の食卓の延長に都市の食卓をおいた食べ方」の基本を述べているので，引用しておく。
> (1) 少なくとも1週間の食生活を頭におく。多いときは，食べ方を工夫する。保存して端境期や，同じ品目が無い時に食べる。
> (2) おかずは野菜が主人公。配送車できた野菜の顔を見て，メニューをつくる。大豆製品，乾物を積極的にとりこみ，畜産物はいろどり，調味料，補助材料として扱う。
> (3) 主食の米は，白米ではなく，胚芽米，三分づき，五分づき，玄米で。八郷でとれるじゃがいも，小麦，さつまいもも，主食の範囲にとりこもう。
> (4) 何といっても手作りであること。めいめいの家庭だけでなく，地区でいっしょに作ったり，料理法，保存のしかたなど，みんなの創意工夫を持ち寄ろう。

(8) 農林水産省が，農政審議会報告「『80年代の農政の基本方向』の推進について」(1982年8月)のなかで強力に打ちだし，定着を図ったものであるが，内実は輸入農産物に依存して成り立っている食生活であった（桝潟，1987: 303-304）。

(9) たとえば，食糧・エネルギーの地域自給をめざす「耕人舎」や新規就農者たち（和歌山県那智勝浦町色川地区），借地農業で消費者と提携しプロの百姓を育てている「帰農志塾」（茨城県猿島町），「あおげ邑」という脱都会青年の自給農場づくり（大阪府河内町），酪農を柱に複合経営をめざす「興農塾」（北海道中標津町），茨城県八郷町に定住した旧「たまごの会」の専従者，あるいは障害者との共働生活をめざす「コスモス共働農場」（兵庫県氷上町），脱サラして本物の百姓をめざす「むぎくさ農場」（山梨県高根町）など，それぞれ自分にあった多様なやり方で地域に根を下ろし，自給自足志向の強い有機農業を展開している。

当時の帰農の具体例については，岩下（1984）のほか，石井（1983），『80年代』編集部（1983a; 1983b; 1986）などを参照。

(10) 星（1999）には，高畠町における運動の経過がコンパクトにまとめられている。

(11) 「たまごの会」の設立の経過や初期の活動については，桝潟（1978）参照。

(12) 「所沢生活村」については，桝潟（1979）および白根（1979）参照。

(13) 星寛治は，「私たち（「有機研」：筆者注）が有畜小農複合経営をめざしてきた意味は，農業生産のなかからムダや公害を出さず，環境を保全しながら持続的な生産を確保するかたちだからである」と述べている。そして，「それは特

第 2 章　提携を軸とする有機農業運動

別なものではなく，東アジアモンスーン地帯に位置する日本列島の各地で古くから営まれてきた，ふつうの農業なのである．水田稲作を基本としながら，家畜を飼い，野菜や雑穀などの自給作物を作り，さらに果樹や特用作物（食用以外の用途に供する農作物）を取り入れ，現金収入の道も確保しつつ，余力で里山を手入れする．いわば伝統的な日本型農業の原型がそこにはあった」（星，1999: 316-317）という．

(14) 高畠町における農薬の空中散布の歴史は，1961 年に遡る．屋代地区では，泥炭地という土地条件，米とブドウの労働力の競合という経営条件から，町内ではもっとも早くから空中散布を実施していた．これに，1974 年高畠地区約 200ha と糠野目地区 140ha が加わり，1986 年には和田・亀岡地区の一部 700ha がさらに追加され，合計で 1,555ha と，町内全耕地面積の過半数を占めるに至った（青木，1991b: 85）．

(15) ブロック制とは，「有機研」の会員をほぼ居住地域に即してブロックに区分して消費者集団を「張り付け」て，ブロック単位で販売を行うシステムをいう．3 ブロックとは，旧村単位の糠野目地区・亀岡地区からなる糠亀ブロック，屋代地区・二ツ井地区・高畠地区からなる和田ブロックを指し，各々が作付・販売活動の主体となった．1983 年のブロック制導入は，「有機研」の運動の地域的多極化を象徴している（青木，1991a: 35，傍点筆者）．

第3章　多様化する有機農産物の流通ルート
―― 「運動」から「ビジネス」へ

　1980年代後半になると，健康や安全，環境問題への関心が世界的に高まり，有機農業が徐々に認知されるにつれて有機農産物の需要が拡大した。有機農産物需要の増大を背景に，有機農業が「ビジネス」としても成り立つようになり，卸売市場関係業者や大手流通業者，商社などが有機農産物市場に参入しはじめた。

　本章では，そのなかで有機農産物の流通ルートはどのように多様化したのか，さらには，農林水産省が「有機農業政策」として推進したのは，広域流通や自由貿易を促す基準・検査認証制度の検討・整備であり，有機ビジネスが勢いを増すなかで，有機農業運動はどのように対応したのかをみていく。

1　拡大する有機農業

1.1　高まる有機農産物への関心

　日本において食品公害や食べ物の安全性の問題が顕在化したのは1970年代である。そして，70年代後半から80年代にかけて，食品公害によって食べ物や健康に危機感をもった消費者と，農薬の害や土の疲弊を感じとった生産者とが結びつき，有機農産物や無添加食品の共同購入を行う提携運動が一定の高まりと広がりをみせた。これは，「経済合理性」よりも〈生命〉という価値観を優先させた少数の人びとが中心になった，草の根運動であった。

　ところが，1980年代後半に入ると，一般の人びとのあいだに健康や食の安全志向が広がった。この背景として，人口の高齢化，ガンや成人病などの罹患率の上昇，あるいは1986年4月のソ連チェルノブイリ原発事故をきっかけに，食べ物の放射能汚染や食品添加物，農薬，抗生物質等の安全性の問題があらためてクローズアップされてきたことなどが考えられる。さらに，円高のもとで

第3章　多様化する有機農産物の流通ルート

増加している輸入食品の安全性への不安（ポストハーベスト農薬，国内で許可されていない化学物質，放射能などによる汚染）や地球環境問題への急速な関心の高まりも加わり，広範な人びとのあいだに，自然食や有機農産物が"ブーム"のような勢いで広まっていったのである。また有機質堆肥で栽培された農産物のおいしさは味覚にこだわるグルメ志向ともマッチして，いっそう"ブーム"に拍車をかけた。

70年代後半の提携運動による有機農業の広がりが"第1次ブーム"とすれば，80年代後半における一連の動きは，「語感イメージの有機農業が独り歩きする第2次『有機農業』ブーム」（足立，1991: 5）であったといえよう。

総理府「食生活・農村の役割に関する世論調査」（1987年9月）によれば，「農業・農村の食料供給への期待」のトップは「安全な食料を供給すること」（48％）が占めていた。農薬や化学肥料を使わない，旬のおいしい農産物に対する消費者の要望が強まっていた。また，農林水産省の食料品消費モニター調査[1]（1990年）をみても，有機農産物を手に入れたいという消費者ニーズが1987年から90年にかけて急速に強まっていたことがわかる。「有機栽培野菜に関心がある」（92％），「有機栽培野菜を買う」（97％）と回答しており，「安全で」（88％），「おいしく」（49％），「栄養価の高い」（26％）有機農産物への需要と関心がますます高まっていた[2]。

生命の糧である食べ物の安全性に対する一般消費者の関心は，1980年代後半，日本だけでなく欧米諸国でも高まった。食品に対する規制・監視体制の強化や，農薬・化学肥料・薬剤などの化学物質に依存する近代農業を見直す動きが，国際的に広がったのである。

1.2 「減農薬栽培」を主体とする有機農業の拡大：農協の取り組み

日本における有機農業の拡大は，日本有機農業研究会が中心となって提唱してきた提携運動に負うところが大きかった。ところが，有機農業をめぐる上述のような情勢変化のもとで，そうした展開のほかにも農業生産の現場において土づくりや有機農業に取り組む意欲が強まった。

まず，農協における有機農業への関心が高まった。全国農業協同組合中央会（全中）が1987年度に実施した調査（「『有機』，『無農薬』等農産物供給状況調査」）によると，33道府県1,010の単位農協のうち185農協（18.3％）が何ら

かのかたちで有機農業に取り組んでいた（内訳は，「農協の販売事業として取り組んでいる」が134農協，「自給運動などで取り組んでいる」が51農協となっている）。しかも，現在，農協として有機農業に取り組んではいないが，「有機」「無農薬」等農産物に「関心はある」農協が実に668農協（取り組んでいない777農協の86.0％）もあった。

さらに，これを3年後に実施された1990年度の調査（「農協の活動に関する全国一斉調査」）と比較してみると，販売事業や自給運動など何らかのかたちで有機農業に取り組んでいる農協は，回答があった3,481単位農協のうち949農協（27.3％）に増えていた。また，現在農協としては取り組んでいない2,513農協のうち約6割にあたる1,467農協が「今後有機農業に取り組みたい」と回答しており，単位農協の有機農業への関心の高まりがうかがわれた[3]。

こうした単位農協の動向を受けて，系統農協組織でも，1980年代後半からこれまでの姿勢を変えて有機農業への接近をはかるようになってきた。1988年12月に開催された第18回全国農協大会では，「Healthy（健康・安全），High quality（高品質），High technology（高技術）」という「3H農業」を推進するなかで，有機・低農薬等農産物の生産についてはその技術の研究促進などを通じて進めることを決議した。さらに全中では，1991年6月に有機農産物の定義と有機肥料・農薬使用状況に関する表示基準を定め，「安全で良質な食料・農産物の供給」に力を入れはじめた。

農協の有機農業への取り組みは，後述する生協からの働きかけに触発されたもの，あるいは生協との産直・提携のなかから生まれてきたものが多い。生協は当時全国で1,400万人の組合員を組織するまでになっており，有機農産物あるいは低農薬農産物の生産拡大に大きな影響を与えたとみられる（農林中金研究センター，1987）。また，全国農業協同組合連合会（全農）も，1988年から「有機農産物等の差別化商品の需要拡大に対応」するために，有機・低農薬栽培技術研究を進め，実験圃場づくりに動きだした。

このような変化の背景には，「高付加価値農業」あるいは「差別化商品」としての有機農産物への期待も大きかったとみられる[4]。しかし，もっと根源的に，農業を覆っている危機意識に衝き動かされている面もあったようである。すなわち，大消費地に大量供給するために限られた作物を連作してきた主産地では，連作障害による品質や収量の低下がみられるようになり，有機質堆肥を投入して土壌改良を進める必要がでていた。また，長年農薬・化学肥料を使用

第3章　多様化する有機農産物の流通ルート

して土の疲弊に気づいた産地や生産者のなかには，意識的に土づくりを行い有機農業に取り組むところが増えていた。さらに，牛肉，オレンジをはじめ，基幹作物である米にも輸入自由化圧力がかかるなかで，生き残りへの道をかけて「安全で味のよい農作物」を生産するために，有機農業への転換が試みられるようになったとみられる。

　農林水産省有機農業対策室が 1990 年度に実施した「有機農業」(「有機」，「自然」，「生態系」，「無農薬」等の言葉を使用して通常栽培とは異なる栽培方法による農業をいう) 農家・集団調査 (「有機農業生産調査」) によれば，対象とした農家・集団のうち 6 割 (1,078 事例[5] 中 644 事例) が 1985 年以降に有機栽培を開始している。この調査結果からも，有機農業に取り組む生産者が，それまでの微々たる広がりに比べ，1980 年代後半から急激に増えていることがわかる。また，1980 年代後半以降に「有機農業」に取り組んだ農家・集団の栽培方法にみられる特徴は，「減農薬・減化学肥料」(333 事例) や「減農薬・無化学肥料」(106 事例) といった「減農薬栽培」が 7 割弱 (644 事例中 439 事例) も占めていることである (農産業振興奨励会, 1991)。つまり，1980 年代後半以降の第 2 次有機農業ブームのなかで拡大していたのは，「減農薬栽培を主体とする有機農業」なのである。

　次節で述べるように，生産した有機農産物を一般栽培の農作物と区別して市場出荷する方法を模索したり，独自の販路 (生協などの消費者集団や自然食品店，専門流通業者，デパート，スーパーなどへの産直ルートなど) を開拓する動きも活発化したのである。

2　有機農産物の「商品化」の進行と流通ルートの多様化

2.1　有機農産物流通ビジネスの誕生

　有機農業運動の草創期であった 1970 年代の前半には，「安全な食べ物」を求める消費者たちは，多くの場合，全国に点在する生産者を探しあて，産直・共同購入方式で有機農産物を手に入れるしか方法がなかった。また，産直・共同購入方式という「市場外流通」をあえて選ぶ生産者側の積極的な理由もあった。つまり，農薬多用の近代農業技術からの脱却をめざす〈有機農業運動〉においては，巨大化した市場流通機構が農業生産の現場を歪めてきたことへの強い反

89

省から，意識的に市場流通にのせること（仲介者や流通業者の介入も含めて）を排除していったのである。市場にだしても買いたたかれて正当な評価を受けられないという現実もあった。そして，既存の市場流通システムに委ねていた産地開発や集荷・品揃えなどの市場機能を，生産者と消費者との〈提携〉という「信頼を土台とする相互扶助関係」のもとで代替する方法を工夫してきた。

ところが，近くに共同購入グループがなかったり，有機農業生産者との出会いがないと，有機農産物を手に入れることができなかったり，逆に食べてくれる消費者が見つからないことも起きてきた。そのようななかで，有機農産物を専門に取り扱う業者や八百屋などがぽつぽつ現れてきたのが，1970年代の後半のことである。また，生協の産直活動もいっそう安全志向を強めていく。少し遅れて，自然食品店やデパートでも有機農産物の取扱いが始まった。消費者からの要望，専門の卸売業者や有機農業生産者からの働きかけなどがきっかけとなったようである。セルフ・サービス方式のスーパーが，「個性化・差別化商品」として，「完熟トマト」や「ノーワックスみかん」，さらには「有機・低農薬」の農産物を扱うようになってくるのも，1970年代の後半である[6]。

当時は有機農産物が市場流通にまったくのっていなかった。ほとんどが生産者と消費者の直結・提携という市場外流通によって取り扱われていたからである。したがって，その当時スーパーは，生産者と直接取り引きするか，あるいは「大地を守る会」や「JAC」などといった草分けの専門流通事業体[7]から仕入れていたようである。

1980年代に入って有機農産物への関心が高まるにつれて，デパートやスーパー（量販店）などでも「差別化商品」「高付加価値商品」として有機農産物を取り扱うところが増えてきた[8]。この頃になると，スーパーをはじめ有機農産物への引き合いが増え，卸売市場の業者のなかに積極的に産地開発を行い有機農産物の流通ビジネスを始めるところがでてきた。日本一の集荷力をもっている東京・大田市場の大手卸売業者である東京青果では，1982年から全国の産地に精通したベテラン社員を有機農産物担当者にあてて産地開発を進めた。このほか，仲卸業者・角市も1980年頃から量販店の要請がきっかけで「有機野菜」の取扱いを始めた[9]。

第3章　多様化する有機農産物の流通ルート

2.2 「有機農産物」ニーズ増大と多様化する流通：1980年代後半以降

(1) 市場流通

1980年代後半になると，前述のような有機農業ブームを受けて有機農産物ニーズが増大するのに対応して，有機農産物を市場流通にのせ，高付加価値・商品差別化をはかる動きがさらに活発化した。

1988年2月の「生態系農業連絡協議会」(会長は郷田實宮崎県綾町前町長，1991年に推進協議会と改称)の結成は，そうした動きが具体化したものであった。同協議会は，卸売市場を経由して有機農産物の全国的流通をめざす市場流通関係者や生産者団体，地方自治体等が中心メンバーとなった民間団体であった。「安全かつ健全な農畜産物を作る生態系農業の推進」のため，「会員の自主的に定める生態系農畜産物の格付け，品質保証，検査，表示等の調整および統一」などを主たる事業としていた。

1990年5月現在，地方自治体，農協，生産者団体，消費者団体，流通業者，食品加工業者，外食産業，デパート，スーパーなど82団体が加入，「生態系農業の栽培基準」「生態系農産物等の認定規則」「同細則」「表示規則」を精力的に策定すると同時に，「生態系農産物」を市場流通させるために中央卸売市場関係者に働きかけを行った。

大手卸売業者・東京青果は，同協議会からの強い要請を受けて，1991年7月から「個性化農産物コーナー」を設けた。ここでは，①安全性，②味，③栄養価，④珍品の4要素を基準に，このうちどれかひとつでも特徴をもった青果物を取り上げて，予約相対取引で専門店や小売店に販売した(『日本農業新聞』1991年7月1日)。つまり，東京青果が「個性化農産物」のひとつとして「生態系農産物」を含む「有機農産物」を取り扱うようになったのである。

東京青果のほかにも，産地情報に詳しく有機農産物の取扱いに力を入れる卸売業者や仲卸業者もでてきた[10]。1980年代半ば頃から，卸売市場経由の有機農産物はかなり増えたとみられる。国民生活センターが1988年に実施した「デパート・スーパーにおける有機農産物の取扱い実態調査」でも，有機農産物を卸売市場から仕入れているデパートやスーパーが急増しており，ほぼ5割に達していた。

(2) 専門流通業者

　他方，市場外流通における取扱いも増えていた。専門流通業者，生協，消費者集団，生産者グループ（ヤマギシ会や世界救世教〔MOA商事〕など）は市場外に独自の出荷・販売組織をもっていたが，なかでも，有機農産物の流通・販売システムに「宅配」を導入した専門流通業者の急成長ぶりが目立つ。

　共同購入の場合には，近くに消費者グループやポスト（配送拠点）がないこと，あるいは女性の社会進出（就労やボランティア活動への参加など）の増加や人間関係のわずらわしさなどがネックになっていたわけだが，専門流通業者の場合には，「宅配」を有機農産物の流通・販売システムとして組み立て事業化することによって，潜在していた有機農産物需要を掘り起こし，急速に伸びていったのである。専門流通業者や生協などの，生産者あるいは生産者団体（農協も含む）との直接取引も増えていったとみられる。

　専門流通業者についてその事業活動の全容はつかみきれないが，流通業者のほかに総合商社などのなかにも事業多角化の一環として参入する動きがみられた。大手の流通業者のなかには，独自の規格で産地や商品開発を行ってブランド化して販売するところもでてきた[11]。

(3) 生協・消費者グループ

　生協の場合，「有機農産物」に対する関心が急速に高まったのは，1970年代後半以降である。生協ではできるだけ安全性の高い無農薬あるいは低（省・減）農薬の農産物を供給の目玉商品として求めており，産直活動の主要な取り組み課題となっていた[12]。

　日本生活協同組合連合会（日本生協連）が過去3回（1983年,87年,91年）にわたって実施してきた「全国生協産直調査」[13]によると，産直の目的として「商品の安全性確保」が一貫して増えており（54％→83％→96％），91年調査では10割近くに達した。そして，青果物「産直」のなかでの「追求点」として「有機栽培等のより安全な栽培方法（農法）」をあげる生協は，87年,90年調査ともほぼ6割であった（「3つまで」の複数回答）。また，「安全性・信頼性」を強調した米の取扱いも進んだようである（91年調査では回答があった53生協中32生協で取り扱っており，その総取扱い量に占める割合は約21％）。そして，「残留農薬等を点検する」生協が87年から91年にかけて全体で3生協から21生協（「上位30生協」に限定すれば16生協）に増えており，

この間,生協の青果物の商品検査体制が整ったことがわかる。

このほか,ヤマギシ会,世界救世教,愛農会などのように,生産した有機農産物の出荷販売組織を独自につくって流通させている生産者グループの取扱いも増えた模様である[14]。

このように有機農産物の生産量と需要・消費の増大を背景にして,企業も含めて多彩な流通主体が有機農産物市場に参入するなかで,流通ルートは多様化し,流通量は膨張していった。しかも,流通ルートは複雑に入り組んで重層化していった。そこで,こうした状況のもとで有機農産物の流通をめぐって起きた問題に,行政や有機農業運動はどのように対応したのか,次にみていく。

3 市場流通の拡大にともなう問題と行政・有機農業運動の対応

3.1 「付加価値表示」の氾濫と行政の対応

このように流通ルートが多様化した結果,有機農産物は「宅配」や自然食品店や専門の八百屋,あるいはデパートやスーパーなどの一般小売店でも手軽に購入できるようになった。しかし,その反面,「有機栽培」「無農薬」「省(低・減)農薬」「自然農法」「微生物農法」「清浄野菜」などといった表示の氾濫,割高な価格,安全性の確認や品質保証の難しさなど,消費者側でも有機農産物の流通をめぐってさまざまな問題がでてきた。

東京都中央卸売市場の調査によると,1985年頃から,「有機栽培(低・省農薬)」などと表示された野菜や果物が増えはじめ,季節や品目によって異なるが,多いときには入荷量の2～4割も占める状況になった。筆者らが1988年11月に神田市場(旧東京都中央卸売市場)を見学したときにも,「有機農法」「清浄」「完熟」「微生物栽培」などと表示されたダンボール箱やラベル等がやたらと目についた。「無理をしないで作れる旬の野菜に有機物件の出回りが多い」という市場関係者の話もあるが,肥料のごく一部に有機質堆肥を使っただけで「有機・低農薬」と表示された商品も多いようだ。また,市場内で「産地契約栽培」「有機質」「無農薬」などといった字句を刷り込んだシールが売られているという話もあった[15]。

こうした状況をいち早く問題にしたのは,「遺伝毒性を考える集い」という消費者団体(14団体,および個人会員約100名で構成)であった。同会は,

農林水産省や公正取引委員会などに対して，そうした表示の根拠や真偽を明らかにするよう要求した。また，東京都知事に対しても，1987年5月に「中央卸売市場に入荷する有機栽培野菜・果物に関する質問と要望」を提出した。

これを受けて，東京都生活文化局価格調査課では，同年の6月と11月の2回にわたって，「有機・無農薬等の表示がある商品と一般商品の両方を扱っている」都内の青果小売商，スーパー，生協，百貨店を対象に，野菜・果物の価格調査を行った。その結果，6月の調査では15品目中13品目，11月には19品目中14品目において，一般商品より「付加価値（わけあり）表示」商品のほうが，平均すると2～3割程度高く販売されていることがわかった[16]。

しかし，「有機栽培に対する公的な規格自体がないために，表示が正当か不当か判断できず」，東京都は，1987年7月16日，政府行政機関（経済企画庁，公正取引委員会，農林水産省）にあてて，「『有機栽培』等に関する表示基準の明確化について」という要望書を提出した。

また，公正取引委員会（以下，公取と略す）では東京都や消費者団体の要望を受けて，1987年9月から1988年3月にかけて関東・関西の小売店で試買とヒアリング調査を行い，不当表示の農産物（調査品目のべ80点中9点）が多数，市場に出回っていることを明らかにした。公取が示した判断は，「農薬が使用されているのに『無農薬』と表示されているもの」および「農薬や化学肥料が使用されているのに『完全有機栽培』と表示されているもの」については，「不当景品類及び不当表示防止法」（景表法）にいう不当表示に当たるというものであった。

そして，「一般消費者の適正な商品選択を阻害するおそれがある」として，公取は，1988年9月6日，小売業界4団体（日本百貨店協会，日本チェーンストア協会，全日本健康自然食品協会，全国中央市場青果卸売協会）に対して，「会員事業者に……こうした不当な表示が行われることのないよう指導」することを要望した。

問題は，この要望で触れられなかった内容の表示，つまり「完全」の二文字を削除して単に「有機栽培」としたり，「無」の字に代えて「低（省・減）」等と表示する場合である。これらを表示するうえでの基準等について，公的・準公的な規定や社会的な共通認識がなかった当時においては，消費者が商品選択する際の情報としては意味をもたないものになっていた。

公取の要望を受けて，流通業界では，「無農薬」「完全有機栽培」といった表

第3章　多様化する有機農産物の流通ルート

示を避け，生産地や生産者名表示に切り換えたり，あるいは有機農産物の取扱いを抑制するムードが強まった。しかし，消費者の「有機栽培」等に対する理解やイメージと実際に流通している有機農産物の栽培方法とはギャップがあり，これを利用した差別化販売や高付加価値の獲得を目論む不公正な取引があとを絶たなかった。

3.2 積極的な市場流通指向の基準づくり

　需要の拡大を背景に，有機農産物が大量に出回り市場流通にのるようになっても，日本では「有機栽培」等の言葉の定義や基準があいまいなまま独り歩きしていた。そうしたなかで，流通業界をはじめ地方自治体，農協，生産者集団，生協，自然食品業者などがさまざまな立場からそれぞれの思惑のもとに盛んに基準づくりをしていた。なかでも目立ったのは，有機農産物の市場流通拡大に向けて規格・基準づくりを進める動きであった。そして，国に対して有機農業・有機農産物の定義・基準づくりを求める一部の消費者やマスコミの声も次第に大きくなった。

　このようななかで，「国産は有機基準があいまい」なことを理由に，輸入有機農産物を扱う百貨店やレストランが現れた[17]。また，日本では国が認める有機農産物・有機食品の認定機関がないため，自然食品や有機食品の海外への輸出に支障をきたしている業者も，国への働きかけを強めた。

　そして，日本国内の有機農産物の厳格な基準制定を望む業者は，1991年11月に「日本有機水産物協会」（略称NYNK）を設立，自ら積極的に基準づくりを推進した。「日本の対応は国際性などの面で遅れている」として，「当面の主要業務として国内で生産・流通する農水産物の有機食品，ならびに，輸出・輸入される有機食品」の指標・基準・定義の策定を開始した（『健康産業流通新聞』No. 273，1991年12月12日）。その後，日本有機農水産物協会は1992年2月に「オーガニック＆ナチュラルフーズ協会」（JONA）と改称し，認証事業を行うようになった。

　これらを受けて，農林水産省は，後述するように「青果物等特別表示検討委員会」を設置して，「有機」等の表示のガイドラインの策定に向けて検討を始めたのである（第5章2.1参照）。ただし，これはあくまでも表示レベルでの基準・規制の検討であった。

3.3 有機農業の「産業化」および基準づくりへの批判

　こうした動きに対して，生産者と消費者との〈提携〉というかかわり方を重視して有機農業運動を啓蒙・推進してきた日本有機農業研究会は，安易な基準づくりはかえって日本の有機農業の将来にとって好ましくないと，基準づくり自体に批判的であった（1987年8月に「有機農産物に対する規格基準等についての見解」をまとめて農林水産大臣に提出）。そして，「農薬や化学肥料を使わない農業，それが有機農業であるというだけの単純な解釈に留まっていると，今日の社会のいろいろな矛盾を看過することになる」（元代表幹事・一樂照雄）として，あえて「有機農業」の定義をしてこなかったのである。

　しかし，"まがいもの" が多く出回るようになってきたので，日本有機農業研究会では，流通の混乱，「有機」という言葉の乱用を防ぐために，次のような定義を発表した。

　　「有機農産物とは，生産から消費までの過程を通じて化学肥料，農薬等の人工的な化学物質や生物薬剤，放射性物質等をまったく使用せず，その地域の資源を出来るだけ活用し，自然が本来有する生産力を尊重する方法で生産されたものをいう」（1988年9月）。

さらに1991年3月には再び農林水産大臣にあてて「農産物に新たな表示を設ける必要はなく，したがって表示の検討も無用」とする見解を表明した（「農水省の青果物等特別表示検討委員会設置方針についての本会の見解」）。

　一方，生産者の自然や土との主体的なかかわりを重視する立場から基準づくりを批判する考え方もある[18]。「減農薬」「高品質」といったことはあくまでも，すべて生産者による「個性的な自然の活用」，あるいは「根―微生物―土」のまともな関係づくりの「結果」であって，「有機」「減農薬」の「基準」に向かって，画一的な手段をとっていくところからは "ほんもの" は生まれないというのである。このように，自然とのかかわりや生産者の主体的営みを重視する考え方は，消費者との〈提携〉のもとで有機農業を実践している生産者のなかにもみられる。

　日本では，主として生産者と消費者が直結して「顔の見える関係」のもとで

第3章　多様化する有機農産物の流通ルート

有機農産物を市場外の流通ルート（産直や提携など）にのせてきた。そのため，有機農産物の規格・基準といったものはなく，生産者集団あるいは生産者と消費者のあいだで自主的な栽培基準を取り決めるか，世界救世教に「自然農法」の技術を普及するための指針があるくらいであった。この点が，一般の市場ルートを主体にして，生産者団体の認証マークやシールを貼付して有機農産物を流通させてきた欧米諸国との大きな違いである。

　有機農産物の基準づくりの活発化は，有機農業の「産業化」を促進しているが，これは，国際的な市場流通・広域流通を指向する情勢変化のもとで，世界共通に起きている現象である。イギリスのソイル・アソシエイション（土壌協会）のように，国レベルの統一基準の策定を逆手にとって，農地の20％を有機農法に転換する運動に取り組む試みもある。有機農業運動の展開に基準・認証制度がどのような意味をもつようになるのか，次章で分析する。

注
(1) 毎年，全国の主要都市の消費者（主婦）を対象に実施している調査。1987年（「野菜の消費について」）と1990年（「野菜に対する消費者意識について」）に有機栽培野菜に関する調査項目がある。
(2) 1987年の同調査と比較すると，有機野菜を「購入したい」という消費者が66％から97％へと増えている。しかし，こうした購入「希望」が実際の需要にかならずしも結びつくとは限らない。87年調査では有機野菜をどのくらいの頻度で購入しているかについても調べている。それによると，「ほとんど毎日」から「月2～3回」までの定期的購入者は43％であり，そのうち恒常的に「毎日」（2％）あるいは「週3～5回」（6％）購入している消費者は8％にすぎず，実際の需要と購入希望とのあいだには著しいギャップがある。
(3) 農協の有機農業への具体的な取り組みの事例については，荷見ほか（1988）および農林中金研究センター調査資料No.1『農協と有機農業』に詳しく紹介されている。
(4) 農林水産省においても1987年度の『農業白書』では，有機農業の高付加価値性に注目していた。日本有機農業研究会をはじめとする批判もあり，その後は「高付加価値農業」として強調するとらえ方はしなくなったが，有機農業の高付加価値性への期待は根強くある。経済企画庁総合計画局農林水産班では，日通総合研究所に委託して「消費者の期待に応える高付加価値農業の在り方」について調査研究を実施した（日通総合研究所, 1990）。

(5) 農林水産省が各都道府県を通して全国の農協に調査票を送付して回答をもらうという調査方法の制約のせいか，上述した同年の全中調査と比べても，この調査の対象事例の数がかなり少ないことを注記しておきたい。ちなみに，この調査で把握された農家数は，集団473事例（22,387戸），個人555戸，法人50事例である。また，同年の特別栽培米（有機米）制度の登録生産者は3,000人を超えている。
(6) 自然食品専門のスーパー第1号店（東京・自由ヶ丘）の開店が1978年であり，有機農産物・無添加食品専門の卸売業者「正直村」の銀座・松屋への出店は1981年であった。
(7) 1990年の調査報告書で用いた筆者の造語。有機農産物の流通業者を単なる経済活動として事業展開している「専門流通企業」と区別して，「運動体」としての側面を合わせもっている流通業者を「専門流通事業体」とした（桝潟ほか，1990:6）。
(8) 農林中金研究センター（現農林中金総合研究所）が，デパート・スーパーにおける有機農産物の取扱いについて調査した。1975年は東京，大阪，名古屋所在の大手企業30社が回答，84年は東京，大阪，名古屋，仙台，福島，静岡，広島，福岡，熊本の各地所在の主要企業93社，うち，54社が回答。これによると，75年時点では，有機農産物を取り扱っているデパート・スーパーはわずかに3社であった。84年になると調査対象の約6割にあたる32社に増えていた。
(9) もちろん卸売市場には，こうした流通業者の意識的な取扱いが始まる以前から，共同購入グループや生協，自然食品店等への産直ルート，自然農法などの生産者団体独自の販売ルート，専門流通業者が集荷したものなどから一部が入荷してきていた。しかし，取扱いは一般栽培のものとまったく変わらず，多くは買いたたかれていたのである。
(10) 『日本農業新聞』（1989年1月17日）によると，「外食業者からの注文を角市（仲卸業者：筆者注）が受け，全国5,000戸の農家から一印（卸売業者：筆者注）が集荷した有機農産物を予約相対取引で販売，鮮度保持のため氷温流通コンテナを使って日本郵船などが関東地方を中心に配送する。農家の供給力は現在年間3万トン未満のため，契約先の需要量を給食向けなら1日1万食程度の食材料に抑え，当面は小口契約を軸に流通させたい方針」。また，特別ブランド「YOU（ユー）」の認定シールを貼って流通させる予定という。
(11) 「有機農産物」のオリジナルブランドには，ダイエーの「すこやかベジタ」，西友の「完熟屋」，忠実屋の「素顔活菜」，ライフコーポレーションの「自然派

第 3 章　多様化する有機農産物の流通ルート

宣言」などがあった（「岐路に立つ有機農業」『健康産業流通新聞』1992 年 1 月 9 日号）。なお同紙では，「岐路に立つ有機農業」というタイトルで継続的に取材を行い連載している。1991 年 10 月から，ダイエー，西友，紀ノ国屋，忠実屋，ライフコーポレーション，ユニー，ヤオハン，いなげやなどのスーパーでの取扱いの現状について詳細に報告されている。

(12) 生協における「有機農産物」の取扱い実態については，農水省が全国の地域生協 259 を対象に，1990 年 10 月から 91 年 3 月にかけて調査を実施した（『平成 2 年度有機農業生産流通調査委託事業報告書』1991 年，農産業振興奨励会）。回答があった 63 生協のうち 52 生協が，「有機農産物」を取り扱っていたが，「有機」「自然」「生態系」「無農薬」等の言葉を使用しているが，通常とは異なるとされる栽培方法にすぎず，「減農薬・減化学肥料」「減農薬・無化学肥料」栽培が主体である。

　この調査によると，生産者教が有機農産物の取扱いを始めた時期はほとんどが 1970 年代後半以降であり，半数以上にあたる 27 生協は 80 年代に入ってからである。また，農林中金研究センターが 1974 年 8 月に実施した調査では，「有機農産物取り扱い生協」は，調査対象となった 219 生協のうちわずかに 18 生協（8％）であった（農林中金研究センター，1975: 118）。

(13) 日本生協連による 3 回の「全国産直調査」については，それぞれ報告書が発行されている（日本生協連・食糧問題調査委員会編，1984，日本生協連・食糧問題調査委員会編，1988，および日本生協連編，1992 参照）。

(14) ヤマギシ会を例にとると，「活用者（＝消費者）」グループへの供給（＝販売）が本格化するのは 1976 年度からだが，活用者グループ数は同年度の 800 から 1983 年度の 6,300（1 グループ平均 10～15 世帯）へと 7 年間で 7.9 倍に増加し，それにともなって農業粗収益も同期間に 7 億 6,900 万円から 56 億 7,200 万円へと 7.4 倍に増加した。その後も供給量を増やしており，『日経流通新聞』（1988 年 2 月 16 日）によれば，1987 年度には活用者グループ 12,000，農業粗収益約 85 億円となっている。詳しくは，足立（1988; 1989）参照。

(15) 「有機野菜のウソ・ホント」（取材・田中延幸・五月女盛一）『Days Japan』講談社，1989 年 3 月号。

(16) なかでも価格差が大きかったものを列挙すると，レモン 1.72 倍，トマト 1.57 倍，ピーマン・プリンスメロン 1.5 倍（以上 6 月調査），なす 1.56 倍，ほうれん草 1.48 倍，かぼちゃ 1.43 倍，さつまいも 1.40 倍，大根 1.36 倍（以上 11 月調査）等である。また，仕入れ先との関連でみると，市場外からの仕入れが多い品目の高価格傾向が目立っている。

また，ほぼ同時期（1987年12月）に実施された前述の農林水産省食料品消費モニター調査においても「有機野菜」の価格は一般の野菜と比較して高いと感じている消費者が7割弱と，圧倒的に多かった。「1〜2割高かった」という消費者が57％でもっとも多く，「3〜4割高かった」という消費者も9％もみられた。反対に「1〜2割安かった」という消費者は5％足らずであった。

(17) レストランチェーンの京樽（本社・東京）や西武百貨店では，食材の差別化を狙って米国産を中心とした輸入有機食品を取り扱いはじめた。業者の話では，米国では州ごとに有機食品法が制定され，有機栽培の基準が定められており，「有機（オーガニック）」に対する信頼性が高いこと，量的にも価格的にも安定供給できるためだということである（『日本農業新聞』1990年12月28日）。

(18) たとえば，農文協論説委員会の「"有機農産物に基準を"という考え方のおかしさ—有機農業はもともと"自由な農業"だ」（『現代農業』1988年10月号）という主張などがあげられる。

　生産者の熱田忠夫さんは，「有機物を主体に，無農薬，無化学肥料でというのは，あくまでも結果だ。だれでもが真剣に取りくめばそこに行きつくのは当然のなりゆきだが，そうだとしても，否応なしにはじめから型にはめるのでは有機農業（真の意味での〈有機農業〉：筆者注）は拡がらない」と語っている（中野ほか, 1985: 217）。

第4章　転機に立つ提携運動
——「90年調査」からみた到達点と問題点

　日本の有機農業運動は，草創期の試行錯誤をへて〈産消提携〉という独創的な有機農産物の共同購入方式を生みだし，1970年代後半から1980年代にかけて全国的な広がりをみせた。しかし，1980年代後半以降の有機農業をめぐる情勢変化のもとで，日本の提携運動は大きな転機に立たされ，そのシステムの見直しを迫られた。本章では，1990年代初頭における提携運動の到達点と問題点を明らかにする。

　本章では，国民生活センターが1990年に実施した有機農業生産者と提携する消費者集団調査（「90年調査」）におもに依拠し，1980年に実施した同様の調査（「80年調査」）との比較[1]を部分的に行いながら，1990年代初頭における有機農業生産者と消費者集団の共同購入方式による提携運動は，どのような問題に遭遇し，どのように適応あるいは解決しつつあったのかという点を中心にみていきたい。

　有機農畜産物を共同購入している消費者集団は，「80年調査」では114団体，「90年調査」は253団体であるので，数の上では倍になっている。「90年調査」の分析対象253団体のうち，生産者と直接提携している消費者集団（以下，直接提携集団と略す）は238団体であり，生産者と直接提携せずに専門流通業者やほかの消費者団体等を経由して有機畜農産物を共同購入している消費者集団（以下，間接提携集団と略す）が15団体であった。ここでは，原則として直接提携集団に限定して述べることにする。

1　提携運動の到達点——「90年調査」から

1.1　消費者集団の小規模化と提携形態の多様化

（1）発生時期，規模，地域
　「90年調査」の対象となった直接提携集団のうち，7割近く（67％）が80年

までに発生した集団である。その後,提携を軸とした有機農業運動の拡大期にあたる80年代前半には約2割にあたる49団体が発生していたが,80年代後半になると新たな消費者集団発生のペースはやや落ちて24団体(約1割)にとどまっている(図4-1)。

消費者集団の規模は,直接提携集団のうち任意団体では,9割近くが500世帯未満(その内100世帯未満の集団が約4割)であった。これに対して,「80年調査」では500世帯未満は約7割(その内100世帯未満の集団が3.5割),3割は500世帯以上であり,相対的に小規模化している。これには,80年代以降に発足した任意団体は比較的小規模の集団が多いことや,途中で分裂して小規模化した集団が含まれていることが関係しているとみられる。また,生協法人のうち6団体(7割)は1000世帯以上であったが,既存の生協に比べると,規模は格段に小さい(図4-2)。

消費者集団の地域分布を「80年調査」と比較すると,「100万人以上」の大都市に所在する集団の割合はやや減り(「80年調査」26%→「90年調査」21%),「町村部」が少し増えていた(7%→11%)。これには,提携運動が大都市圏中心から地方都市,町村部へも波及していったことが表れている(図4-3)。

(2) 提携形態,提携地域

提携形態についてみると,消費者集団と生産者集団との集団間提携(A:「組織型」)だけでなく,消費者集団と個人生産者との提携(B:「未組織型」やC:「個人型」)がかなり存在しており,提携形態の多様化がうかがえる(A～Cは後述の波夛野の分類)。

また,直接提携集団のうち,有機農業生産者との直接提携に加えて,26%(62団体)が平均1.9ヵ所の専門流通業者[2]と,また17%(40団体)が平均1.5ヵ所の消費者集団とも提携していた。こうした間接提携も行うことによって,後述するように,会員への供給を充実させている消費者集団が増えていた。

提携地域については,「80年調査」と比べて「90年調査」では,「同一市町村内あるいは同一都道府県内」(74%)という「地域内」(近距離)の提携が増え,同時に,「隣県外」(遠距離)の有機農業生産者との提携(64%)も約2割増えていた。つまり提携地域からみると,近距離の生産者に加えて遠距離の生産者とも提携するようになっており,提携関係は広域・多岐に拡充されていた。

第4章　転機に立つ提携運動

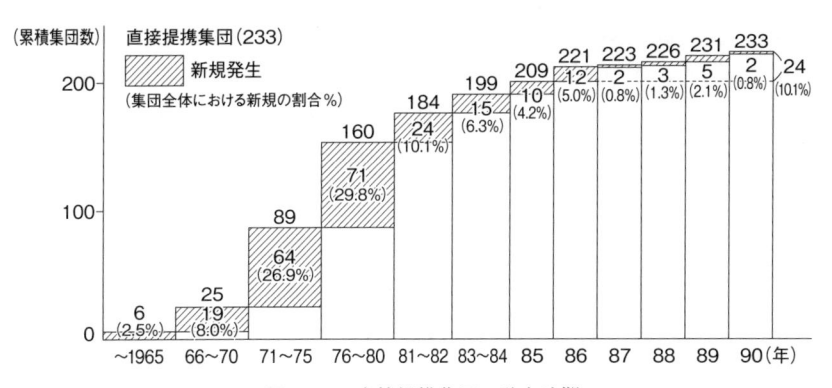

図4-1　直接提携集団の発生時期
（注）無回答を除く。%は集団全体（238）における割合　（資料）「90年調査」

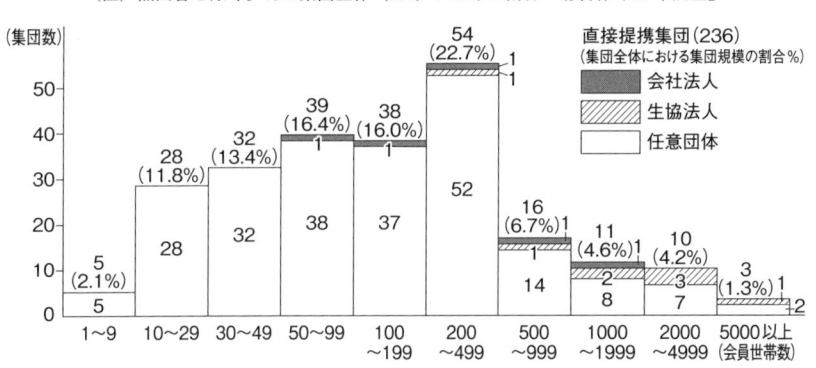

図4-2　直接提携集団の規模
（注）同上　（資料）同上

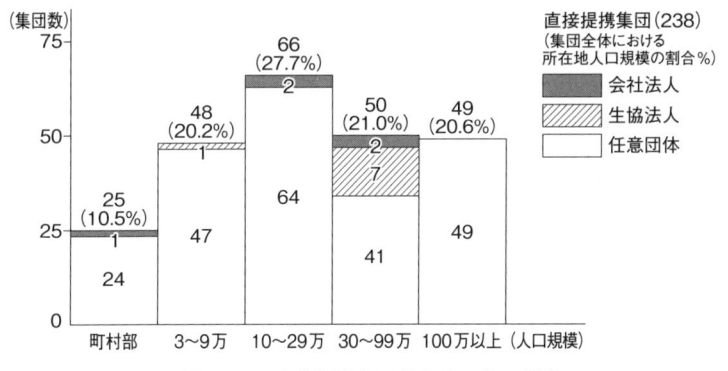

図4-3　直接提携集団所在地の人口規模
（注）同上　（資料）同上

103

さらに，提携先の組合せ（提携パターン）をみると，「直接提携のみ」は，6割余であった。そのほかの集団は，直接提携に加えて「流通業者」(18%)や「消費者団体」(9%)，あるいは「流通業者と消費者団体」(8%)とも提携していた。

「80年調査」と比べると，直接提携に加えて専門の流通業者や消費者団体等とも間接提携する集団が1割程度増えており，その分「直接提携のみ」の集団が減っていた。ここで注目されるのは，ほかの消費者団体等との横のつながり（ネットワーク）を強めることによって供給を充実させたり，消費者団体間で需給調節をはかる集団が増えたことである。

1.2 供給品目の充実

(1) 野菜，果物，米

供給品目では，「野菜」(86%)と「果物」(84%)の取扱い率が高く，8割を超えていた。これらの品目の取扱い率は「80年調査」の時点でもほぼ同じであった。ところが，「90年調査」で注目されるのは，「米」(41%→68%)や「麦・小麦粉」(21%→50%)，「雑穀」(19%→27%)の取扱いが増えていたことである（図4-4。以下も同じ）。

この背景には，米の輸入自由化問題や食糧自給，輸入農産物の安全性などへの関心の高まり，縁故米や特別栽培米，特別表示米制度の食管制への導入によって消費者集団が米を取り扱いやすくなったこと，また，農業近代化のもとで生産がほとんど放棄されていた「麦」や「雑穀」の見直しが進められていたことなどがあると考えられる。

(2) 乳製品，卵，その他

低温殺菌牛乳などの「牛乳・乳製品」(44%→54%)の取扱いも増えていた。このほか，「卵」(69%)や「豆類」(60%)，「肉類」(54%)の取扱い率はほとんど変わらないが，「お茶」(60%→68%)は増えていた。

農産物に加えて，半数以上の集団が「海産物」(52%)も取り扱っていた。多くは，「無添加」「天日干し」といった加工方法のものだが，生鮮魚介類を取り扱っている集団もある。環境汚染や開発から川・海を守る運動への支援や日本の伝統的食生活の見直しが提携運動のなかに浸透してきていたことがうかが

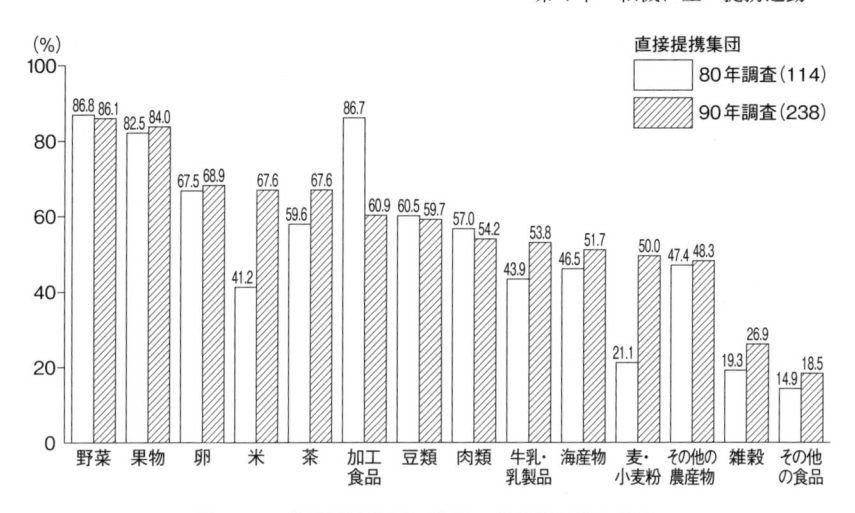

図4-4 直接提携集団の取扱い品目別割合と変化

(注) 複数回答，「80年調査」では「野菜」が「葉菜類・ねぎ類」(84.2%)，「根菜類」(86.8%)，「果菜類」(73.3%) に分かれており，その中でもっとも高率の「根菜類」のデータをとった。また，「麦・小麦類」は「麦」，「牛乳・乳製品」は「牛乳」のデータであるが，参考までに掲げた。
(資料)「80年調査」「90年調査」

える。
「80年調査」と比較すると，供給品目はバラエティに富み充実していた。そして，組織形態別にみると，任意団体より生協法人あるいは会社法人（配送部門独立方式など）のほうが供給品目は多彩であった。後者の場合には，運営・配送体制の組織的整備が進んだためであろう。

1.3 価格，決定方法

消費者集団が取り扱う有機農産物と一般市販の商品との価格はいちがいには比較できないが，「90年調査」であえてたずねてみた。米，畜産物については高いとみる方がやや多くなっているが，野菜と果物では市販のものより安いとみる方がやや多かった。

果物は特産品・嗜好品であるが，野菜は9割近くの消費者集団が取り扱っており，頻度・量・金額的に供給品目のなかで占める位置が高かった。したがって，野菜について市価よりも相対的に安い消費者価格が提携のもとで実現できるかどうかは，有機農業運動の拡大・継続にとって大きな意味をもっている。

しかし，提携のもとでの生産者価格は，市場流通の卸売価格よりも高くなっていた。

消費者集団が取り扱う有機農産物の価格決定の方法は，「原則として生産者が決めている」という生産者主導型が6割，「生産者と消費者が話し合って決めている」という両者合意型が3割であった。「80年調査」と比較すると，生産者主導型（53％→61％）が増えている。後述の「お礼制・会費制」（一つひとつの生産物に価格をつけて決済するのではなく，生産者からの「贈与」に対する「お礼」として適宜返礼するという制度）をとっているのは，直接提携集団238団体中わずか3団体であった。

また，価格を決める際に，主として生産費および農家の所得補償を基準にする集団が半数にのぼり，市場価格を基準に算出する集団（3割）を上回っている。この価格決定の基準についても，「80年調査」と比べて，生産費（22％→33％）および農家の所得補償（11％→16％）を基準に算出するという集団が増え，市場価格（42％→31％）を基準にする集団は減っている。

農業は天候不順などにより作柄が影響を受け，さらに有機農業の場合は，病虫害などによる不作もある。提携を続けていくためにはこのような不作のリスクを何らかのかたちで引き受けていく必要があるが，3割弱の消費者集団が「対応したことがある」と答えている。対応策としては「見舞金」「カンパ」（募金をつのる）などの一時金が多い。また，「とれてもとれなくても一定の金額を支払う」「価格を上げるなどの価格操作」「種代などの経費を補償」などもある。ごくわずかであるが，「農業基金」などの名目で一時金や貸付を制度化している集団もみられた。

以上のように，信頼を土台とした互助的なしくみが形成されたのは，提携運動のもとで生産者と消費者の関係性が「生命の相互依託システム」へと転化することによってもたらされたものなのである。

1.4　宅配便利用の増加と配送システムの見直し

(1) 供給方式

有機農産物が消費者集団の会員の手にわたる方法をタイプ分けした供給パターンでみると，「共同購入方式のみ」で供給している集団は，直接提携集団で64％，間接提携集団では80％であった。共同購入方式に加えて，直接提携集

団では3割近く，間接提携集団では2割がほかの供給方式を併用していた。なかでも「宅配便」との組み合わせが多く，直接提携集団では2割近くが宅配を導入していることが目立つ。「80年調査」の時点では，宅配便を利用した供給方式を導入していた直接提携集団は，おそらくほとんどなかったとみられる。共同購入方式をとらずに，「店舗方式」，あるいは「青空市」だけで供給している消費者集団はごくわずかで，数集団にすぎない。

たしかに，「店舗方式」や「青空市」といった供給・販売方式は，需給調節や購買者が有機農産物の栽培過程や安全性の確認を行いにくいといった難点がある。しかし，共同購入方式では会からの供給を受けられない会員のため，あるいは，会の取扱い量の拡大や会員外への普及・啓発などのために，共同購入方式に加えて店舗あるいは青空市を開設する消費者集団が，それほど多くはないが絶対数としては増えていたようである。

(2) 配送システム

次に，生産者から消費者への配送・配分方法（仕分け）のシステムであるが，直接提携集団の場合，約7割の集団が，「生産者が拠点に配達し，あとは消費者が分配」(61%)，あるいは「生産者が各戸まで配達」(8%) といった，生産者への依存度がかなり高い方法をとっていた（複数回答）。

他方，消費者側が配送を負担している集団は3割余であり，「消費者が直接取りに行く」(12%)，「会の専従者が配送を担当」(17%)，「独立した流通組織があり，そこの専従の人が配達」(6%) などの方法をとっていた。また，「運送業者に委託」(12%) する集団もあり，さらに最近では，「宅配便を利用」(18%) する集団も増えていた。

「拠点配達」という生産者への依存度が高い方法でさえ，消費者集団の側からの評価では，消費者の負担感のほうが強くでていた。また，生産者に全面的に依存する「各戸配達」は生産者にとってはかなりの負担であるはずだが，消費者集団の側では問題としてほとんど認識されていない。ここにも，提携運動における消費者の優位性が表れている。

他方，消費者側，とくに専従者がいない消費者集団の場合には，会員，なかでも役員や係の負担が大きいようだ。また，専従者がいる消費者集団の場合には，専従者の負担が問題になっていた。モノの流れが増え，頻度が高まると，会員が集まってそれを仕分けて配分する仕事がいかに"楽しい"ものであって

もときには"疲れ"もでる。役員や係を定期的に交替する，なるべく近距離の生産者との提携を緊密にする，一部はプロの運送業者に委託したり宅配便を利用する，などの工夫が必要なようである。

1.5 農薬使用についての取決めと安全性の確認方法

(1) 野菜，果物，米の農薬使用についての取決め

消費者集団が農薬の使用について生産者と原則的にどのような取決めをしているか，品目別（野菜，果物，米）にみてみよう（図4-5）。

農薬の使用基準がもっとも厳しいのは野菜であった。5割近くの集団が「農薬は一切使わないようにしてもらって」いる。これは，「80年調査」と比べて増えていた。米も同様に厳しい取決めをしている集団が多く，約4割は農薬の使用を原則的に認めていない。しかし，水田の除草は非常にきつく時間も相当かかる労働であるため，1割弱の集団は「除草剤の使用」を認めていた。また，「完全無農薬米以外に除草剤1回のみ使用の米も作ってもらっている」という集団もあった。

これに対して，果物は，農薬の使用を一切認めない集団は11％と少なかった。そのほかは，「生産者にまかせる」（20％）か，考え方は多少異なるが何らかの農薬使用を認めていた。「80年調査」と比較すると，野菜とは逆に農薬の使用を原則的に認めない集団は数％減っていた。そして，農民たちが長いあいだ使いこなしてきた「天然資材や戦前に使っていた程度の農薬」（15％→18％），あるいは「低毒性農薬」（3％→8％）の使用を認める集団がやや増えている。

果物の場合，ミカンや柿，キウイフルーツなど無農薬で栽培できるものもあるが，一般的に無農薬化はかなり難しいという認識が，2度の調査のあいだに消費者に浸透したためとみられる。したがって，果物については作物ごと，あるいは産地ごとに取り決めている集団が多いようであった。

(2) 安全性の確認方法

提携運動における主要な安全性の確認方法は，「生産地を訪問し栽培状況を確認する」（70％），あるいは「援農に出かけて確認する」（38％）などであった（複数回答）。生産者と消費者との「有機的」で「親密な」関係のなかで結

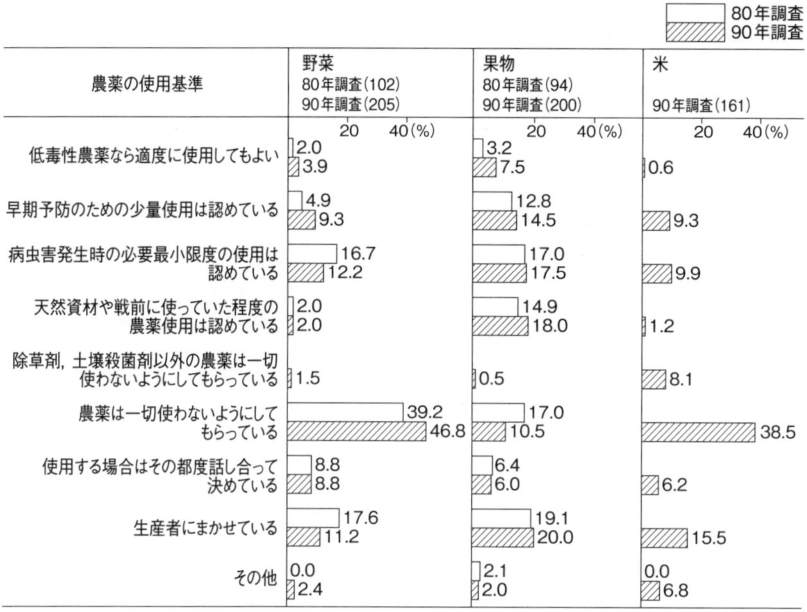

第4章 転機に立つ提携運動

農薬の使用基準	野菜 80年調査(102) 90年調査(205)	果物 80年調査(94) 90年調査(200)	米 90年調査(161)
低毒性農薬なら適度に使用してもよい	2.0 / 3.9	3.2 / 7.5	0.6
早期予防のための少量使用は認めている	4.9 / 9.3	12.8 / 14.5	9.3
病虫害発生時の必要最小限度の使用は認めている	16.7 / 12.2	17.0 / 17.5	9.9
天然資材や戦前に使っていた程度の農薬使用は認めている	2.0 / 2.0	14.9 / 18.0	1.2
除草剤, 土壌殺菌剤以外の農薬は一切使わないようにしてもらっている	1.5	0.5	8.1
農薬は一切使わないようにしてもらっている	39.2 / 46.8	17.0 / 10.5	38.5
使用する場合はその都度話し合って決めている	8.8 / 8.8	6.4 / 6.0	6.2
生産者にまかせている	17.6 / 11.2	19.1 / 20.0	15.5
その他	0.0 / 2.4	2.1 / 2.0	0.0 / 6.8

凡例：80年調査／90年調査

図4-5 直接提携集団の品目別農薬使用の取決め
(注) 各品目を取扱っている集団を対象，無回答を除く。80年調査は除草剤の項目および米について調査なし
(資料)「80年調査」「90年調査」

果的に保証される，あるいは農作業等の共働を通じて確認されるという考え方が多くとられていた。後述する多辺田の「食べ物の安全性」についての理念型的分類にしたがえば，これらの考え方は「関係性重視主義」あるいは「労働共感主義」にあたる。

ところが1980年代後半，有機農業への関心が高まったことにともなって，「有機栽培」「自然」「無農薬」「省農薬」などの表示が氾濫し，"まがいもの"が増えた。そのため，自然食品店や一般の小売店を利用する消費者や流通関係者のあいだから，有機農産物の基準・認証制度を求める動きや要望がでてきた。

これに関連して，公的機関等の有機農産物の基準・規格の必要性についての考えをたずねたところ，「必要だと思う」集団は5割，「必要ではないと思う」は4割弱であった。その理由をみると，必要と考えている集団の大半は，「まがいもの」を排除するという限りであり，自分たちの提携運動にとっての必要性は補完的なものであり，それほど強いものではなかった。「その他」の意見として，「規格や基準を作ること自体の難しさ」，「公的機関等による基準づく

109

りに対する不信感」,「甘い基準では意味がない」などがみられた。

1.6 活動領域の拡大

　消費者集団は，単に安全な食べ物を入手する活動だけでなく，さまざまな活動に取り組んでいた。「80年調査」と比べると，とくに「反原発運動」(16％→55％),「ゴミ・廃棄物・資源問題」(44％→61％),「水・下水道問題」(7％→35％),「自然保護運動」(9％→26％)などの環境問題への参加が目立って増えていた。また，有機農業をとりまく近年の「食糧・農業問題」(56％)や,「ゴルフ場・リゾート開発反対運動」(36％),「地球環境問題」(35％)への関心も高くなっていた。

　活動上の問題点としては，組織運営や方法上の諸問題がでてきていた。なかでも，就業する会員の増加や高齢化にともなう運営の担い手の不足，会活動の停滞，および会の運営の労力が役員など一部の会員に偏っていることなどが大きい。この対策には，どのグループも苦慮しているようであった。とくに若い世代への期待が大きいが，その組織化はなかなか困難なようである。そのため，会員のボランティアによる運営が限界にきている集団も少なくないようだった。

　そうしたなかで，会の活力を維持し活性化を図るうえで,「会活動のあり方」の再確認と会員の自覚に訴える「意識の問題」が強調されていた。つまり，提携運動の理念や共同性の感覚の風化にどのように歯止めをかけ，日常の運動の質をいかに高めて活力を維持していくか，という問題である。この対応策として,「学習活動の強化・重視」を考えている集団が多かった。

1.7 まとめ

(1) 提携形態

　提携形態の多様化の背景には，山形県高畠町有機農業研究会におけるブロック制の導入による運動の地域的多極化（第2章4.3 (5) 参照）のように，生産者側の組織化や組織維持の難しさがあるとみられる。そして，消費者集団の小規模化の傾向も，有機農業をめぐる情勢変化のもとで運動を継続していくための合理的な適応であるといえよう。つまり,「従来の提携が存続したままで，新たな提携が異なった方法で成立するという過程を経て」,「様々な提携形態が

同時に存続することで提携運動は多様化の段階を迎えた」(波夛野, 1998: 25)のである。

(2) 価格

有機農産物の価格決定の方法には，生産者と消費者の相互の提携のとらえ方や理念が集約的に表れる。提携のもとでの生産者価格は，原則として生産費の補償を目的として決定される場合が多く，生産費および農家の所得補償を第一とする価格決定方法をとる消費者集団が増えている。このことは80年代の運動の展開過程において「互助互恵精神にもとづいて価格を取り決める」という提携の原則が90年代の消費者集団の運営に浸透したことを示している。

つまり，提携運動においては，単に「産直」によって中間の流通コストの低減を図るのが目標ではない。あくまでも有機農業の継続・転換を支える価格の実現を追求した「随伴結果」として，市価よりも低い消費者価格と市場の卸売価格より高い生産者価格が実現されているのである。

(3) 配送システム

直接提携集団は，それぞれ独自に「自主配送のシステム」を工夫している。提携運動のなかでどのような供給方式や配送方法をとるかは，配送距離や品目，供給頻度，生産者の集団化の有無，消費者集団の規模や会員の広がり，組織運営や運動論のうえでの配送の位置づけ，などによって決まってくる。

配送システムの問題点を配送方法と関連づけてみると，前述のように配送の負担をめぐって消費者と生産者の認識が食い違っていたが，「各戸配達」や「拠点配達」の生産者の負担は，この調査に表れている以上に大きいものと把握すべきであろう。他方，消費者側の負担感もかなり強かったことは事実である。

配送の負担をめぐる消費者と生産者とのあいだの認識のギャップを埋め，生産者の負担を軽減する努力は，提携を持続・強化していくうえで大切なことのように思われる。

(4) 安全性

野菜や米のようにこれまでの有機農業への取り組みのなかで無農薬化が技術的に可能となった作物については，消費者集団の農薬使用に対する態度は厳し

くなっていた。反対に，無農薬化が困難な果物については，農薬の使用基準は緩和されていた。また，こうした農薬使用に対する態度の変化は，有機農業生産者と提携する消費者集団が有機農業への理解や相互の信頼関係を深めつつ，生産者の実践をバック・アップし，有機農業の内実をより確かなものにしてきていることの表れとみられる。

(5) 運営

これまで述べてきたように，「安全な食べ物」を求める共同購入が盛んになったのは1970年代で，高度成長期が終わり近代農業の矛盾が噴きだした頃である。直接提携集団のうち，6割近くが70年代に発足している。発足当初は，牛乳や無添加食品などの共同購入，食品の安全性や環境，公害問題を学習・運動することを目的として発足した集団が多いが，80年代以降は，最初から有機農業生産者と提携（産直）することを目的として発足する集団が多くなった。

有機農産物の日常の取扱いにおいては，提携の運営経費の捻出方法，配送者の確保やコスト，需給バランス，専従者の処遇などの問題が大きくなっている。また生産者との関係では，地元や近辺の生産者との提携を望みながらも地域的条件や情報不足などから，なかなか実現できない集団が少なくない。他方，地域内提携はすでにかなり多くの集団において実現されていたが，都市の周辺では宅地化の進行などによってその継続が難しくなっていたようだ。そして，"まがいもの"の有機農産物の横行や，ほかの流通事業者（生協や自然食品店など）との競合から，会運営や会員拡大などの面で問題がでていた。また，ゴルフ場・リゾート開発や農産物自由化などの農業や農村の生産基盤の存続を脅かす諸問題への対応までも迫られている。

2 兵庫県下にみる提携方法の多様化

2.1 提携の3形態

兵庫県では有機農業運動の草創期から，県内の生産者と消費者による提携が盛んに行われてきた[3]。提携集団の小規模化と地方都市への波及という現象は，兵庫県においても確認できた。提携集団の成立状況を分析すると，「兵庫県における産消提携の展開は，年代を追う毎に成立数が増加し，地域的にも都

市部から県内全域に広がってきている」という（波夛野, 1998: 12）。

兵庫県における提携の成立形態は，成立初期の70年代にはA：「組織型」（消費者団体と生産者団体の提携）が中心となっていた。提携が地域的に拡大していく80年代の前半にはこれと並行してB：「未組織型」（消費者団体と未組織の複数の生産者の提携）がみられた。さらに80年代後半からはC：「個人型」（消費者団体と個人生産者の提携）が現れ，この3形態の併存，つまり提携形態の多様化という特徴をみることができるという（波夛野, 1998: 12-13）。

また，兵庫県における運動の拡大も，「多くの提携団体が緩いネットワークを形成することで，相互に支援しながら展開していくというプロセスをたどっている」ということであった（波夛野, 1998: 25）。

2.2 価格決定の3タイプ

兵庫県下における消費者集団の価格決定の方法を事例分析した波夛野は，生産費や農家の所得補償を基準にした価格決定方式であっても，3つのタイプがあることを導きだしている（波夛野, 1998: 16-17；以下の引用も同じ）。

①まず，生産費の補償を第一の目的とする「原則型」の価格決定方式は，「食品公害を追放し安全な食べ物を求める会」（求める会）や「良い食べものを育てる会」（育てる会）等，提携運動生成期の70年代から活動を続けている消費者集団に多くみられる。

「有機農業では単作栽培が少なく，多品種少量栽培が健全な生態系保持，リスク回避の基本となっているため，品種毎の生産コストの計算は困難である。したがって，実際にはコスト計算が比較的容易な根菜，果菜等の生産コストを目安として，それを予想収穫量で除して単価を求め，それを基礎に有機農業に転換することで栽培のリスクが増加するトマトや軟弱野菜等の価格付けを行」い，ほとんどの品目の価格は固定されている。

②次に，提携運動が地域的に拡大するようになった80年代前半から，地方都市周辺で活動を行っている「姫路ゆうき野菜の会」（姫路ゆうき），「相生ゆうき野菜の会」（相生ゆうき）等では，消費者会員の拡大とそれによる需要確保を目的とした「拡大型」の価格決定方式をとっている。

「これは，先行の消費者団体が神戸市などの大都市に成立しているため，物価の安い地方都市ではそれらの価格よりも低く設定すべきであるとの考えによ

る。具体的には神戸市と姫路市の小売り価格差を 1 割程度とし，その価格差を提携価格にあてはめて提携の消費者価格を低く設定して」おり，「提携開始以来 90 年まで価格改定は行われていない」。

③さらに，提携形態が多様化する 80 年代後半から活動している「有機農産物共同購入菜のはなの会」（菜のはな），「大日山クラブ」等では，「価格設定と出荷量に応じた支払い額を算定することは，生産のお礼を計算するための便宜的な作業にすぎないと考える方式」をとっている。「集計業務の便宜も考慮して 50 円刻みで大まかに単価を設定する等，品目毎の単価算定に神経質にならず，毎年見直しを行っている」。原則型よりも徹底した提携の原則への「回帰型」である[(4)]。

3　提携運動に求められているもの

3.1　「食べ物の安全性」をめぐって

提携運動は，農薬や化学物質による汚染が進むなかで，自らの健康や環境を守るために，「安全な食べ物を手に入れたい」という切実な願いから出発した。したがって，「農薬はいっさい使って欲しくない」というのが，消費者の偽りのない気持ちである。また，「何をもって有機農産物といえるのか」，つまり農薬・化学肥料の使用程度が問題にされるようになってきている。

多辺田政弘は，「食べ物の安全性」についての考え方を理念型的に 2 つに区別した。食品分析学や毒性学の範疇でとらえ，分析的科学のなかで片づけようとする考え方（「分析主義」あるいは「安全主義」）と，もう一方で，食べ物の安全性は，生態系を破壊せず再生産可能な持続的生産関係を協力し合って創り上げていくという，生産者と消費者の「有機的」関係のなかで結果的に保証されるという考え方（「関係性重視主義」あるいは「労働共感主義」）である。そして草創期の有機農業運動において，生産者と消費者の直接的相互交流が進むなかで，「安全性」の考え方に，「分析主義」から「関係性の重視」という変化が生じたと分析した（多辺田, 1981: 256-257）。

「関係性重視主義」によって確認された食べ物がもっとも安全という考え方が，提携運動を担う多くの消費者集団に共有されていった。そのため，市場流通における不当取引や不当表示を排除するうえで有機農産物の基準・規格の一

定の必要性は認めても，提携運動にとっては補完的・消極的な意味づけにとどまっていたのである。

3.2 転機に立つ提携運動

　提携運動は1970年代には食品公害や環境破壊・公害が社会問題化するなかで時代思潮を先取りした先進的な実践であったが，有機農業は農村にあっても農政においても冷遇されてきた。提携運動は消費者集団からの働きかけで取り組まれるようになったが，消費者側が有機農業を支え，持続・発展させてきたといえる。その過程で直接生産者との交流を重ねながら食べ物の生産・流通，食べ方を〈農〉の論理から問い直し，現行の肥大した市場流通システムを乗りこえて「自主管理的な流通システム」を創りだしてきたことの意義は大きい。

　だが，「全量引き取り」と「自主配送（生産者配送・ポスト仕分け方式）」を運動の支柱においてきた消費者集団では，生産者や会員の高齢化や時代の変化のなかで，運営維持が困難になっていた。そして，「全量引き取り」や「生産者配送」の見直しや，「ポストでの仕分け方式」からワンボックスや宅配便に移行する傾向がみられるようになった[5]。

　また，消費者集団間の連携やネットワークの強化も進んだ。有機農業や有機農産物という言葉が一般化するなかで，提携運動はその原点や原則に立ち戻って運動の理念や思想性を深めると同時に，有機農産物の共同購入だけでなく，〈有機農業〉の基盤を脅かす農業・農村問題や開発，グローバリズムなど，より広い問題においても運動の理念や思想性を広め，新たな地平を切り拓いていくことが求められているようである。

注

(1)「80年調査」と「90年調査」の対象の選定方法や調査方法，調査項目等については，序章の4.2（2）を参照。

(2) 有機農産物の流通事業を行っている業者には，単なる経済活動として事業展開している「専門流通企業」と，「運動体」としての側面をあわせもっている「専門流通事業体」がある。「食える運動」，すなわち経済と運動の両立をめざして有機農産物の流通事業を展開している専門流通事業体の活動は，理念的には，市場流通における有機農産物の取扱い（「商品化」）と，その対極に位置す

る〈提携運動〉における取扱い（「脱商品化」）とのあいだに位置づけられる事業活動である。WTO 体制のもとで有機農業でさえも「産業化」・「商品化」された世界市場システムに組み込まれていく。都市と農村を結ぶ新しい流通の〈システム〉を考察していくにあたって，専門流通事業体の活動が〈有機農業運動〉や流通・農業の現場に及ぼす影響について注目していく必要がある。桝潟（1992a）は，専門流通事業体による「運動の事業化」の意義と問題について論じたものである。

(3) 兵庫県では，「食品公害を追放し安全な食べ物を求める会」と「市島町有機農業研究会」とのあいだで 1974 年に提携が成立したのを契機に，県内各地で相次いで提携が成立した。そして，その多くは，兵庫県有機農業研究会（1973 年 11 月発足）に参加し，「情報交換を行いながら互いに制約を受けることなく活動し，必要に応じて協調するという緩やかなネットワークを形成して」おり，「90 年時点での同研究会加入の生産者団体および生産者数は 13 団体 131 人，消費者団体および消費者数は 23 団体約 7000 人，研究団体 2 団体である。県下ではこのほかにも他県と提携を行ったり，研究会未加入の生産者が個人で消費者と結びついて生産・流通を行っている実践事例があり。産消提携により有機農産物を購入している消費者は約 1 万人近いと考えられる」という（波夛野，1998: 11-12）。

(4) この方式をさらに徹底したのが「お礼方式」で，出荷量にかかわらず一定の金額を生産のお礼として支払う方式である。兵庫県下では「大地の会」のみがこの方式を採用していた。埼玉県小川町では，霜里農場の金子美登さんがこの方式をとっている。金子さんは，有機農業運動の草創期から独自の自給論にもとづいて地域自給循環型の実践を積み重ね，地場産業と連携して地域づくりを進めている（金子, 1987; 1992）。

(5) 「三芳村生産グループ」と「安全な食べ物をつくって食べる会」との提携においても，「全量引き取り」と「生産者配送・ポスト仕分け方式」は運動の支柱であったが，いま，難しい局面を迎えている（安全な食べ物をつくって食べる会編, 2005: 284-288）。

「全量引き取り」については，「生産グループ」の生産が安定してきた 70 年代末から「食べてもらえる量」に調整して出荷するようになった。つまり，「調整後の出荷を全量引き取る」ことで，提携を持続させてきた。これは，「生産グループ」の「つくって食べる会」への誠意として行われてきたが，「つくって食べる会」の「全量引き取り」の姿勢は，「生産物を自分たちの会以外には出荷させない」という意味を含むものでもあった。「消費者のエゴではない

だろうか」，「生産者の自立や自由を奪っていないだろうか」，あるいは「生産者に緊張感を失わせてはいないだろうか」と自問しつつも，30年間「全量引き取り」は堅持されてきた。が，提携30周年にあたる2004年度の「つくって食べる会」総会の午後に行われたシンポジウムにおいて，この問題を具体的に検討することが提起された。生産者と消費者が「互いに責任をもち，信頼を築き合いながら」，「力を合わせ歩んできた」うえでの模索が続いている。

　また，全員が配送（平均3週間に2回）にあたることで，「生産者配送」を貫いてきたが，生産者の高齢化が進むにつれて，「今が限度で，これ以上配送に時間とエネルギーを割けば，生産活動そのものに支障をきたす」という声が若手生産者からも聞かれるという。一方，消費者側では，従来のポストでの仕分け方式から，ワンボックスや宅配便に移行する傾向がみられ，2004年12月現在，ワンボックスは48ポストで全体の3分の1強，宅配会員は94名で全会員の1割以上を占めるようになり，その後も増加傾向にある。

第5章　有機農業の制度化・政策化

本章では，1980年代半ばから始まった日本の有機農業の制度化・政策化の動きのなかで，政府および地方自治体はどのように有機農業を位置づけ，日本有機農業研究会をはじめとする関係団体はどのように対応したのか，有機農業運動の展開と関連づけながらその意義と問題点を明らかにする。つまり，食べ物の生産—流通—消費にわたって社会経済システムの変革をめざす有機農業運動が，制度化・政策化のもとで「運動の性格，目標設定，戦術，そして何より存在理由をどう変えるのか」(寺田，1994: 146) について論じていきたい[1]。

なお，ここでいう有機農業の「制度化・政策化」とは，政府や地方自治体，政党などが，有機農業を行政の課題や法制化の対象とし，活動方針や対策，制度，法律を立案・決定・実施することである。

1　有機農業の公的認知と制度化・政策化の進行

1.1　有機農業の制度化・政策化の始まり

日本において農林水産省をはじめとする行政機関や国会のなかから，従来無視同然の扱いであった有機農業を見直し，行政や政治の対象として"認知"する動きがでてきたのは，1980年代半ばである。

1985年，政府は「財団法人　自然農法国際研究開発センター」[2]を構造改善局構造改善事業課の外郭団体として認可した。そして，1986年には同じ構造改善事業課が「生態系農業[3]実態調査」(正式には「地域付加価値農産物振興による農村活性化方策に関する調査」) を実施した。これは，国による初めての有機農業生産者の実態把握を目的とする調査であった[4]。他方，国会では，1987年4月に自民党国会議員によって「有機農業研究議員連盟」[5] (2年後に「有機農業推進議員連盟」と改称) が結成された。また，社会党の国会議員も

第 5 章　有機農業の制度化・政策化

翌年の 1988 年 5 月に「有機農業研究会」を発足させた。

このように国レベルにおいて有機農業見直しの気運が醸成された背景には，欧米において環境保全型農業や LISA（低投入・持続的農業，Low Input Sustainable Agriculture）を重視する方向へ農業政策が転換したこと[6]が大きな影響を与えたとみられる。

さらに，1987 年には食糧庁が「特別栽培米制度」の導入によって「有機米」を公認した[7]。また，農蚕園芸局農産課では 1988 年から 3 年間にわたって「有機農業技術実態調査」を行った。

1.2　当初の認知と政策的位置づけ：「高付加価値農業」

農林水産省が初めて有機農業に公式的に言及したのは，「高付加価値農業」のひとつという位置づけであった。千葉県の「三芳村生産グループ」と「安全な食べ物をつくって食べる会」を，『農業白書』（1987 年度版）において「高付加価値農業」追求の事例として取り上げたのである。

高付加価値農業とは，「健康・安全性志向，本もの志向等多様化する消費者ニーズに的確に対応した収益性の高い農業」（日通総合研究所，1990: 7）であり，高所得型農業ということである。農林水産省は，市場価格よりも割高な有機農産物の生産者価格に注目して，高付加価値型農業のひとつとして評価したのである。

ところが，有機農業は経済的利益を目的にして始められたわけではなく，「生命と安全」「環境」という価値を追求するために〈提携〉という運動形態をとり，生産者と消費者の相互扶助的な信頼関係に支えられていた。農産物の価格決定に際しても市場価格とは異なる方法をとっていたが，その結果として，付加価値の高い農業という印象を周囲に与えたのである。

こうした有機農業の位置づけに対して，日本有機農業研究会や，事例として取り上げられた提携運動関係者は猛烈に反発した。にもかかわらず，農林水産省をはじめとする行政[8]の政策的位置づけは広く受け入れられていった。経済的価値が支配的な社会にあっては，付加価値（高い収益性）の追求が多くの生産者や流通関係者の関心事となり，「差別化商品」として有機農産物が広く認知されていったのである。つまり，行政によって高付加価値農業と位置づけられたことが，その後の日本における有機農業の展開の方向を強く規定したと

119

いえる。

ともあれ，有機農業の公的認知や有機農産物への消費者ニーズの高まりを背景に，1980年代の後半から「有機農業」に取り組む農協や生産者が急激に増えた。しかしそれは，収益性を主要な目的として「減農薬栽培」を主体とする「有機農業」の拡大であった（第3章1.2参照）。そして，「運動」として取り組まれてきた有機農業が「ビジネス」として成り立つ時代になり，有機農産物は「高付加価値・差別化商品としての市場」を形成するようになったことが，有機農業に対する期待をいっそう大きくしていったのである。

ところが，市場流通の急速な拡大は，「有機」等の表示の氾濫を引き起こした。さらに，日本では，「有機農業とは何か」，「有機農産物とは何か」があいまいなまま，有機農産物の生産・流通が増加した（第3章3節参照）。これが混乱をさらに深め，前述した公正取引委員会の「無農薬」等の表示についての一定の行政判断や，農林水産省による有機農産物の基準・認証の制度化につながったのである。

地方自治体においても，1980年代後半から有機農業推進の動きがみられるようになる。茨城・群馬・岡山・香川の各県では，有機農業の試験研究の強化と農家の有機農法への転換助成を行い，町村レベルでは，北海道中札内村や長野県臼田町，宮崎県綾町（第9章）のように，「有機農業の町（村）」宣言をするところが現れた。また，宮崎県綾町や岡山県では，農産物の付加価値を高めて産地間競争力をつけるため，いち早く地方自治体独自の有機農産物の認証制度を設けた[9]。

1.3 有機農業関連行政：実態把握と情報提供

1989年5月，国会からの働きかけもあって，農林水産省は「有機農業対策室」（室長ほか担当者2名で発足）を設置した。農林水産省の1990～91年度の有機農業施策は，有機農業生産流通消費調査委託事業や有機農業技術実証調査事業，有機農業技術情報提供事業，有機農業情報データベース事業など，有機農業の調査と情報の提供がおもな内容であった。ちなみに，1990年度の「有機農業」関連予算は約4,700万円で，都道府県が行う「生態系活用型農業」に関係する試験研究への補助金約1,450万円を加えても，ごくわずかであった。

ここでいう「生態系活用型農業」とは，「生産を安定させつつ化学肥料・農

第 5 章　有機農業の制度化・政策化

薬への依存度をできる限り軽減させるため」の技術（①有機物施用技術，②病害虫制御技術，③病害虫抑制栽培様式等）であり，当時の予算書等では「有機農業」「有機栽培」「有機農産物」という言葉を使用しているが，その定義ははっきりしていなかった。つまり，国レベルにおける有機農業関連行政は，増えつつあった「有機農業」に関する問い合わせ窓口を一本化する必要と「有機農業」の実態把握の要請から出発したのである。

2　有機農産物の基準・認証の制度化

2.1　有機農産物等表示ガイドラインの制定

1980年代半ば頃から有機農産物の市場流通拡大に向けた規格・基準づくりをめぐって，公正取引委員会や農林水産省は対応を迫られた。国が認める有機農産物・有機食品の認定機関がないため，有機食品（とくに味噌や醤油などの「自然食品」）の海外輸出に支障をきたしていた業者も，国への働きかけを強め，基準づくりを推進した（国民生活センター編, 1992）。

前述したように，公正取引委員会は，独自の試買とヒアリング調査にもとづいて，「無農薬」と「完全有機栽培」という表示については一定の行政判断を示し，1988年9月に関連する小売4団体に対して指導を要望した（第3章3.1参照）。一方農林水産省では，こうした動きを受けて1991年4月に「有機栽培」などの表示についてのガイドラインを策定するため，「青果物等特別表示検討委員会」を発足させた。事務局には，有機農業対策室と食品表示対策室（1991年4月食品流通局消費経済課内に新設）との2室が当たり，1991年4月から1992年3月にかけて9回の委員会が開催された。

この委員会の報告を受けて農林水産省は1991年度末にガイドラインの骨格をまとめた。このガイドライン案は，農薬と化学肥料の使用状況によって農産物を3区分し，6つの表示方法をとるものであった（表5-1）。これに対しては消費者団体や有機農業団体等から問題点の指摘や設定自体に反対する意見もあったが，結局ほぼ原案どおりの内容で1992年10月1日「有機農産物等に係る青果物等特別表示ガイドライン」（以下，ガイドラインと略す）として制定された（通達）。ガイドラインは1993年4月1日から実施された。

その後，農林水産省はこのガイドラインの周知徹底に努めるとともに，1993

表5−1　農林水産省ガイドラインによる有機農産物等の範囲概略図

凡例：□ 用語定義　● 義務表示　※ 可能な表示　┆範囲┆

農薬＼化学肥料		無使用			使用	
		(4) 無化学肥料栽培農産物			(6) 減化学肥料栽培農産物	その他（慣行的使用量の5割以上の使用量）
		3年以上無使用	6ヵ月以上無使用	左記以外	(慣行的使用量の5割以下の使用量) ●化学肥料の節減割合の表示必要	
無使用	(3) 無農薬栽培農産物　3年以上無使用	(1) 有機農産物 ○……①		※無農薬栽培農産物の表示可能		
	6ヵ月以上無使用	(2) 転換期間中有機農産物 ②			※減化学肥料栽培農産物の表示可能 ●化学肥料使用表示必要	
	上記以外	※無化学肥料栽培農産物の表示可能		③	④	⑥
使用	(5) 減農薬栽培農産物（慣行的使用回数の5割以下の使用量）●農薬の節減割合の表示必要		●農薬使用表示必要	※減農薬栽培農産物の表示可能	※減化学肥料栽培農産物の表示可能	
				⑤	⑦	⑨
	その他（慣行的使用回数の5割以上の使用量）					通常栽培
				⑧	⑩	

定義の概略　「有機農産物等」とは，以下の(1)〜(6)の農産物をいう。
(1)「有機農産物」（上図の①）
A　堆肥等による土づくりを行ったほ場において，化学合成農薬，化学肥料及び化学土壌改良資材を使用しない栽培方法で生産された農産物
B　かつほ場は，上記栽培方法に転換してから3年以上経過したもの
　ただし，次の化学合成資材は，必要最小限の範囲で認められる。
　a　無機硫黄剤，無機銅剤
　b　フェロモン剤等の作物又はほ場に直接施されない農薬
　c　種子・苗にあらかじめ処理された化学合成資材
　d　作物の生長に不可欠な微量要素を補給する肥料
(2)「転換期間中有機農産物」（上図の②）
　有機農産物の栽培方法に転換して6ヵ月を経過したほ場で生産された農作物
(3)「無農薬栽培農産物」（上図の③④⑥）
　農薬を使用しない栽培方法により生産された農産物
(4)「無化学肥料栽培農産物」（上図の③⑤⑧）
　化学肥料を使用しない栽培方法により生産された農産物
(5)「減農薬栽培農産物」（上図の⑤⑦⑨）
　化学合成農薬の使用回数がおおむね5割以下で生産された農産物
　（当該地域の同作期の作物に慣行的に使用される回数の5割以下）
(6)「減化学肥料栽培農産物」（上図の④⑦⑩）
　化学肥料の使用回数がおおむね5割以下で生産された農産物
　（当該地域の同作期の作物に慣行的に使用される使用量の5割以下：窒素成分量の比較）

第5章　有機農業の制度化・政策化

〜95年度の3年間にわたって，有機農産物等管理方式標準化事業を実施した。これは，「ガイドラインによる青果物表示を前提として，農産物の生産・管理方式を検討し」，「標準的な方法をマニュアル化」するための事業である。

なお，ガイドラインは指針にすぎず，法的な規制力はない。ガイドライン制定時に，「2年後に見直す」ことが付記されていたため，農林水産省は日本農林規格協会に委託して，1995年5月から「有機農産物等特別表示検討委員会」を再開し，ガイドラインの再検討を行った（1996〜97年に一部改定[10]）。

2.2　JAS法改定による検査認証制度の導入

農林水産省は，1993年6月に，JAS法（農林物資の規格化及び品質表示の適正化に関する法律，1950年制定）を一部改定し，「特定JAS規格」を導入した。この法改定の目的は，有機農産物や地鶏，平飼い卵など，「生産方法に特色があり，これにより価値が高まると認められる農林物資」を対象に「特定JAS規格」（従来の「製品JAS」に対して「作り方JAS」と説明されている）を導入し，それにともない生産工程の検査を行う格付機関および認証システムを整備することにある。

農林水産省は，このJAS法改定により，いつでも有機農産物のJAS規格の制定，つまり有機農産物の検査認証制度を導入できる制度的枠組みを整備したのである。だが，有機農業運動団体や消費者団体の強い反対にあい，ガイドラインの実施状況を見極めてからでなければ，有機農産物のJAS規格の検討に着手できなかった（本城，2001: 69）。

ところが1999年7月，FAO（国連食糧農業機関）とWHO（世界保健機関）が合同で設置したコーデックス（国際食品規格）委員会が有機食品の国際基準（以下，国際ガイドラインと略す）を採択した。日本にも法的拘束力のある検査認証制度の整備が求められたことから，農林水産省は同時にJAS法改定案を通常国会に提出し，7月に改定JAS法を成立させた。このときの内容は，「有機」と表示する場合の認証の義務づけ，認証機関その他の認証制度の整備，すべての飲食料品に対する原産地等の一定事項の表示義務づけや遺伝子組み換えの表示義務づけであった。この1999年JAS法改定は，JAS法にもとづく食品表示に対する農林水産省の規制権限を拡大するものであり，有機食品の基準・認証制度に国が深く関与できる法的枠組みを整備するものであった[11]。

農林水産省は改定 JAS 法の成立後，ただちに有機食品の基準・認証制度を整備する作業に取りかかった。2000 年 1 月には，有機農産物とその加工食品の基準である JAS 規格を制定した。

2.3 有機 JAS 規格の制定と強制的検査認証制度の実施

JAS 規格でいう「有機農産物」とは，「化学的に合成された肥料および農薬の使用を避けることを基本として，播種又は植付け前 2 年以上（多年生作物にあっては，最初の収穫前 3 年以上）のあいだ，堆肥等による土づくりを行ったほ場において生産された農産物」である。また，「有機農産物加工食品」とは，「原材料である有機農産物の特性が製造又は加工の過程において保持されることを旨とし，化学的に合成された食品添加物及び薬剤の使用を避けることを基本として製造された加工食品」で，その場合「食塩及び水の重量を除いた原材料のうち有機農産物及び有機農産物加工食品以外の原材料の重量に占める割合が 5％以下であることが必要」とされている。

生産方法が基準に適合したことを検査認証する制度（認証機関や認証ルールなどについての諸規定）も 2000 年 5 月に整備し，JAS 法による有機食品の検査認証制度（有機 JAS 規格）を 6 月から発足させた（経過措置後，2001 年 4 月から認証の義務づけを完全実施した）。この検査認証制度の導入により，政府の認定を受けた第三者機関である「認証機関」（登録認定機関）による認証を受けなければ，「有機野菜」等の表示はできなくなり，違反者は罰せられることになった。有機表示の監視は，農林水産省農林水産モニターが中心になって行い，さらに消費者団体に監視を依頼するとしている。

さらに，前述のコーデックス委員会が 2001 年 7 月に有機畜産物（有機畜産物および加工食品）の国際ガイドラインを採択した。これを受けて，農林水産省では 2001 年 8 月に「有機畜産に関する検討会」を設置し，それまで有機 JAS 規格から除外されていた有機畜産物についても，有機農産物と同様に JAS 規格を制定し，JAS 法にもとづく検査認証を行う方向で作業を進めた。2002 年 6 月には，「有機畜産に関する検討会」での議論や意見を集約した「とりまとめ」を公表し[12]，2005 年 10 月有機畜産物の JAS 規格が制定され，有機畜産物の認証制度がスタートした[13]。

2.4 検査認証制度導入の背景

これまでみてきたように国によるガイドラインの制定とそれに続く JAS 法改定，検査認証制度の導入は，1992年6月に策定された「新しい食料・農業・農村政策の方向」（以下，「新政策」と略す）における「国民に対する正確で分かりやすい食品情報の提供」によるものとされている。しかし，このことはまた，国際的に進行している有機農産物の「商品化」や世界市場形成と深くかかわっている。

政府はコーデックス委員会が1999年7月の総会で採択した国際ガイドラインに対応していく必要上，国内の法制度の整合化（ハーモナイゼーション）を迫られたのである。さらには，政府がこうしたグローバル・スタンダードに準拠して国レベルの検査認証制度を整備していった背景には，WTO 体制のもとで諸外国，主として米国から，日本の有機食品（オーガニックフーズ）市場の開放を迫る外圧が強く働いていた（第6章参照）。

このときの通常国会では「食料・農業・農村基本法」（1999年，以下「新農業基本法」と略す）も成立しており，国は，農業に市場原理の徹底をめざす一方で，食料の安定供給（安全性と安全保障）の確保，「自然循環機能の維持増進」の必要性や農業の持つ多面的機能など，非経済的・環境保全的価値の重視を打ちだしていた。

改定JAS法や持続的農業促進法の制定（後述）は，消費者の食の安全性に対する不安や，農業の自然循環機能の低下，さらには今後のWTO交渉での戦略上，政府にとっては必要かつきわめて重要な意味を担っていたのである。

3 「環境保全型農業」の推進

3.1 「環境保全型農業」の推進と〈有機農業〉の位置づけ

(1)「新政策」と「環境保全型農業」推進の背景

以上のように，日本の初期の有機農業の政策化は，有機農産物の表示行政が先行するかたちで進められ，有機農業への転換に向けての具体的な施策は，1992年度に新設された「有機農業導入資金」などを除いて，ほとんど等閑視

されてきた。有機農業導入資金は,「有機農業に取り組む農業者を支援し,消費者ニーズへの対応を図るため,新たに農業者が有機農業を導入しようとする場合に無利子資金の貸付を行う」ものであるが,その予算は全国の農業者を対象とするにはあまりにも少額である (1992～93 年度の貸付枠は 1 億円, 94 年度に 5 億円に拡大)。

やがて日本の有機農業政策は,「環境保全型農業」あるいは「低投入・高品質農業」の推進という方向へ大きく舵をきっていくことになる。それは 1992 年 4 月に「有機農業対策室」が「環境保全型農業対策室」へ名称変更したことに端的に表れている。

こうした農林水産省の方向転換は,前述の「新政策」で明らかにされている。「新政策」とは,農業基本法が 1961 年に制定されて以来 30 年を経て,今日の農業・農村の状況変化や地球環境問題などの新しい事態に対応するために策定されたもので, 21 世紀に向けた農政の方向を示すものである。「新政策」における「有機農業」の位置づけは,中山間地域の「立地条件を生かした労働集約型,高付加価値型,複合型の農業や有機農業,林業,林産物を素材とした加工業,観光などを振興する」とあるように,中山間地域の振興策のひとつとして取り上げられているにすぎない。

他方,「環境保全型農業」について「新政策」では次のように位置づけている。すなわち,これまでの経済効率偏重の農政への反省から,国土・環境保全のために「農業の有する物質循環機能などを生かし,生産性の向上を図りつつ環境への負荷の軽減に配慮した持続可能な農業」(傍点筆者),いわゆる「環境保全型農業」の確立と推進を図ることが打ちだされた。農薬・化学肥料の使用等が環境への負荷を高めているという認識から具体的な施策が動きだしたことは注目される。しかし,この「新政策」の力点は,あくまで大規模な経営体の育成と生産性向上に置かれており,効率優先という従来からの発想に基本的な変化はないのである。

農林水産省による環境保全型農業推進の背景には,内外において環境問題への関心がいっそう高まるなかで,農業に対する規制が強まっていることがある。国内的には環境基本法 (1993 年 11 月成立) にもとづく環境基本計画の策定 (1995 年 12 月),水道水源保全のための各種施策の強化,湖沼・閉鎖性海域の窒素・りんの規制の強化等があり,国際的にも OECD による「農業政策と環境政策の一体化」の提唱, 1992 年 6 月の地球サミットで合意された「アジェ

ンダ21」(21世紀に向けての行動計画)への対応など，環境への負荷軽減に配慮した農業の推進は，緊急で避けて通ることのできない政策課題であった。

(2)「環境保全型農業推進の基本的考え方」と問題点

そこで農林水産省は，1994年4月に「環境保全型農業推進本部」を省内に設置し，「環境保全型農業推進の基本的考え方」(1994年4月18日，以下「考え方」と略す)にもとづいて，長期的には環境保全型農業を全国的に一般化・定着させていくことをめざした。そのため，従来の都道府県の環境保全型農業推進を後押しする環境保全型農業推進事業を拡充して，1994年度から環境保全型農業総合推進事業(10億円)を実施し，国，都道府県だけでなく市町村レベルにまで広げて推進体制の整備を図った。

また，1995年度予算においては，環境保全型農業の啓蒙・普及，技術指導,農産物等の品質評価，消費者との交流を行う地域拠点施設の整備を行う事業(農業技術開発事業のうち環境保全型農業推進センター整備型)や，従来の有機農業導入資金の拡充による環境保全型農業導入資金[14](貸付枠10億円)，土壌・施肥，防除などの環境保全型農業の個別技術の確立等のための事業などが創設されており，環境保全型農業推進に向けて施策の拡充が行われた。

こうした国の動きに呼応して，1994年4月，全国農業協同組合中央会(全中)は，日本生協連と協力して，「全国環境保全型農業推進会議」(構成メンバーは農業関係者，流通・消費関係者，学識経験者24人)を設置し，実践優良地区の表彰，環境保全型農業推進憲章の策定，シンポジウムの開催等の活動を行い，環境保全型農業の推進を図った。

しかし，問題は推進しようとしている環境保全型農業の中味である。「考え方」では，「有機農業」は，「環境負荷の軽減と同時に，消費者ニーズに対応して，化学肥料・農薬に基本的に依存しない栽培方法」として「環境保全型農業の一つの形態」として位置づけられてはいる。しかし，環境保全型農業の中味はあいまいで，ある決まった形態をさすものではない[15]。各地域の土壌・気象条件等の自然条件，営農方法および環境負荷を軽減する栽培技術の進捗状況に応じた種々の形態が考えられ，各地域の創意工夫を活かして取り組んでいくことが重要とされる。

農林水産省は，環境保全型農業推進の「当面の目標」を，農薬・化学肥料の使用を2〜3割削減することとしている。だが，各地域の農薬散布の標準的な

水準である「防除暦」自体が2～3割の過剰設定になっている現状にあっては，目標を達成したとしても近代農業と事実上変わらない。環境保全型農業は，〈有機農業〉とはかけ離れたものだといわざるをえない。

　日本の有機農業の政策化においては，ごく早い時期に有機農業は「環境保全型農業の一つの形態」あるいは「究極の環境保全型農業」と位置づけられて片隅に追いやられ，より広範な農業（「環境保全型農業」）の普及・振興を図ることに政策の重点が移っていったのである。環境保全型農業対策室の予算はその後も増大を続け，2000年度には約43億円に達するが，「有機農業についてはほぼ完全な棚上げ状態」（本城，2002: 22）で，有機農業への転換に向けての施策はほとんど等閑視されていた。

　国会議員による有機農業推進の動きも大きくなることはなく，具体的な政策提言もだされることはなかった。自民党の議員連盟は中心となった議員が死去した後に消滅し，社会党の研究会も同様であった。

3.2　持続的農業促進法の制定とその評価

　日本における有機農業の政策化・制度化にあたっては表示・規制行政が先行し，生産面での支援が立ち遅れているという強い批判がある。こうした批判に対して，農林水産省はJAS法改定とあわせて「持続性の高い農業生産方式の導入の促進に関する法律」（以下，「持続的農業促進法」と略す）を制定し，生産面での支援措置を講じていこうとしている。政府はこの法律を「有機表示行政に対する補完措置（車の両輪）」と位置づけている。

　この持続的農業促進法にもとづく施策は，次のようなものである。「持続性の高い農業生産方式」の導入計画を提出し，都道府県知事によって認定された農業者（以下，「認定農業者」という）に対して，金融面・税制面の優遇措置[16]を適用するというものである。認定農業者は，2000年8月から「エコファーマー」という呼称（愛称）で呼ばれるようになった。

　しかしこの施策は，有機農業推進を政策として打ちだしているイギリスやドイツ，スイス，オーストリアなどの施策とは根本的に異なる。これらの「環境農業政策先進国」では「環境負荷軽減に対する所得補償」（デカップリング）を実施している。日本の場合はあくまでも「生産性向上」に結びつけるための特例として「農業改良資金の貸付」があるが，有機農業の推進にそぐわない考

え方である。
　また，金融面での支援措置ですら，ほとんど活用されていない。そのため，環境保全型農業対策室の担当官でさえ，同法のメリットは，「○○県知事認定エコファーマー」という表示を付して農産物を販売できる程度だと指摘しているという（本城, 2002: 28）。とはいえ，問題は「エコファーマー」にどの程度付加価値がつくかどうかである。環境保全型農業と同様に，農薬・化学肥料を周辺地域の慣行農法よりも2割程度削減すれば「持続性の高い農業生産方式」に該当するといわれているが（本城, 2002: 26），そうした広範な対象を表示する「エコファーマー」が付加価値をもつことはほとんど期待できない。
　さらに，認定農業者は増加しているが（2005年9月末現在8.9万人），「持続性の高い農業生産方式」の導入促進に寄与する法制になっていないという批判が，政府の環境保全型農業の推進にかかわってきた学識者の熊沢喜久雄からもだされている。熊沢は，農林水産省によって環境保全型農業が全国的に推進されるようになって10年，持続的農業促進法も制定されたのに，「掛け声と期待に応じた発展をしてきたとはいえない」とし，これは，環境保全型農業が農業政策のなかにきちんと位置づけられていないところに原因があるのではないかとしている（熊沢, 2002: 56-57）。
　日本の有機農業関連行政は，環境負荷の軽減と安全・健康志向を強める消費者ニーズに対応して「環境保全型農業」の推進へと，その重点を移していった。その生産面での支援を講じるために制定されたのが持続的農業促進法であった。しかし，この法律は「持続性の高い農業生産方式」と考えられている農業技術の断片的導入・普及・振興を図るにすぎず，本来の厳格な意味での〈有機農業〉からかけ離れている。「環境保全型農業」への転換・拡大に対しても実効性に欠けるものであったのである。

4　有機農業運動の対応と「脱制度化」の動き

4.1　表示行政への疑問

日本の有機農業行政に対して，有機農業運動の側がもっとも問題にしたことは，農林水産省の有機農業政策が食品表示対策室を中心にした表示行政の枠に限定され，「農法を問うものではない」という立場をとっている点である。

農林水産省ガイドラインの「有機農産物」の定義における農法の規定は，「堆肥等による土づくり」とあるだけである。自治体の有機農産物等の栽培方法や表示基準もガイドラインに準じて策定されているものがほとんどである。そのため，「有機農業をどう推進していくのか」という具体的議論が行われないまま，表示・検査認証制度の整備が進められた(17)。

　さらに，有機農産物の基準・検査認証制度の導入にあたって，JAS法の枠組みに有機農産物の生産過程を含む検査認証制度を画一的にあてはめようとするところに大きな無理がある。

　JAS法が1950年に「農林物資規格法」として制定された当時は，JAS規格のみを内容としていたが，1970年に品質表示基準制度が加わり，JAS法は「規格の格付」と「品質表示」を2つの柱とするようになった。つまり，JAS法はもともと主として工業生産的な加工食品を対象とする表示規制法である。EUや米国は，有機食品の表示に焦点を当てた特別な法律によって規制を行い，有機農業の特性を考慮したきめ細かい表示上の対応を図っている。「JAS法という食品一般の表示規制法により有機農産物の表示が規制されていることは，EUやアメリカと比べてきわめて特異な点である」(本城, 2001: 79)。

　JAS法改定にもとづく「有機農産物」のJAS規格（本章2.3参照）は，「生産基準」，つまり「生産方法の基準」となっているが，具体的な農法や技術は示されていない。ただ，「生産にあたっての原則」（「農業の物質循環機能を十分生かすとともに，生物の多様性や土壌の生物活性を維持・増進する生産体系の実現を目指す」）が述べられているだけである。これは，生産者団体や研究機関等による有機農法の技術の研究・体系化が立ち遅れていることの反映でもある。日本においては農法転換に向けた政策課題が重要であるにもかかわらず，後方に退いたままである。表示行政以前に，有機農法への転換という課題に向けた諸施策が，まず第一に取り組まれる必要がある。

4.2　検査認証制度の問題点

　以上の疑問に加え，有機食品の規格・検査認証の法制化により果たして有機農産物の"まがいもの"が適正に排除されていくのか，疑問視する向きもある。また，「有機」表示は慣行栽培農産物より安全や栄養面で優れていることを示す付加価値表示ではないから，より高く販売できるわけではない。むしろ，検

査認証を受けるために必要な経費や栽培記録の記帳・管理などの経済的・事務的負担が一方的に生産者に重くのしかかっている。

そもそも日本においては有機農産物の検査・認証機関としての経験を積んだ生産者団体は未発達であり、果たして信頼のおける制度となりうるのであろうか。改定JAS法のもとでは、一定の要件を満たしていれば、民間の法人が登録認定機関になれるようになった（2002年12月末現在、国内の登録認定機関は64）。

ところが、早い時期（2000年9月）に登録認定機関となった日本オーガニック農産物協会（略称：NOAPA）が、2001年に茶製造業者から有機認証の申請を受け、検査員の報告書を改ざんして認定するという事件が起きた。その事実を確認した農林水産省は、報告書の改ざんはJAS法に違反するため登録を取り消す予定であったが、NOAPAから認証業務廃止の届けが提出され、同省はこれを受理した（『日本農業新聞』2002年12月27日）。また、日本の登録認定機関が「有機」と認定して輸入した中国野菜から違法な農薬が検出されたこともあった。これら一連の事件によって、日本の検査認証制度の信頼を根底から揺るがす問題が早くも表面化してしまったのである。

また、1999年のJAS法改定によって輸入農産物の原産地表示が義務づけられるようになったが、外国で認証を受けた輸入有機農産物の急増にもつながったのである。

4.3 有機農業運動の対応：日本と欧米の違い

こうした事態に対応して、〈提携〉を軸に運動を進めてきた日本有機農業研究会はじめ、これまで有機農業運動を主体的に担ってきた生産者や消費者、流通関係者などは、疑念を強めた。消費者団体はガイドラインやJAS法改定に対する反対運動のなかで有機農業への理解を深めていった。

運動側は健全な有機農業の育成・定着に向けての施策を国に強く要望するとともに、表示・検査認証制度の整備は、有機農法や技術の研究・体系化、有機農業への転換支援、有機農産物の地域流通の促進、市場取引慣行の改善、自給を基礎とする食生活の確立など、きめ細かな総合的・抜本的施策が推進されたうえでなされるべきである、という主張を一貫して行った。

これに対して、欧米では各国の有機農業生産者団体によって栽培基準が策定

されてきており，いろいろな団体や機関が有機農業の諸原理や生産方式を明らかにしてきた。また，欧米の生産者団体による基準策定には"まがいもの"の横行・流通から自らの権益を守るという意味もあった（桝潟，1992c: 226-227）。

欧米の有機農業運動は消費者との直接的相互交流を媒介せずに生産者団体主導によって進んだため，生産者団体がめざす有機農業の目標（到達点）を自ら基準として掲げるとともに，基準・認証制度を創設し，有機農産物は生産者団体の販売組織や自然食品店，ファーマーズ・マーケットなどで販売したのである。ここが，有機農業運動の展開過程における日本と欧米の大きな相違点である。

前述の通り，日本有機農業研究会は，有機農業の具体的な農法や栽培方法の基準は示さず，「提携と地域自給」を中軸にすえて独自に運動を進めてきたが，1999年2月，有機農業運動が「めざすもの」を改めてまとめ，「有機農業に関する基礎基準」に盛り込んで発表した（表序－1参照）。これによると，生きた土づくりによる「地力の維持培養」，「自然との共生」，「地域自給と循環」が，有機農業の欠かせない要件となっている。

また，日本有機農業研究会は，1999年のJAS法改定時の参議院附帯決議の第四項「生産者と消費者の間において信頼関係が保持されている有機農業の流通形態に特に配慮すること」にもとづいて，〈提携〉の場合には，第三者による認証の義務づけを外すことを農林水産省に働きかけた。その結果，〈提携〉はJAS法の規制の範囲外となったので，「有機」の農業技術がJAS規格に適合しているか，それ以上であるなら，ニュースレターやパンフレット，注文書，看板などで「有機」と説明したり情報提供ができるようになった。

もう一方で日本有機農業研究会は，NPO法人格を取得し，独自の2000年基礎基準（国の改定JAS法による基準を満たし，さらに高いレベルのもの）にもとづいて地域レベルで自律的に認証業務を行う準備を進めた。これまで有機農業を実践してきた生産者は各地に認証団体を設立して全国的な"認証網"とし，こうした状況に対応しようとしたのである[18]（日本有機農業研究会，2000）。

だが，JAS法のもとでは自律的な認証団体も有機農産物の登録認定機関として国に登録申請して認定を受けなければ第三者機関として「有機」認定を行うことができないわけで，結果として，後述のように，有機農業運動が国の有機認証制度のなかに組み込まれていくことになるのである。

第5章　有機農業の制度化・政策化

　このことは，2000年有機JAS規格にもとづく強制的検査認証制度がスタートするとすぐ現実のものとなった（本章2.3参照）。そして，2005年のJAS法改正によって国の管理がいっそう強固なものになった[19]。有機農業振興策がほとんどないうえに有機農家への制約と負担ばかりが大きくなり，有機JAS認証制度は，海外の有機農産物の輸入促進にだけ寄与しているような事態となっている（中島，2004）[20]。

　この間，日本有機農業研究会は有機農業運動を創始した運動体として，この問題にかなりのエネルギーを注ぐことになった。だが，有機JAS認証制度が厳格に運用されることによって，〈有機農業運動〉が「国家管理の特殊農業への変質を余儀なくされかねないとの危機感」がでてきている。草創期から有機農業運動をリードしてきた星寛治さん（山形県高畠町）は，改定JAS法にもとづく検査認証制度導入に対して，強い危惧を表明している。

　「コーデックス委員会が決めた国際基準の丸写しに近い国の基準と，加工食品規格の改正JAS法を適用した認証システムで，はたして日本の有機農業は発展するだろうか。その見通しは殆ど立たない。それどころか，東アジアモンスーン帯の列島風土にあって，苦労しながら農民的技術を確立してきた小農複合経営をつぶしてしまう成り行きを持つように思えてならない」（星，2000b: 3-5）。

　そして，有機農業が国家管理されることになると鋭く感じとり，有機農業運動の根底にあるのは，「比類のない自主管理の思想」であり，「結局，有機農民としての私の歩むべき道は自給と提携のほかにはないことを思い知った」と述べている[21]。

　また，行政による一方的な「有機農産物表示の指導」への反対運動をきっかけに，「大地を守る会」や九州の「グリーンコープ」，「生活クラブ生協」など，有機農産物等の流通を担ってきた団体が中心になって，DEVANDA（「21世紀に向けて第1次産業を復権させる運動」）という組織を発足させた。DEVANDAは，全国の第1次産業関係者に「活力ある生命産業のネットワーク」の形成を呼びかけたもので，「THAT'S国産」運動の提唱や大豆，小麦，コメの自給運動などを柱に，アジアの人びととも連帯して各地で自立した運動展開をめざした。有機農産物も含めてWTO体制のもとで「食の世界市場シス

テム」が強化されつつあるが，DEVANDA はそれに対抗する戦略として，そのシステムに組み込まれることを「拒否」し，「離脱」する道を模索した（藤田，1995）。

4.4 まとめ

〈有機農業〉は単に農薬・化学肥料を使用しないだけではなく，「物質・生命循環の原理」が農法や技術に内包されており，それが環境保全的機能をもつ。環境保全型農業の具体的な農法や技術はこれまでの有機農業運動の実践に負っている。また，地方自治体においても，地域で展開されていた有機農業運動の実践を手がかりに技術の開発や確立を図ってきた。その結果として，自治体の支援や施策も含めて，きわめて多様なかたちで有機農業の地域的展開がみられるようになってきた。

市場原理の徹底をめざし，かつ環境保全的価値を打ちだすことは原理的に相容れない。新農業基本法にもとづく農業行政は根本的な矛盾をはらんでいるといわざるをえない。そうした矛盾や齟齬が改定 JAS 法や環境保全型農業推進政策にも反映しており，結果として健全な本来の〈有機農業〉への転換や拡大を妨げるものとなっている。加えて，有機 JAS 検査認証制度は国家管理が強まっている。このような状況のもとで〈地域自給〉や生産者と消費者の相互変革作用，〈産消提携〉の意義があらためて見直されている（桝潟，2006）。

したがって，これからは環境保全型農業推進の根幹に「物質・生命循環の原理」を内包した有機農業をすえて，その転換に向けた政策が追求されるべきである。

5　有機農業推進法の成立と課題

2004 年 11 月 9 日，超党派の国会議員 63 名が入会して「有機農業推進議員連盟」（以下，「議連」と略す）が発足した。会長には谷義男衆議院議員（元農林水産大臣），事務局長にはツルネン・マルティ参議院議員が就任した。議連の設立趣意書には，次のように有機農業の推進が明記されている。

「国民の食の安全・安心のニーズに応え，我が国農業の持続的な発展を図

第 5 章　有機農業の制度化・政策化

るためには，化学合成物質を多投入する生産方式を改め，生産性等に留意しつつも環境負荷を軽減した生産方式（環境保全型農業）に転換することが重要であり，これは国の責務と考える。なかでも，有機農業は，有機性資源のリサイクルを重視し，化学肥料と化学農薬を使用しない生産方式であることから，最も環境保全に資するものと考えられ，この推進が肝要である。(中略)

　我々は，人類の生命維持に不可欠な食料は，本来，自然の摂理に根ざし，健全な土と水，大気のもとで生産された安全なものでなければならないという認識に立ち，自然の物質循環を基本とする生産活動，特に有機農業を積極的に推進することが喫緊の課題と考える」。

「法的な整備も含めた実効のある支援措置の実現」をめざす議連の設立は，農林水産省の有機農業に対する消極的姿勢や，有機農業はホビー的な小規模農業で，高付加価値農業であるという認識の転換を迫るものであった。そして，この頃から，農林水産省の環境保全型農業の政策的位置づけに微妙な変化が起きはじめた[22]。

　議連設立当時において，有機農業は環境保全型農業生産方式のひとつとして，持続的農業促進法にもとづいて農業生産の側面から支援措置が講じられていたが，有機農業の推進を目的とする法律はなかった。そこで，議連は，丸2年間10数回の勉強会と国内外の現地調査を行いながら，2005年9月に日本有機農業学会が作成した試案をもとに，総会や作業部会で参議院法制局とともに法律案の検討を重ねた。その成果を，2006年10月に「有機農業の推進に関する法律」(以下，「有機農業推進法」と略す）案としてとりまとめた。同法律案は議員立法で国会に提出され，同年12月8日衆議院本会議において全会一致で可決成立し，12月15日公布・施行された。

　この法律において「有機農業」とは，「化学的に合成された肥料及び農薬を使用しないこと並びに遺伝子組換え技術を利用しないことを基本として，農業生産に由来する環境への負荷をできる限り低減した農業生産の方法を用いて行われる農業をいう」としている。これは，有機 JAS 規格よりも広い概念となっている。これまで有機農業は日本の農政のなかに積極的に位置づけられてこなかったが，この法律がこれまでの状況を大きく改善することが期待されている。

日本有機農業学会会長の中島紀一は,「有機農業の推進は国と地方自治体の責務と定められた」この法律の成立によって,「日本の有機農業は新しい時代が開かれるものと思われる」と評価し,「政策の積み上げだけでは越えられなかった壁が,有機農業議員連盟の政治のイニシアティブによって突き崩されたということである」と述べている（中島, 2006: 8-9）。

　すでに農林水産省は2006年6月,有機農業推進法案が成立することを前提に省内を横断した有機農業の担当チームを作り,どんな変化にも対応できる体制を整えていた。これに対して,長年有機農業に携わってきた国内の団体は,この法律の制定は「有機農業運動の歴史的な節目になる」という認識で一致し,2006年9月26日に「全国有機農業団体協議会」を設立した（金子, 2007: 3）。会長には,草創期から埼玉県小川町で有機農業を実践してきた金子美登さんが就任した。

　有機農業推進法の成立は農政の有機農業推進への方向転換を定めたが,具体的な政策内容については「有機農業推進基本方針」に委ねるとしている。国は2007年度中に「基本方針」を策定する方向で作業に着手した。国の「基本方針」が策定されると,続いて都道府県は「推進計画」の策定を行うことになる。これまで草の根で有機農業運動を担ってきた日本有機農業研究会や全国有機農業団体協議会は,有機農業は30年余の実績のある「実態ある農業形態」であり,その支援と課題解決を図る推進施策の策定を強く要請している。有機農業推進法が謳っている理念を十分に踏まえて,有機農業を施策のなかに積極的に位置づけることによって,新しい日本農業を切り拓く総合的な政策化を期待しているのである。

注
(1) 寺田は,1970年代から「制度化」の歴史を重ねてきた米国の環境運動に即して,この問題を分析したうえで,「一つには,環境運動そのものが制度化と脱制度化のサイクルの中で変容すること,もう一つには,その脱制度化が政党政治や議会など既存の政治的アリーナのレベルで生じるよりも,ボランティアリズム,グリーン・コンシューマリズム,環境の公正性といった地域や消費などの生活拠点に近い場で生起していること」という2点を指摘している（寺田, 1994: 166-167）。
(2) 実質的には,世界救世教（メシア教）に連なる組織で,北海道名寄市,静岡

第 5 章　有機農業の制度化・政策化

県大仁町，沖縄県石垣市の 3 ヵ所に直営農場を持ち，全国に約 15,000 世帯あるといわれる自然農法農家を指導している。
(3) この当時農林水産省では，有機農業および自然農法を総称して「生態系農業」と呼称していた。しかし，後述する 1989 年 5 月の「有機農業対策室」の設置以降，予算書等では，「有機農業」という言葉を使用している。
(4) その後，農林水産省は，1991～95 年度までの 5 年間にわたって，有機農業の生産―流通―消費の全国的動向を調査し，結果は事業委託先である農産業振興奨励会から年度ごとに報告書がでている。
(5) 故中西一郎参議院議員ほか 15 名の衆・参両議員が発起人となって発足した。
(6) 米国では 1985 年農業法のなかに 1 章を設けて，連邦政府に対して「有機農業」に関する技術的研究および情報の集積とその普及を義務づけたり，EC（現在の EU）の 1985 年新共通農業政策（NEW・CAP）においては土壌生産力の維持・向上や自然環境の保全重視などが打ちだされたりした。米国および EC が有機農業，環境・土壌保全型農法を重視する方向へ農政転換した背景には，農畜産物の生産過剰（その裏返しとしての財政負担の増加）と近代農法にともなう環境の悪化があったとみられる。
(7) 特別栽培米制度は，提携米運動が創りだした米流通の実態を，食糧庁が追認したものであるが，その導入の意義と問題点については，久保田ほか（1994）参照。
(8) 経済企画庁も有機農業を高付加価値農業のひとつとして取り上げ，先進的高付加価値農業のあり方について調査研究を行った（日通総合研究所, 1990）。
(9) 宮崎県綾町では，1988 年 6 月に「綾町自然生態系農業の推進に関する条例」（有機農業条例）を制定して，町独自の有機農産物認証制度を設けた（1989 年 10 月施行）。また，岡山県では，1989 年 3 月に「岡山県有機無農薬農業推進要綱」にもとづく「有機無農薬農産物」の認証要領を発表した。
(10) 1996 年の改定では，「有機農産物」と「減農薬」等が明確に区分されるようになり，「有機農産物及び特別栽培農産物に係る表示ガイドライン」と名称を変えた。また，1997 年には，食糧管理法下にあった米の特別栽培米制度（1987 年発足）が同法の廃止（1995 年）によりなくなったので，同ガイドラインの対象品目に米麦を加えた。
(11) 公正取引委員会で長く勤務していた本城昇は，農林水産省が JAS 法改定を急いだ背景には，「農林水産省が政府全体や産業界から JAS 制度の根本的な見直しを強く迫られており，何としてもその攻勢から（制度を）守らなければならなかったという事情」があったと分析している。つまり，「同省は有機食品

の基準・認証制度の整備が国際的に求められていることを強調し，こうした状況や遺伝子組み換え食品の表示義務づけ問題を巧みに利用して，政府内にも産業界にも批判のあったJAS制度の存続を図ったのである」という（本城，2001：71）。

(12) コーデックス有機畜産国際ガイドラインの概要と日本国内の受けとめ方や課題については，大山（2002）を参照。

(13) この制度を適用して認証されるような有機畜産は日本には実態として存在していないので，有機畜産のJAS規格はコーデックス規格そのままの机上の規格論となってしまった。これにともなって成立すると予想される有機畜産市場は輸入品が独占するのではないかと懸念されている。

(14) これは，減農薬・減化学肥料栽培（慣行栽培のおおむね5割以下の使用）まで適用を拡大して導入資金を貸し付けるものである。

(15) 農林水産省が考える環境保全型農業とは，「農業の持つ物質循環機能を生かし，生産性との調和などに留意しつつ，土づくり等を通じて化学肥料，農薬の使用等による環境負荷の軽減に配慮した持続的な農業」（1994年4月18日環境保全型農業推進本部で決定）である。

(16) 金融面の優遇措置としては，農業改良資金を利用できる（6条）。貸付限度額は10a当り32万円，償還期間の上限は12年間（据置期間3年）である。また，税制面の優遇措置としては，課税の特例の適用がある（7条）。認定農業者は，導入計画にしたがって農業用の機械・装置を取得（またはリース）した場合，租税特別措置法にもとづき初年度にかぎり，取得価格の30％の特別償却または取得価格（リースの場合その費用の100分の60）の7％の税額控除（所得税額の20％を限度）が認められる。

(17) 日本の有機農業政策において表示行政が先行していることについては，「前進」と評価している前述の生活協同組合関係者でさえ，農林水産委員会で次のように述べたほどである。有機農業を推進する「政策が本来前提にあって，それとリンクした形でこういう表示行政が進められるということが実際はベターである。その点では，少々順序が逆になっているふうには思います」（第百二十六回国会衆議院農林水産委員会議録第一八号による）。

(18) 北海道有機認証協会（略称：ACOH），有機農業推進協会，日本有機協会，兵庫県有機農業研究会，愛媛県有機農業研究会，熊本県有機農業研究会，鹿児島県有機農業協会，全国愛農会などは，日本有機農業研究会の会員などが設立した有機認証関連団体である。

(19) 2005年7月の国会でJAS法が大幅改定され，認証機関は「JAS法の執行者

第5章 有機農業の制度化・政策化

として，より端的に言えば法的権力として，認定申請をする有機農業農家などに対応することがきわめて鮮明に制度化されたのである」。つまり，「認定機関に認証取り消し権を与えることによって，有機JAS制度は有機農業の国家管理制度として明確に運用されるようになったのである」（中島, 2005: 8-9）。
(20) ちなみに，JAS法による認定を受けた有機農家は4,611戸（2006年3月末）で販売農家のわずか0.23％，有機農産物の格付数量は47,428t（2004年度）で農産物総生産量の0.16％と，1％に満たないのが，有機JAS認証制度普及の現状である。
(21) 京滋有機農業研究会は，圃場ごとの認証では農家の主体性が損なわれるとの判断から，独自の物差しで農家ごとの有機認定に取り組もうとしている。国や行政とは関係なしに，有機農業研究会のすぐれた意欲的な会員を認め合う方式である。
(22) たとえば，2004年度の『農業白書』では「エコファーマーが全国の販売農家に占める割合は3％にとどまり，今後のエコファーマーへの認定の意向をみても，環境を重視した農業は，必ずしも農業者全体に普及していく傾向にあるとはいえない」と述べている。ところが，2005年度の『農業白書』では，農業が環境保全に果たす役割の重要性を指摘し，環境保全を重視した農業への転換が重要と強調している。さらに，「消費者・生産者双方とも環境保全を重視した農業への関心が高まっている」としたうえで，「環境保全を重視した農業が広がりつつある」というようなトーンに変わっている。

第6章　WTO 体制下の有機農業運動

　1986〜94 年の GATT ウルグアイ・ラウンドによって，自由貿易の原理にもとづく食料生産の国際分業化が進み，現在 WTO（世界貿易機関）体制として再構築されつつ，ますます強固な「食の世界市場システム」が形成されている。農業生産・食料供給システムの「産業化」が加速度を増し，アグリビジネスや商社，食品産業が勢いづくなかで，有機農産物も国際的な有機認証システムへの制度的適用を余儀なくされている。
　1990 年代末には，国際的な有機認証システムの整合化（ハーモナイゼーション）を図るために，日本でも有機農産物および食品の検査認証制度が導入されたが，このことが有機農業運動に大きな動揺を与えた（第 5 章）。
　本章では，有機農業の「産業化」や有機認証システムの国際的整備が日本の有機農業運動に与えた影響とともに，米国において，連邦レベルの有機農産物基準・認証制度の策定や有機農業の「産業化」が日本より先行していることや，1990 年代以降「地域が支える農業」（Community Supported Agriculture；CSA）運動が広がっている意味について考察する。そして，日本の有機農業運動が追求してきた価値と生活世界の復権を展望する。

1　21 世紀の有機農業をとりまく情勢

　日本の有機農業運動は，消費者集団と有機農業生産者の「提携の原則」にもとづく集団間提携を軸に，1980 年代半ば頃まで高揚・拡大してきた。ところが，80 年代後半以降，有機農産物の需要増大を背景に，有機農業が「ビジネス」としても成り立つようになり，有機農産物の流通ルートが多様化すると，提携運動をとりまく環境は大きく変化した。
　1990 年代末までには，一般の市場流通における有機農産物商品の増加によって，消費者は有機農業生産者と提携する消費者集団に加入しなくても，専門

第6章　WTO体制下の有機農業運動

流通事業体による宅配の利用や，自然食品店，デパート，スーパー，八百屋などの店頭で容易に有機農産物を手に入れることができるようになった。しかし，大手流通資本（量販店や商社など）の有機農産物市場への参入とそれにともなう有機農業の「産業化」は，有機ビジネスによる大規模単作，環境負荷の高い，安全性の点でも問題のある"底の浅い有機農業"の出現を招き（桝潟，1992c: 224 -225)，有機農業生産者の経営を歪めている。

同時に，有機基準・検査認証制度の検討・整備が国際的に進行した。これは，経済のグローバル化の進展にともなう有機農業の「産業化」や，広域流通や自由貿易を促すWTO体制下における食の世界市場システムの形成と深くかかわって進行した現象であり，日本では輸入有機農産物の増大につながった。

このような21世紀の有機農業をめぐる情勢変化のもとで，提携運動も次第に多くの消費者を組織化することが困難になっていく。女性の就業や社会進出・社会参加の機会増大はこれに拍車をかけただけでなく，消費者集団の運営システムや提携方法の点検・見直しを迫るものであった。提携の原則にもとづく運動では，援農（農作業の手伝い）から，配送・配分（仕分け），事務処理に至るまで，専業主婦を主体とする消費者会員がかなりの部分を無償で担ってきたからである。また，生産者の負担が大きい自主配送や事務処理，さらに提携運動を担う生産者や消費者集団のリーダーの世代交代も問題になりつつある。

2　オーガニック食品市場の急成長と国際的有機認証システムの整備

近年，農業生産・食料供給システムの「産業化」が進行している。WTOにおける国際貿易交渉や遺伝子組み換え作物の生産開始などが食料輸出国主導のもとに進められようとしているが，これらは農業の「産業化」と深くかかわっている。

他方，世界のオーガニック食品市場は急成長している。世界全体で260億ドル規模（2001年推定，前年の200億ドルより23％増)，そのうち約半分をEU（欧州連合)，3分の1を北米市場が占め，日本やアジア諸国がそれに続いている。先進諸国中心の市場拡大のなかで，最近は途上国における輸出用有機農産物の生産が増大している。オーストラリア（1,050万ha，放牧地を含む）に次いで世界で2番目の有機農業実施面積を占めるのがアルゼンチン（319万ha）

であるが（Yussefi & Willer, 2003），9割以上が輸出向けだという。市場全体では，1997年からの5年間で2倍以上伸び，2008年には800億ドルになると業界では予測している。

こうしたオーガニック食品市場の成長・発展の裏では，有機農産物の生産，加工，流通，販売の大規模化・系列化が進んでいる。

米国では1990年農業法（第21章）のなかに有機食品生産法が盛り込まれ，連邦レベルの有機基準・認証制度について検討が重ねられ，後述のように，長期にわたる議論・調査のうえ，2002年10月21日に施行された。また，ヨーロッパではEUおよび加盟国レベルにおいて域内の流通を促進するため，有機農産物の基準認証の整備が進められてきた。

国際レベルでは，コーデックス委員会が1990年から国際ガイドラインづくりに着手し，有機農業運動の国際的な組織であるIFOAM（国際有機農業運動連盟）や欧米諸国の基準に準じたコーデックス規格を，1999年7月の総会で採択した[1]。コーデックス委員会が策定した食品規格は，WTOの多角的貿易協定のもとで，国際的な制度調和を図るものとして位置づけられている。今後このコーデックス規格がWTO体制下の「国際ガイドライン」としての機能を果たしていくものとみられる。

しかし，米国連邦レベルにおける法制化，さらにコーデックス委員会における有機食品の国際ガイドライン策定の内実は，とりもなおさず有機農産物の基準・認証制度の国際的標準化（平準化）なのである。

こうした欧米諸国やEU，コーデックス委員会における基準・認証・規格の整備は，WTO体制下の国際的な農産物の貿易拡大が前提となっているのである。有機農産物の販売競争が激化しており，ヨーロッパや日本の市場に大きな期待がかけられている[2]。

また，日本政府は国際ガイドラインに対応していく必要上，国内の法制度の整備を迫られてきた。政府がグローバル・スタンダードに準拠して国レベルの有機JAS検査認証制度を整備していった背景には，主として米国から，日本のオーガニック食品市場の開放を迫る外圧が強く働いていた（第5章2.4参照）[3]。つまり，日本における有機農業関連行政は，有機農産物等の表示・規制偏向という現象が端的に表しているように，WTO体制の形成・強化という国際情勢と密接に関連して進められてきたのである。国際自由貿易の原理にもとづく「食の世界市場システム」に有機農産物も組み込まれていったのである。

第6章　WTO体制下の有機農業運動

すでに，日本にも米国から認証マークがついた有機農産物が輸入されており，有機農業の「産業化」の波は日本にも押し寄せている。また，「大地を守る会」などの専門流通事業体が中心的に担ってきた有機農産物の宅配事業に，1996年4月から住友商事の全額出資会社の住友アリスが参入した。これは，輸入の有機野菜の取扱いも視野に入れた事業を展開するためであり，商社の有機ビジネスへの進出である（「伸び悩む共同購入」『日本農業新聞』1996年3月13日）。

3　米国における有機農業の「産業化」とCSAの広がり

3.1　連邦レベルの有機基準・認証の制度化

米国では，1990年に「有機食品生産法」が成立し，その施行規則である全国有機プログラム（NOP）の制定と実施が約束された。以来，連邦政府農務省の諮問機関として，生産者，流通業者，消費者，学識経験者，認証機関などの代表15人から構成される全国有機基準委員会（National Organic Standards Board; NOSB）が設置され，施行にかかわる基準の策定作業が進められた。作物，畜産，加工の基準から，使用許可物質・資材，認証，表示，有機農産物の輸入など，広範な内容の検討と意見調整のために，第1次施行規則案がまとまるまで約7年の歳月がかかった。

1997年12月に提案された有機基準・認証制度の施行規則案に対して，米国立法史上最大といわれる275,603件のパブリック・コメントが寄せられた。2000年3月，これらを詳細に検討した改訂案（第2次施行規則集）が発表された。遺伝子組み換え，下水汚泥，放射線照射の利用だけでなく，精製動物タンパク質や工業的な集約密閉式の畜産も禁止するなど，厳しい基準となった。米国食品の安全問題に取り組んできた市民グループは，「有機農業推進派の意見を完全に取り入れた」として評価している。他方，2000年の改訂案の骨格に，農業のバイテク化，アグリビジネス化による食品汚染，健康被害，家族経営農業の疲弊・没落などがまったく触れられていないという批判もあった（池田，2000）。

NOPの最終規則は2000年12月にまとまり，①全国有機基準，②許容および禁止される物質のリスト，③認証機関を認定するための認定プログラムなど

143

が定められた。そして，2002年10月から「有機食品生産法」にもとづくNOPは全面施行され，USDA（米国農務省）有機シールの貼付が実施された（大山，2003: 57-61）。

連邦や州レベルにおける有機農産物の基準・認証の立法化・制度化は，CCOF（カリフォルニア認証有機農業者協会）やOCIA（有機農作物改良協会）といった民間の認証団体が寄与するところが大きいといわれている。これらは有機農業を実践する生産者が中心となって設立された草の根の運動団体である[4]。

3.2 有機農業の産業化に対抗するCSA運動

(1) 有機農業の産業化

連邦レベルのNOPの制定は，グローバル化が進展しWTO体制が強固となるなかで，有機農業者や消費者が思いもよらない事態を引き起こすことにつながった。それは，大規模な企業的有機農場の出現や，有機市場の成長にともなう有機流通の広域化・国際化であった。すなわちそれは，有機農業の「産業化」の進展であった。これまで有機農産物市場は成長を続けてきたが，特殊な分野であり，"すき間市場"であった。ところが，ここに「有機産業」（organic industry）というべき巨大な国際企業が参入し，グローバル化・産業化した食料生産・供給システムに組み込まれつつある。

このように，連邦レベルの有機農産物基準の策定は，有機農業の「産業化」（industrialization）であるという根源的な批判がでている（Colby, 1998）。「有機か，そうでないか（organic or not）」ということだけを問題にする連邦レベルの基準策定では，単なるビジネス，多国籍企業の利益のために使われる武器となってしまう。「地産地消」の重要性だけでなく，有機農業運動がもともともっていたラディカルな問題提起（規模や経済集中，流通，資源保全，動物愛護・福祉，農民や農業労働者の社会的公正，環境保護など）がきれいにぬぐい去られ，消費者やコミュニティ，住民，環境保全のための食料供給ではなくなってしまう，と。

そして，こうした食料供給の産業化に対抗していくには，価格や利便性だけでなく，「どこから来て誰がつくったか」を気にかけ，「消費の匿名性」に挑戦していかなければならない。食料の生産方法を保障できるのは，連邦政府では

なく，生産者と消費者のあいだの親密な信頼関係か，あるいは，きわめて限られた地域における社会的・環境保全的・経済的なニーズを熟知した地域の保証人（certifier）である。

(2) CSA 運動の発生

1985年頃から米国で，生産者と農業経営の責任を分かちあっていこうという人びとが現れ，農業生産・食料供給システムを根底から変革するとともに，変革を可能にする文化を創造していくために，次のような新しい運動が提唱され，発展している。すなわち，有機農業までも「産業化」して生産・供給システムに組み込んでいく危機的な情勢のもとで，地域の消費者が有機農家を支える「地域が支える農業」（Community Supported Agriculture）（以下，CSA と略す）運動である。

CSA は，農家があらかじめ提示する年間生産コストを消費者が支払い，その農場で生産される有機農産物を提供してもらうという，日本の産消提携に似た一種の共同購入システムである。ドイツのコミュニティ・ファームやスイスでの農場経営の経験を直接のヒントとして，1980年代半ばにアメリカ北東部地域の2つの農場（テンプル−ウィルトン・コミュニティ・ファーム，インディアン・ライン・ファーム）でスタートしたのがその始まりといわれる（Groh & McFadden, 1997; Henderson & Van En, 1999）。

1990年代に入るとCSAはまたたく間に全米，カナダに広がった。米国では，1980年代後半に60ほどだったものが，1990年代後半（1997年時点）には約1,000に達し，おそらく10万世帯がCSA運動に参加していたとみられている。多くのCSA運動は〈提携（関係性）の経済〉（associative economy）を基礎に成り立っているという（Groh & McFadden, 1997）。現在ではCSAに類似したコミュニティ・ファームや運動は北米にとどまらず，ヨーロッパや第三世界にも広がりをみせた。

(3) CSA 運動の多様な展開

米国におけるCSA運動の発生から20年が経過し，CSA運動は1990年代のような急速な拡大はみせていない。だが，過激なグローバリゼーションの進行や小規模な家族農業の淘汰，食と農の荒廃，産業化にともなう環境破壊，コミュニティの崩壊など，CSA運動発生の背景となった事態はいっそう深刻化し

ている。米国社会では，とくに 2001 年の 9.11 同時多発テロ事件以降，人びとのあいだに地域やコミュニティ，アソシエーションへの関わりを希求する意識が強まっているように感じる。

CSA 運動に欠かせない重要な要件は，大きく分けて 3 点ある。第 1 点は，経済やフード・システムのグローバル化に対抗する「ローカル」「コミュニティ」指向（地域性）であり，第 2 点は持続的農業システムである。第 3 点は，農業者と消費者との直結である。

CSA 運動の創始者であるロビン・ヴァン・アンやグローらがもっとも重視していたのが，CSA 農場と消費者が「相互に共同で取り組む関係」であり，これはスロー・フードや"地産地消"運動などにはみられない特色である。

CSA 運動の原型となったコミュニティ・ファームの形態をとる場合（コミュニティ・ファーム型 CSA），消費者は農作業の手伝いや農産物の分配やコア・グループ活動など，さまざまな労働や技術の提供を求められる。そして，CSA 運動は農業者と消費者とのあいだの新鮮で安全な農産物の取引だけでなく，農業や食料，地域開発などをテーマとした社会活動も積極的に展開する。たとえば，貧困問題の改善に目を向け，地域の高齢者や障害者，ホームレスの福祉活動にかかわっている CSA もある。そして，小規模農場や家族農業が自立して持続的な農業を続け，消費者が積極的に CSA 運営に参加し，より民主的で公正なフードシステムが息づくコミュニティづくりをめざしている。

4　有機農業運動が拓くオルターナティブな生活世界

4.1　WTO 体制が有機農業にもたらす影響

WTO 体制や遺伝子組み換え技術は，有機農業の基本原理である「物質・生命循環の原理」とは根本的に相反するものである。こうした農業生産の「産業化」の動きに対して，IFOAM（国際有機農業運動連盟）をはじめ，有機農業運動にかかわる世界の生産者や消費者は，遺伝子組み換え作物の排除や，食料の生産・加工・取引における「社会的権利と公正な取引」を求めて，対抗的な姿勢を強めている[5]。

ボーダレス化して歯止めのきかない国際自由貿易の拡大は，〈物質・生命の循環〉〈地域自給〉を崩壊させ，持続性・更新性の基盤を失わせるものである。

第6章　WTO体制下の有機農業運動

古沢広祐が指摘しているように，自由貿易はトータルには富を増大させるかもしれないが，その富の配分と蓄積が格差を生じさせている。具体的には，南北間の格差の拡大や国内の貧富の差の拡大，小規模農業の崩壊，農村の危機，環境・安全・社会的公正などの無視・悪化，地域や種の多様性の破壊など，多くの問題をもたらすものなのである（古沢, 1995: 48-49）。

また，日本における有機JAS検査認証制度の整備は，米国連邦レベルの有機認証制度の制定と同様の事態を，有機農業運動にもたらしている[6]。

4.2　生活世界の復権

1980年代半ば以降，日本における有機農産物流通ルートの多様化，とくに市場流通の拡大にともなう諸問題を，さらに敷衍して考えていくと，単に流通段階の問題にとどまらない。つまり，有機農産物流通の拡大という現象の背後には，これまでの「生産力至上主義」「経済主義」のなかで見失われてきた「健康・安全・環境」といった価値の見直しの気運があることは確かである。

したがって，有機農産物の流通をめぐる諸問題は，生産の現場や消費者のライフスタイルへの影響なども含めた包括的な広い視野からその実態と問題のありかを明らかにし，有機農業をいかに推進・拡大していくかという視点から解決の方途を探っていくことが求められているのである。

日本においてこれまで有機農業運動の実践が各地で積み重ねられてきたが，これは単なる反対運動や異議申し立て，行政への陳情型の運動ではない。自発的・自省的（リフレクシブ）な運動であり，その意義が社会的に理解され認識が深まることを追求してきたが，"底の浅い有機農業"の拡大は本来の〈有機農業〉の健全な定着・発展にはつながらないと批判的であった。したがって，1980年代半ばから進行した有機農業の制度化・政策化に対しても，距離をおいて積極的にかかわってこなかったのである。

しかし，有機農産物が「商品化」して有機農業が「ビジネス」として成り立つようになったことによって，世界中を席捲している食のグローバル化に対抗して，有機農業運動が形成してきた生活世界においても，システム再編の契機が生まれてきているのである。他方では，そうした情勢が，少なくとも日本においては，表示行政偏向の有機農業の制度化・政策化をうながしたのである。そして，ハーバーマスのいう「システムによる生活世界の植民地化」という事態

が，行政や有機農業ビジネスによって引き起こされているのである。

　たしかに，有機農業の制度化・政策化は，有機農業や環境保全型農業への社会的関心を高め，取り組みを促進し，有機農産物ニーズを増大させた。しかし，表示行政への特化・先行と「環境保全型農業」の推進を柱とする有機農業関連行政は，経済的価値に代わるエコロジカルな価値の追求や，健全な〈有機農業〉の定着・拡大をむしろ阻害している。国際自由貿易の拡大による「食の世界市場システム」の形成に手を貸すものであるといえよう。

　大都市圏の「主婦」が中心的に担ってきた提携運動や共同購入運動は，女性の職場進出や社会参加，担い手の高齢化，購入ルートの多様化，有機農産物の商品化と制度化の進行等によって，転換を迫られている。日常化した「忙しさ」のなかで，自らがとる行動の意味や影響を十分に問い直すことなく安易で手軽な方向に流され，運動の理念や意義・目的の希薄化・風化が起きている。しかし，提携運動の日常的実践は，有機農業の制度化・政策化に対抗しうる「生活世界の復権によるシステムの制御」（佐藤，1994）の過程であり，その意義はますます大きくなっている。

　他方，農林業の衰退と過疎に悩む農山村では，農業の再生，地域の「内発的発展」，自給・自立の循環型地域社会の形成に向けて，有機農業への期待が高まっており，有機農業は健全なエコロジー・農林漁業が支える社会に向けての産業構造転換の突破口となるものであると筆者は考える。そして，各地で有機農業を核に内発的な地域の再生運動が展開されている。また，地域の運動と連携する消費者集団や専門流通事業体，生活協同組合などとのネットワークは，いわば「共」的セクター（古沢，1995）を形成しつつある。各地で多様に展開されている有機農業運動や提携・産直運動，ファーマーズ・マーケット[7]のなかに，その萌芽と担い手が生まれつつあるように思う。

　有機農業を突破口として〈物質・生命の循環〉の攪乱を防ぎ，地域の多様性と循環性を保障する関係性（社会関係や社会システム）をどのように形成するのか。「国内の産業連関を地場産業として地域のなかに埋め戻し」，住民の「自治（地域民主主義）」が健全に機能するオルターナティブな社会経済システムの構築（多辺田，1995: 125）に向けて，有機農業運動や事業体は，どのような役割を担いうるのか，あるいは制度化とどのようにかかわりながら〈提携（関係性）の経済〉を形成していくのか。有機農業運動の地域的展開に焦点をあてて第Ⅱ部で考察する。

第6章 WTO体制下の有機農業運動

注

(1) コーデックス委員会の食品表示部会では,「遺伝子組み換え食品」の表示についても議論している。また,バイオテクノロジー応用食品特別部会が1999年の総会で設置された。

(2) 米国では,連邦政府農務省推計によると,1990年に10億ドルであった有機食品販売額は,1999年には約60億ドル,2000年は80億ドルに達するとみられている。有機農家は,大多数は小規模であるが,年率12％で伸び,12,200戸。有機食品消費者は1,000万人,小売業者は6,000店。現在の成長を続けると,有機農産物は2010年には,アメリカ農業の10％を占めるという（池田,2000）。

(3) 1995年6月には,米国の連邦農務省および州の担当者や有機農業生産者を含むミッションが有機農産物の売り込みのために来日した。米国西部農業貿易協会と米国中部農業貿易協会の合同メンバーが,セミナーや商談会を開催した。詳細については,「アメリカ産有機農産物の日本侵攻大作戦」（『地上』1995年9月）を参照。

(4) イギリスやドイツにおける国レベルの有機基準の制度化も,民間の有機農業生産者団体が深くかかわって進められた（福士ほか,1992）。

(5) 1994年にニュージランドで開催されたIFOAM総会では,基準認証の整備による有機農産物流通の広域化・国際化や有機農産物の自由貿易の促進にともなって有機農業運動の目的や理念とは相反する事態が引き起こされることを危惧して,「社会的権利と公正な取引に関するガイドライン」を採択した。そこでは,「農業生産者や食品加工に携わる人々が,国連が謳う人権に従って,生計を維持し,基本的要求を満たし,その労働から適正な収益を得,安全な作業環境を含めた満足を得ることができるようにする」という目的が掲げられている。具体的には,プランテーション関連企業の労働者の労働条件や生活環境の整備,差別の排除,家庭菜園の提供などの要請,小農や子供,先住民の権利の擁護などが盛り込まれている。

(6) 2001年7月,ついに「黒船弁当」（O-bento）が上陸した。ご飯も含めすべて外国産の食材を使った安い冷凍輸入の駅弁である。「有機」の国際規格と整合性をもたせた改定JAS法（2001年4月から完全実施）の制定により,コメをはじめとする外国産の有機農産物に有機JASマークをつけて販売することができるようになった。国内の有機農業生産者は,有機食品表示の認定制度の導入により外国産有機農産物に国内市場が席捲されることを懸念していたのだが,それが現実のものとなったのである。

(7) 近年，産直や朝市，ファーマーズ・マーケットが注目され，各地で盛んに取り組まれている。地域独自のしくみを創りだし，地域再生・振興に向けて展開している事例もある（農村生活総合研究センター編, 2001）。ファーマーズ・マーケットは米国でもブームとなっており，大手資本とは異なる有機農業のもうひとつの展開として注目されている（古沢, 1998；佐藤, 2006）。

第Ⅱ部　有機農業運動の地域的展開

写真上：茅葺きの家と木次乳業社員（島根県木次町食の杜）
写真中：無茶々園30周年記念祝賀会（愛媛県明浜町お伊勢山）
写真下：手づくりほんものセンター（宮崎県綾町）

第Ⅰ部でみたように，有機農業生産者と消費者の提携運動の多くは，都市の消費者（とくに子育て期にあった女性）が各地に散在していた生産者を見つけて有機農産物の供給を求めたり，有機農業への転換を働きかけたことがきっかけとなって始まった。とりわけ1970年前後の草創期には，安全な食べ物を希求する都市の消費者の強い要請にこたえて始まった，消費者主導型の提携運動が多かった。少し遅れて1970年代半ばから1980年代にかけて生産者による有機農業運動が高まるなかで，生産者が消費者ないしは消費者集団を組織するという生産者主導型の提携運動が多くみられるようになった。

　いずれにしても，日本の有機農業運動は都市の消費者からの働きかけや要請にこたえて生産者が有機農業に転換する形で定着・拡大してきた面が強い。この点が，有機農業への転換をめざす生産者の運動から出発した欧米との大きな違いである。このことはまた，第2章4節でみた高畠有機農業運動の展開や星寛治（1982）の主張にみられるように，提携関係のもとで「消費者の作男」に成り下がることなく，営農や消費者との関係における農民としての「主体性」や「自立」を獲得していく問題が，日本の有機農業生産者のなかから提起されていることと，深くかかわっている。

　日本の有機農業運動は「点」から「線」へ，そして「線」から「面」へ，網の目のように〈提携〉のネットワークを張りめぐらすことによって，有機農業を基軸とする社会経済システムへの転換をめざしてきた。だが，農業はそれぞれの地域固有の自然と文化，社会経済システムに強く規定されて営まれているものである。したがって，その転換をめざすには，生産の場である農山村における有機農業運動の地域的広がりが，きわめて重要な課題として立ち現れているといえよう。

　第Ⅰ部では，日本における有機農業運動の歴史的展開をマクロの視点から分析した。自然と深くかかわり，内山節（1993）がいう横軸の時間の支配が優先する世界をめざす有機農業運動にも，縦軸の時間による支配が強く及んでおり，有機農業の「産業化」や制度化・政策化が進行した。

　そこで，第Ⅱ部では，有機農業運動の地域的展開の諸相を，「担い手」に焦点をあててメゾの視点から記述していく。縦軸の時間が支配する「都市的社

会」と横軸の時間が支配する〈農〉や〈暮らし〉のせめぎ合いのなかで，地域ではどのような価値が見いだされ，多様性をもった地域とそれを取りまく周辺地域との関係性（都市との関係性を含む）がどのように変容しているのか，そして〈物質・生命の循環〉を回復してどのような社会経済システムのオルタナティブを創造しているのか，事例分析を行う。

　有機農業運動が地域的広がりを獲得するには，「在地」の担い手が重要な役割を果たす。なぜなら，田中耕司が述べているように，「地域の農業はきわめて『在地性』の高い文化」であり，「その地域に『在る』もの，そしてその地域の暮らしとともに『在る』もの」（田中，2000: 17）だからである。ここでは，性格が異なる3つのタイプの「在地」の担い手による有機農業運動を取り上げ，地域的展開の諸相と有機農業生産者と消費者を結ぶ新しい〈システム〉がどのように構築されてきているかを3地域の事例からみていく。

　第1の事例は「酪農農家の共同体」ともいうべき木次(きすき)乳業を拠点として消費者との〈提携〉を広げて流域自給圏を形成しつつある奥出雲地域，第2は「無茶々園」という柑橘農家集団を担い手として，有機農業による地域の再生運動を進めている愛媛県明浜町（現・西予(せいよ)市），第3は行政主導による「有機農業の町」づくりを推進している宮崎県綾町(あやちょう)，である。なお，以下の章において町村名は合併前の旧名で表記した。

　各章末に，それぞれの有機農業運動の展開を年表としてまとめたので，参照されたい。

第7章　酪農農家の共同体を拠点とする有機農業運動
―― 島根県奥出雲地域における流域自給圏の形成

1　木次乳業を拠点とするネットワークの形成

1.1　奥出雲地域の概要

「奥出雲」は島根県東部・出雲の国の南に位置する地域である。かつては「雲南三郡」と呼ばれ，大原郡，飯石郡，仁多郡の9町1村から成っていた。平成の大合併の波はこの地域をも襲い，雲南市・奥出雲町・飯南町の1市2町に再編された[1]。人口は雲南市：44,407人，奥出雲町：15,813人，飯南町：5,979人で計約66,000人（総務省「国勢調査」2005年による。以下も同じ），面積約1,200km^{2}の地域である（図7-1）。

そこは，広島県との県境，中国山地の脊梁部に位置する1,000mを超える山々の北斜面から，起伏の少ないなだらかな中山間部，そして平地となる地域であり，そのほぼ中央を，船通山を源流とする斐伊川が貫流している。棚田の多い中山間地域のため，農業の中核的担い手は，米を基幹作物として，酪農，養蚕，肉用牛，葉タバコ，施設園芸，椎茸栽培などをプラスアルファして多角化した有畜複合経営の農家である。経営規模は小さい。

後述する木次乳業がある木次町（現・雲南市）は，中国山地から宍道湖へ注ぐ斐伊川中流部に開けた町で，奥出雲の交通の要衝地として古くから物流の拠点であり，商業の盛んなところであった。1960年当時の産業別就業人口は，第1次産業3,125人（47.7％），第3次産業2,498人（38.1％）であった。その後木次町の産業構造は，第1次産業就業人口の減少が大きく（1995年には，800人〔14.1％〕），第2次産業と第3次産業への比重を高めている。2005年雲南市全体では，第1次産業3,427人（14.5％），第2次産業7,351人（31.2％），第3次産業12,719人（53.9％）であった。

奥出雲地域においても，1960年頃から過疎化と高齢化が進行している。奥出雲地域のなかでも中国山地の山間部に位置する旧・仁多郡（現・奥出雲町）や旧・飯石郡（現・雲南市および飯南町の一部）では人口の減少が著しく，1970年から2000年にかけて約2割減少したのに対して，平地に近い旧・大原郡（現・雲南市の一部）では11.6％にとどまった。2000～05年も奥出雲地域の人口減少は続いており，飯南町では1割近い人口減であったが，雲南市と奥出雲町ではいずれも5％程度の減少であった。

　木次町でも1960年に14,000人近くあった町の人口は，少子化と若年層の流出により1975年には約11,000人，1995年には1万人余りに減少し，高齢化が進んでいる（65歳以上の高齢者人口の割合は24.2％）。2005年現在の人口は約1万人。周囲の町村に比べると，人口の減少は緩やかで，1975年以降の30年間で1割減であった。

1.2　木次乳業を拠点とする有機農業運動

　奥出雲地域では，農業基本法が制定された1961年頃に早くも化学肥料や農薬の害に気づいた生産者たちによって，有機農業運動への取り組みが始まった。1972年に結成された木次有機農業研究会の会員数は，1995年の時点で約80名となり，仁多町（現・奥出雲町），横田町（現・奥出雲町），吉田村（現・雲南市），木次町の約1割に相当する農家を組織するまでに成長した（千田，1995: 日草91）。

　木次有機農業研究会は，1970年代初頭から，木次乳業を拠点として，自給飼料を基本にした乳用牛飼養を核とする有畜複合小農経営を行う「酪農農家」を徐々に増やして組織化を進めた。一方，木次乳業は地元の学校給食や消費者グループへの直接販売ルートを開拓し，パスチャライズ（低温殺菌）牛乳やナチュラルチーズ，エメンタールチーズ，乳蜜，スーパープレミアム・アイスクリームなどを次々と開発してきた。

　2005年現在，木次乳業は資本金1,000万円，年商約15億円弱の有限会社だが，後述のように牛乳の生産調整が進み酪農が縮小しているなかで，奥出雲地域の5町村の大半の酪農農家から集乳し，地域の酪農を支えている。このほかに，放牧・草多給型養豚や平飼い養鶏，無農薬ブドウ栽培などに取り組む農家の経営の確立を促し，無農薬ブドウのワインや平飼い有精卵，卵油など，新し

第 7 章　酪農農家の共同体を拠点とする有機農業運動

い地域の産物を創意工夫して，提携する消費者グループや生協，自然食品店，百貨店などに販売してきた。就業人口約 5,300 人の木次町において，木次乳業は重要な雇用源となっている（大江，2006: 77）。

さらに，1989 年を「地域自給元年」とし，木次乳業の社内食料自給のための「手がわり村制度」の創設や，山地酪農実践として「日登牧場」の開設，奥出雲地域の産物をおもに個人の消費者会員に宅配流通・販売する「風土プラン」の設立など，〈地域自給〉を視野に入れて「品位ある簡素な村づくり」をめざしている。

木次乳業が早くから有機農業を取り入れ，パスチャライズ牛乳を開発したりブラウンスイス種を導入して山地酪農に取り組んできたことなどが認められ，朝日新聞社が 2000 年に創設した「明日への環境賞」の第 1 回農業特別賞を受賞した（『朝日新聞』2000 年 3 月 5 日）。

1.3　流域自給圏と提携ネットワークの形成

このように，斐伊川が貫流する流域に，有機農業農家や食品製造・加工事業体（企業），流通組織，消費者グループによって「自給圏」が形成されてきた。ここでいう「自給圏」とは，地域の更新性を支える食料やエネルギーの自給的・循環的な生産・流通・消費のシステムを内包し，持続可能な生存の条件が確保されている地域的広がりである。

木次乳業の創業者と周辺の酪農農家や養鶏農家，ブドウ栽培農家，さらに小規模の食品製造・加工事業体（企業）は，同じ理念を追求する「同志」の関係である。そして，酪農農家や事業体が「自立した個」として簇生し，「ゆるやかな連携」によって「流域自給圏」を形成している。これらと提携する流通組織や消費者のネットワークの拠点として木次乳業が存在する。

そこでの関係性は，旧来の村落共同体とは異なり，生命への覚醒に導かれ，身体性をそなえた他者の生／生命への配慮・関心によって形成・維持される〈共同の力〉に支えられている。いわば，「新しい生命共同体的関係性」（「親密圏」）が，〈提携〉のネットワークのなかで醸成されつつある。こうした関係性が，現代の産業社会では経済的リスクが大きく実現が困難な有機農業と地域自給を，事業や運動として成り立たせる力ともなっているのである。

木次乳業を拠点とするネットワークは，流域の森林や里山，水汚染などの環

境問題に取り組む市民グループ「宍道湖・斐伊川流域環境フォーラム」（出雲市）や「緑と水の連絡会議」（大田市）などとの連携を深め，広がりをみせている．

　木次有機農業研究会は，有機農業運動の領域を超えた活動にも積極的にかかわっている．1985年10月には松江有機農業研究会，出雲有機農業研究会とともに，「斐伊川をむすぶ会」を発足させた．この会には有機農業研究グループに加えて，斐伊川流域の農林業関係者，学者，建築家など幅広い層の有志が結集している．会の目的は「斐伊川流域の上流と下流とが交流を深め，その中から『土に根ざした二一世紀出雲の流域文化を創造する』こと」と謳われている．その後も障害者グループとの連携や，「斐伊川おろち」と名付けられた純米酒（「斐伊川の水によって作られた有機米を原料とし，斐伊川の水を使った昔ながらの手づくりの酒」）を素材に，流域社会と環境を考える運動を続けている．

　2000年2月に松江市で開催された第28回日本有機農業研究会しまね大会・総会は全国から800余名が集まり，奥出雲の地に点火された有機農業運動が長年にわたって培ってきた〈共同の力〉（「親密圏」）が目に見える形となって結集する出来事となった．奥出雲の斐伊川流域には，歯止めのない強力なグローバル化の経済原理に対抗しうる，「物質・生命循環の原理」に立脚した，循環型地域社会を形づくる核となる有機農業が定着・拡大してきたといえよう．自給圏はもとより，周辺地域にも親密圏としての内実をもった〈提携〉のネットワークが形成され，有機農業運動を支えている．

　以下では，木次乳業をはじめとする現地での聞き取り調査と資料にもとづき，奥出雲地域における有機農業運動の展開を，歴史を遡って詳しく述べていくことにする．

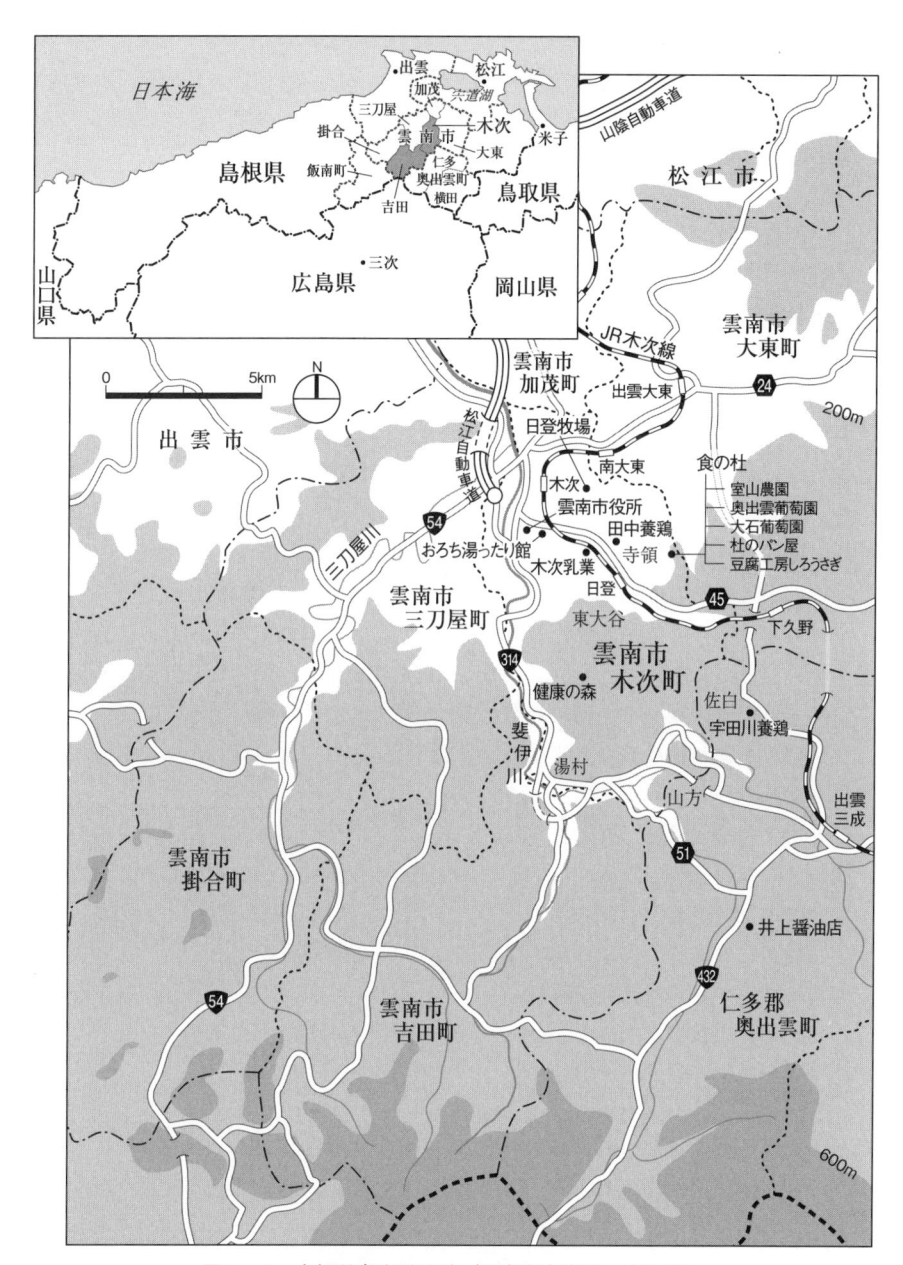

第7章　酪農農家の共同体を拠点とする有機農業運動

図7-1　島根県奥出雲地域（雲南市木次町・吉田町）

2　生命への覚醒——有機農業の始まり

2.1　奥出雲地域の生業の変遷

　中国山地は古くから鉄と和牛と木炭の産地として知られていた。和鉄は花崗岩質の山々を切り崩し，そのなかから採取される砂鉄を精錬する鑪(たたら)製鉄によって生産され，砂鉄採取と木炭生産はこの地域における農閑期の重要な副業であった。しかし近代に入って洋鉄の輸入や洋式精錬法の導入・普及により，鑪による和鉄生産は一部の特殊用途を除いて消滅した。吉田村の菅谷高殿(すがやたかどの)は国の重要民俗資料として保存されているが，1921（大正10）年に鑪の火を消した。鑪製鉄の衰退とともに木炭の用途は家庭用燃料（市場炭）に変わり生産が続いた。1960年頃までにプロパンガスや灯油の普及によって，木炭生産は壊滅状態に陥った。

　中国山地は和牛の放牧・生産地として知られていた。奥出雲地域もその例外ではなく，とくに仁多郡産の和牛は「仁多牛」といわれて中国山地の代表的な和牛のひとつであった。和牛は，耕作・運搬の役牛として，また厩肥源として，かつては母屋のなかで大切に飼われ，「農宝」とまでいわれたという。しかし，化学肥料や耕耘機の普及によってその価値を消失した。頭数も1963年頃より急速に減少している。

　乳用牛飼養は戦後に導入された。生糸や炭の需要が減少し，和牛の役用や厩肥源としての価値が低下するなかで，養蚕や木炭，和子牛生産に替わる営農のひとつとして乳用牛は取り入れられた。奥出雲地域の酪農農家の戸数は1960年代前半にピークを迎え，当初1戸当たり1～2頭の飼養であった。その後も酪農を継続する農家は飼養規模を拡大し，1970年には平均4～5頭の飼養となった。飼養頭数の増加にともない集約的な飼料生産が行われるようになり，農薬や化学肥料の投入が増加していった（千田, 1995: 日草87）。

　この地域における農林業の生産構造が大きく変化したのは，1960年代である。主要な副業であった炭焼きが激減したこと，その時期と重なるようにして1960年代前半に豪雨・豪雪による災害が続き，その復旧工事のために農外雇用機会が急増したこと，それにともない農家労働力が流出したことが主要な契機となった。また，それが兼業・離農の促進と自給生活の一部崩壊を招いた。

2.2 木次町における酪農と有機農業の開始

　木次町でも1955年頃には進取の気性に富んだ酪農家は,「近代農業の尖兵」として「得々として」農薬・化学肥料に依存した農業へと転換した（佐藤, 1989: 163）。その当時は,化学肥料の多投によって牧草の単位面積当たりの収量が増加することが酪農経営の安定の方法だという農林省の指導が行われ,各農家がこれを実施していたのである。

　木次乳業の創業者のひとりである佐藤忠吉さん[2]のお父さんは,養蚕や鶏の育成技術,豚の繁殖などを人に先駆けてやってきた。1950年代後半には,農薬や化学肥料をいち早く取り入れた。戦後,復員して酪農を始めた佐藤さんも牧草をたくさんとろうと採草地に化学肥料を散布したという。急性毒性がある農薬ホリドールも使った。ところが,化学肥料を投与した牧草を与えた乳牛に,硝酸塩中毒とみられる挙動や情緒の不安定,やがて乳房炎,繁殖障害,起立不能などの疾病が多発した。

　佐藤家で農業の研修をしていたことのある同じ集落の大坂貞利さん[3]が,次々に起きる牛の異常は,「化学肥料を使った牧草が原因ではないか」と言いだした。その時,佐藤さんは,養蚕家であったお父さんの桑づくりを思いだしたという。蚕の小さい時に与える桑の葉は,必ず山野で自生した落葉や藁のようなものを原料とした堆肥のみを施し,そこでできた桑の葉を噛んでみて甘味のあるもの,すなわち光合成が充分に行われたもののみを与え,上作していた。そこで,牛についても同じであろうと,山野草を主体にした粗飼料給飼に変えたところ,やがて牛は健康を取り戻したという。牛の異変を敏感に感じとったのは,酪農農家であった。

　これが,奥出雲の地での有機農業の始まりである。木次町で最初に化学肥料への疑問が出されたのは1961年のことであり,奇しくも農業の近代化路線の方向を決定した農業基本法が制定されたのと同じ年であった。

　農薬汚染についても,農薬のかかった畦草を誤って給餌したために,牛の瞳孔の動きに異常がでたことを大坂貞利さんが発見し,公表した。そして1965年,農協の協力を得て酪農家に対してDDT・BHCの販売規制を実現させた。1967年頃には農薬の使用を中止し,化学肥料を有機質肥料に切り替える耕種農家もではじめた。

稲作面でも，1963年頃から水田にドジョウが浮くことに不審を抱いた佐藤さんと大坂さんは，1965年頃から，現在の有機農業では一般的に導入されているコイ，カブトエビ，マガモの水田除草の実験に早くも取り組んだ。1971年にはレンゲ草によるマルチ（被覆）栽培によって，除草剤を使用しない農法の開発にも挑戦した。大坂さんの水稲栽培の変化をみると，1967年にツバメの死骸を見つけたことをきっかけに，水稲殺虫剤のBHCをやめている。1969年にはイモチ用の殺菌剤，1971年には除草剤もやめ，種もみ消毒を除いてほぼ完全な無農薬栽培に切り替えている。

　木次町で有機農業への転換に向けて実践が始まった時期は，高度経済成長と軌を一にした農業近代化の波が日本全土の農村に浸透し，覆い尽くしていた時代であった。ホリドール，BHC，DDT，フェニール水銀など，毒性・残留性の強い農薬が禁止されていく。しかし，農薬汚染が次第に明らかになってきた1970年頃でさえ，有機農業に着目して実践する農民は，例外的な少数者であったのである。佐藤さんは次のように当時を回想している。

　「近代農業を始めて5，6年という短い期間に起きたいろいろな事象は，私たちが近代農業から今でいう有機農業らしいことに回帰するきっかけとなり，あわせて自然に対する考えの甘さ加減への反省となりました。また，農民とは何なのか，人間とは何なのか，その問が農民相互の間から出され，そこに見えてきたものは，私たちが何気なくやっていた近代農業は人の心の弱点につけ入った都市の都合，資本の都合で農民の主体性，自主性を農民から奪い去るものではなかったかということでした」（佐藤，1989: 164）。

2.3　近代農業への疑問

　なぜ木次町において，農薬・化学肥料依存の近代農業への疑いがかなり早い時期に発せられたのであろうか。なぜ，農薬・化学肥料に対する反応が敏感で，しかも実践的・変革志向だったのであろうか。
　まず，牧草や畦草など，自給粗飼料を使用する割合の高い循環型の酪農を営む小規模の農家であったことが，ひとつの理由として考えられる。朝夕の搾乳・給餌という作業を通して乳牛に毎日接し，きめ細かい観察をしている酪農農家であったがゆえに，乳牛の健康状態とその変化にきわめて敏感であり，農

第7章　酪農農家の共同体を拠点とする有機農業運動

薬・化学肥料が乳牛に及ぼす影響を感じとることができたのである。とくに，自給粗飼料を主体とする山地酪農では，その因果関係がより可視的に把握できたものと思われる。

つまり，自然の物質循環のなかで生乳を生産する農業だったから，このような発見が可能だったといえよう。同じ酪農といっても購入飼料を主体とする場合に，このような発見があったかどうか疑問である。佐藤さんも，「牛飼いのなかで，牛に与える粗飼料の良否により牛の健康状態がわかる」ことを感じたことが，有機農業に関心をもったきっかけであると述べている。

もうひとつの理由として，木次町の日登聖研塾を拠点とするキリスト教無教会派の思想的影響を挙げることができよう。大坂さんは，熱心な無教会派クリスチャンであり，この地の無教会派の指導者で生活綴方教育（「日登教育」として知られる）の指導者でもあった加藤歓一郎[4]の「直弟子」としてその思想的影響を強く受けている。大坂さんは加藤を通してシュバイツァーを知り，その思想と実践にも学んでいる。

大坂さんのほかにも，木次有機農業研究会の会員には熱心なクリスチャンで加藤の薫陶を受けた人がいる。後述する宇田川光好さんや田中利男・初恵夫妻，田中豊繁さんなどである。

このように，「生き方や価値観への真摯な問いかけをするエートス（倫理的土壌）があり，農薬汚染のもたらす生命系への脅威を見逃さなかったことが，山陰の奥出雲に有機農業運動を生み出したと言えるだろう」（多辺田，1983: 205-206）。さらに，町内に母乳，牛乳のDDT・BHC汚染や抗生物質の問題などについて重要な指摘を行った産婦人科医がいたことも見逃すことはできない。

しかし，閉鎖的なむら社会において「有機農業をする農家は，部落内では村八分に近い立場におかれた」こともあった。「24年間つとめた公的な役も捨て，ひたすら人々から理解される日のくることを確信しながら今日にいたりました」（佐藤，1980: 1）と，後日，佐藤さんは述べており，近くに志を同じくする大坂さんや酪農農家がいたことが大きな支えとなったのである。また，現在のように支援する消費者グループもないときに，佐藤さんたちの有機農業への転換を支えたのは，おそらく，自らの，そして他者の生命を養っている「百姓としての責任」であったのであろう。

3　木次有機農業研究会の発足と自給・自立思想

1970年代に入ると高度経済成長のひずみが顕在化しはじめ，公害問題もクローズアップされるようになった。1971年には日本有機農業研究会が発足した。国際基督教大学の高橋三郎を通じてそのことを知った福間博利（木次日本キリスト会）や大坂さんらの呼びかけで，翌年の1972年，すでに町内で活動を開始していた「合成洗剤を考える会」を母体に，「木次有機農業研究会」が発足した。会員15名のうち農家会員は7名で，その頃，有機農業への転換を始めた酪農農家や耕種農家であった。

　「まず，人はこの地上に生まれた人間として，嬉しく楽しく，しかもおかしく快適に生き生きと生を全うすることだとすれば，その基礎は，やはり男女の健康，とりわけまず初めに『つくり出す者』・生産者の健康である。己れが不健康で何でまともなものができるだろうか。その健康は，衣食住，すなわち暮らしそのものを宇宙の秩序に従わせることによって，初めて得ることができるだろう。そのためにまず，手近な地域にあるすべてのものを活かし，自己の生活を自足することから，本当のいのちを養うに足るものの生産が始まり，さらに，自給の密度が高くなるにしたがい個々の力の小ささ，限界に気づき，域内共同の必要を生じるだろう。そこから域内交換に発展し，域内自給が芽生えるであろう。そしてすべて地域でまかなうことが理想だが，とりわけ食については，この土地にあって人として何をたべるか，どうたべるかを自らの悟りで体得すれば，なにをいかにつくり出すかが決まり，この土地でそれをどう組み立てていくかが分かってくるだろう。（中略）
　具体的な方法として地域自給を考えるうえでもっとも重要なことは，今までの一切の常識を一度捨て切って，人類発生の時，森での採取の暮らしから森を出てまず己れのたべものをつくり出していく道すじを自己の自然との関わりを通じて追体験することでした」（佐藤, 1989: 164-166）。

佐藤さんが述懐しているように，1972年頃木次の酪農農家は自給や伝統を大事にする北欧の酪農思想に出会い，食べ物の勉強から，地域に根ざした自己完結型の農業，伝統のなかの知恵，つまり在来農法をもっと検討し直して実践

第7章　酪農農家の共同体を拠点とする有機農業運動

することに取り組んだのである。そこでは，「定住（農耕）民族として，穀物菜食によって生きてきた日本人に，畜産物，なかでも牛乳が本当に必要か」といった酪農不要論まで出てくるほど，徹底した議論が行われた。

この問題は，乳牛に異変や障害が現れたことを契機に，有機農業すなわち酪農主体の有畜複合経営に取り組みはじめた佐藤さんと大坂さんにとって，避けて通ることのできない問いかけであった。

乳牛が日本で飼育されるようになったのは，明治初期である。牛乳が一般家庭の食卓に日常的にのぼるようになったのは，学校給食が普及した戦後の高度成長期以降である。また，大坂さんが以前から問題にしていたように，「肉100g食べるために，輸入穀物が800g必要であり，飢餓，環境破壊の上に成り立っているのが日本の畜産である」。

こうした問いかけや議論が，木次の酪農農家のあいだで盛んに行われたわけであるが，それでも，佐藤さんたちは酪農にこだわり続けた。佐藤さんは，木次有機農業研究会発足当時を振り返って言う。

「伝統を大切にし，自給体制が確立した有畜複合経営の中で生まれた牛乳を，神聖なものとして生に近い形で利用している。そしてとくに牛乳中のカルシウムを大切にするという事柄にふれ，当時の牛乳に対する私たちの考えが，本来の人間と自然との関係としてあったはずの使用価値を基本とする関係を重視するものから，近代の貨幣経済，商品経済の発達のなかで，商品としての食品というものになっていたことに気づき，その誤りを反省し，ならば日本人になじみの薄いダメなものでも，カルシウムの不足する日本の風土ではそれなりの価値もあろう，しかし人様の口に届ける以上ベストを尽くし，我々も雲南の気候風土に適した，脱穀物型の山地酪農を目指すべきだと確信した」。

パスチャライズ（低温殺菌）牛乳の開発の原点は，早くもこの時にあったのである。そして，奥出雲の地で佐藤さんがめざしたのは，家族労働を軸にして，半農半加工を営み，生産物の一部を市場で販売する独立自営農民たる酪農農家だったのである。

続いて1975年，島根大学の渡部晴基の指導で有機農業をテーマに，町農業委員会，町農協，木次有機農業研究会で「木次緑と健康を育てる会」を発足さ

せた。そこでは，有機農業をどのような手法・手順で進めるかが話し合われた。

4　木次乳業の事業と活動

4.1　百姓としての酪農農家

　木次有機農業研究会の生産者会員には，木次町やその周辺地域（吉田村，加茂町，横田町，大東町(だいとうちょう)，宍道町(しんじちょう)）の酪農農家が多い。数頭から20頭前後の乳牛を飼養しており，経営は小規模である。搾乳された生乳は，木次乳業によって集乳されている。木次乳業は，生乳の加工・販売はもちろん，会員農家の鶏卵や豚肉，野菜の集荷・配送も引き受けている。木次乳業は牛乳処理工場であるだけでなく，生産者と消費者との提携の拠点ともいうべき存在なのである。

　奥出雲地域には和牛の産地としての伝統が温存されている。事実，1970年代半ばに，吉田村で酪農を始めた何人かの酪農農家は，「導入資金の借り入れに奔走している時に，役場や農協でも『やめておいたほうがよい』，『和牛を飼ったほうがよい』という意見がほとんどであった」と，酪農開始当時のことを述懐している（藤森，1983: 227）。木次乳業は，このような伝統的な和牛生産地域で酪農を始めようとする人たちの経済的支柱にもなってきたのである。

　佐藤さんは「木次乳業の生産者は酪農家ではなくてみな百姓です」（佐藤，1981: 36）と語っているが，この一言が木次町周辺の酪農農家の実態を的確に表現している。この地域では，米や野菜，味噌の自給はもとより，木炭の自給も行っている酪農農家が多かった（藤森，1983: 227-228）。

4.2　木次乳業の創業

　木次乳業が「有限会社」として設立されたのは1962年であり，その前に7年間ほど，前史ともいうべき時期がある。

　佐藤忠吉さん，田中豊繁さん，鳥谷久義さんの3人は，1953年頃から相前後して木次町で乳牛を導入し酪農を始めた。そして，1955年，3人の酪農家と木次町内の3軒の牛乳店（戦時中の企業合併で一緒に牛乳を販売していた）が6人共同で組合のようなものをつくって牛乳の処理・販売を始めた。佐藤さんの言葉を借りれば，「商業ベースの牛乳業者に3人の酪農家が強引に割り込ん

第 7 章　酪農農家の共同体を拠点とする有機農業運動

写真 7-1　佐藤忠吉さん（中央）
酪農農家・佐藤晴夫さんのご両親と
（木次町東大谷，2001 年 3 月 6 日）

だ形で」新しい牛乳店が生まれたのである。これが，佐藤さんの酪農の出発であり，木次乳業の始まりである。

　当時，この地域の農家の多くは，生業であった養蚕，和牛（繁殖牛），炭焼きが 1950 年代後半から急激に衰退したため，副業を模索していた。途絶した現金収入への道を開いたのが，災害復旧事業の日雇い収入であった。しかし，このような日雇い収入への依存は，地域の自給的生産基盤を掘り崩すひとつの契機となった。現金収入開拓へのもうひとつの活路は，酪農の導入であった。

　木次乳業の創業時における 3 人の酪農家の乳牛飼養頭数は 2〜3 頭であった。この時期は，戦後の酪農ブームの渦中にあり，1951 年頃から 1960 年にかけて全国の乳用牛飼養戸数は急速に増えた。木次町でも 1953 年には飼養農家 1 戸・頭数 3 頭であったが，1960 年には 16 戸・29 頭へと増えている。木次乳業への町内の生乳出荷農家も 1960 年頃にピークに達した。この頃は，木次乳業の販売力では全生産乳量を処理しきれず，余剰乳をグリコ乳業に販売していた。だが，「木次乳業は，この地で農業によって自活の道を切り開こうとしていた農家にとって貴重な存在であったはずであり，酪農を定着させる役割を果たした」（藤森, 1986: 315）のである。

　佐藤さんは，1962 年に町内の学校給食を粉乳から生乳に切り替えようと提案する。島根県下では初めての試みであった。青年団仲間が教員や校長をしていたこともあり，話は進んだが，町からきちんとした組織でないと困るといわれた。1962 年当時，町内の酪農家は 23 戸に増えており，酪農組合の結成を農協に働きかけたが協力を得られず，やむなく 6 名の酪農家の共同出資により，会社形態で出発することになった。木次乳業有限会社の誕生である。実際には，酪農組合の定款と同じようなものを作り上げ，「酪農農家の共同体」としての

内実をもつ会社であった。当時の従業員は10人に満たない小さな会社であったが，会社創立時の経営はまずまずの状態であった。

しかし，1965年に火災で工場が全焼した。これによる多額の損失により，しばらくの間木次乳業は困難期に入った。「一時は大手牛乳会社に"身売り"することも考えた」が，佐藤さんのお父さんの「大手会社の小作になーかや（なるのか）」の一言が佐藤さんを奮い立たせたという（「いのち・食〈5〉」『毎日新聞』1995年10月12日）。

1969年，木次乳業の経営は出資者のひとりであった佐藤さんに全面的に委ねられることになった。ちょうどこの頃，酪農の現場では，農薬・化学肥料の使用が原因とみられる乳牛の異変や疾病が現れた。「近代農業の尖兵」であった佐藤さんらは，そうした現象を重く受け止め，前述したように有機農業への転換を図り，この困難期を次の飛躍につなげる準備期としていったのである。

4.3 消費者グループとの提携

木次有機農業研究会結成当初から，大坂さんや佐藤さんをはじめ木次の酪農農家では，「人様の口に届ける食べもの」として牛乳の質の向上を徹底して追求していた。ヨーロッパでは，牛乳を神聖なものとして生に近い形で利用しているがそれは牛乳中のカルシウムを大切にするためであることを知った。ヨーロッパの手法に倣ってパスチャリゼーション（低温殺菌）で処理した牛乳をつくりたいという思いが，日本で途絶えていたパスチャライズ牛乳の開発・販売へとつながっていく。そのきっかけとなったのが，松江市の食養グループや消費者グループである，「『たべもの』の会」や島根医大グループ「出雲すこやか会」との交流であった。

自然食品店の店主であった北脇則男さんの桜沢如一食養グループと木次有機農業研究会との交流は，1973年から始まった。この交流を通して，佐藤さんたちは食養（食べものの質，食べ方）についての知識を得て，食べ物の生産方式を研究した。北脇さんの「松江自然食品センター」では木次牛乳を少し置いて，クリスチャン関係の人たちに普及してくれた。

その後，"ほんもの"で安全な食べ物を探し求めていた松江市の「『たべもの』の会」の消費者[5]（当初は準備会で，1976年5月に正式発会）と出会い，1975年9月，牛乳や卵等の共同購入が始まった。木次有機農業研究会と「『た

べもの』の会」との提携は，会員数約100世帯，牛乳1日約120本（200cc），鶏卵週に1,200個から出発した。木次乳業の当時の乳処理は120℃2秒の超高温殺菌であり，鶏卵は自家配合餌料だがケージ飼いのものであった。しかし，木次の生産者には，「もっと安全な状態で生産し，生産者として誇れるような生産物を消費者に届けたい」という強い意欲があることを消費者側は感じとった。

「『たべもの』の会」の代表であった島根大学の井口隆史さんは，提携・産直を始める前から大坂さんの有機農業に取り組む姿勢や考え方を理解しており，そうした生産者への信頼から，「まともなあなたの生産物は，あなたが必要とした農薬がたとえ使われていても食べる」，「毒をも共食する仲間」として，生産者の有機農業運動をともに担い支えたのである。また，「『たべもの』の会」との鶏卵の提携開始は，仁多町の養鶏農家宇田川光好さん[6]が平飼い養鶏に挑戦するきっかけともなった。この頃は，こうした有機農業生産者と消費者との出会い・提携が，全国各地で自然発生し，広がりをみせていた時期であった。

4.4 パスチャライズ牛乳の開発

当時は食品公害の問題に関心が高かった時期で，「『たべもの』の会」の活動がマスコミで取り上げられると，折からの"安全食品ブーム"にのって，松江市や出雲市，京阪神の消費者グループや生協等から牛乳の直接取引，共同購入を持ちかけられるようになった。木次牛乳の需要は増大し，1975年以降，牛乳処理量が飛躍的に伸びる。

消費者との交流・提携を通じて食養にも踏み込んでいくことになり，日本で途絶えていたパスチャライズ（低温殺菌）牛乳の良さを見直す気運が生まれていた。前述のように，その当時は，木次乳業の牛乳も超高温殺菌（120℃・2秒）で処理していた（それ以前は，経験を積み重ねた従来の方法で殺菌し，結果的に85℃程度の高温殺菌牛乳になっていた）。

牛乳には消化吸収のよいカルシウムが豊富に含まれるのだが，100℃を超える超高温殺菌法で処理された場合，タンパク質の熱変性によりタンパク質と結合したカルシウムは吸収されなくなる。これらの栄養上の問題や安全性の問題が消費者グループから提出されていた。その一方，低温殺菌は「有毒な病原菌だけを死滅させ，有用な乳酸菌はかなり生き残り，風味，栄養も重大な損失は

なく, 最も理想的な殺菌法」(日本消費者連盟, 1982) だとされる。
　そこで, 木次乳業は, 1975年からパスチャライズ牛乳の開発に本格的に着手する。搾乳衛生管理等に積極的に取り組み, 低温殺菌処理を試みた。低温殺菌処理をするには原乳をいかに清浄化するかが決め手となる。低温殺菌処理の場合, どうしても100分の1の細菌が残るので, 純良な乳酸菌ならば多いほどいいわけだが, 間違って他の菌が入ると大変なことになるからである。
　原乳の清浄化には多大な労力とコストがかかるのだが, 牛乳の売り手市場のなか, 木次の酪農農家はこれに取り組んでくれたのである。また, 佐藤さんたちは3年間, パスチャライズ牛乳を市場に出すために, 自分の体でいわば生体実験して, 害がないことを確かめた。木次乳業でも, 腐敗試験等を繰り返し行い, 社員自ら飲用し安全性を確認した。
　1978年に京都の「使い捨て時代を考える会」との交流が始まり, 木次乳業は低温殺菌に至る前の過渡的段階にある75℃・15分程度の牛乳の購入を同会にお願いした。「木次パスチャライズ牛乳」の製造・販売の開始である。「使い捨て時代を考える会」では, 「ホンモノの牛乳」ということで北海道のよつ葉牛乳の共同購入の勧誘もあったが, 「農業と日本の現実を考え, 自らの暮らしを反省するため」の「考える素材」(槌田, 1980) として農産品を取り扱っていた同会は, 木次乳業と共同してパスチャライズ牛乳開発の実験に取り組むことになったのである。1979年頃には65℃・30分の低温殺菌処理の方法が軌道に乗り[7], 地元の学校給食にもパスチャライズ牛乳の供給を始めた。
　木次乳業では事業規模を拡大し, 生乳の集乳は名前入りの集乳缶からタンク車に変わったが[8], 工場では生乳検査を毎日行い, 乳牛の健康状態や飼養管理方法の問題点等を追求し, 酪農農家に伝えている。「百姓の生産物を百姓の手で消費者に少しでも自然な状態で送り届ける」という木次乳業の基本姿勢は, 一貫している。「木次パスチャライズ牛乳」が, 食べ物の質にこだわる消費者グループのあいだで文字どおり「垂涎の的」となり好評を博したのは, この良質性にある。
　また, 「穀物を主食としてきた日本人本来の食べもので無かった牛乳は, 必ずしも, 必要なものでは無いかもしれない」というパスチャライズ牛乳開発当初の思いは, 「赤ちゃんには母乳を」という木次乳業のメッセージに表れている。飼料や飼い方, 品質, 味に徹底的にこだわり自信をもって作った自らの製品より, 母乳や, 畜産物の利用を控えた食生活を勧める。メッセージは会社の

第 7 章　酪農農家の共同体を拠点とする有機農業運動

写真 7-2　木次乳業社屋
(2000 年 2 月 6 日)

写真 7-3　生乳を集乳するタンク車
(2001 年 3 月 6 日)

トラックにも書かれているが，そうした木次乳業の姿勢に消費者は心から信頼をよせているのである。

　木次乳業は生乳の販売先を確保するために，百貨店やスーパーなどへも出荷している。消費者グループ以外の主要販売先は，2005 年現在，関東では高島屋（東京・日本橋本店）・伊勢丹（同・新宿店）・東武（同・池袋店）・島根館（同・日本橋），関西では阪神百貨店・京阪百貨店・阪急オアシス，島根県内ではジャスコ・サティー・一畑百貨店・ふくしまなどである。販売比率は県外 6 割・県内 4 割である。木次乳業が，無理に規模拡大しない範囲で，柔軟に一般流通にも出荷しているのは，地域の生業を担う農民と牛を見据えて，牛乳生産の信条と「酪農農家の共同体」としての経営を共存させてきたからなのである。

4.5　山地酪農と新製品の開発・販売：日登牧場の開設

(1) ナチュラルチーズの製造と販売

　パスチャライズ牛乳の開発に続き，木次乳業では 1979 年から余剰乳を利用して自然の状態により近いナチュラルチーズの試作にとりかかった。1982 年には，「イズモ・ラ・ルージュ」という名称で販売を始めた。

　木次有機農業研究会では，山地酪農の可能性やさらなる乳質の向上を図るために，自然のなかで牛を観察する試みを 1960 年代後半から続けてきた。1967 年に国有林を借りて試験的に放牧を行ったが，放牧の宿命ともいうべきダニが原因のピロプラズマ病という血液の病気が発生し，失敗した。続いて 1978 年にもう一度，山間地を利用して 8ha ほどの実験農場「瀬の谷牧場」（通称「ふ

るさと牧場」）を開設した。ここでは，乳牛（ジャージー種やホルスタイン種）や和牛で放牧実験を行った。1985年には，粗飼料で飼える山羊も導入した。ジャージー種は高温多湿の気候にも強く傾斜地酪農に適すると見込んで導入したが，ピロプラズマ病の発症が多く，その高脂肪乳は飲用乳よりバター加工向きであった。

　こうした観察・実験を経て，「やはり穀物型飼料に適した品種に改良されたジャージー種やホルスタイン種では山地酪農はうまくいかない」とわかり，代わりに着目したのが，乳肉兼用種として知られるブラウンスイス種である。山地に放牧して野芝を中心とした粗飼料で飼育できるし，山岳牛なので足腰が頑健で病気に強く，性格は人なつっこくおとなしい。乳量はホルスタインのほうが多いが，ブラウンスイスの乳成分はタンパク質が多く，チーズ加工用に優れていて，肉もおいしい。その当時，農林省はジャージー種とホルスタイン種しか乳牛として認めていなかったので，3年がかりで農林省から乳牛として認可を受けた。

　1989年，佐藤さんと大坂さんは，2人で約30haの山林を借地して，日登牧場を開設した。そこに野芝を植え，試験輸入したブラウンスイス種の牛（雌16頭と雄1頭）を導入して放牧・搾乳を始めたのが，1990年である。その時点で，酪農農家4戸，養鶏農家2戸，ほか2名の出資により，農事組合法人日登牧場を設立した。そして，1992年，日本では難しいといわれていたエメンタールチーズの製造に，ブラウンスイス種の乳を使用して初めて成功したのである。

　日登牧場はJR木次駅近くの山の上，北向きの急傾斜地にある。2005年現在，60頭のブラウンスイス種を放牧しているが，これは全国に約700頭しかいない，貴重な種である。「草刈り・運搬・施肥作業は牛に行わせ，搾乳のみ人が行う」という飼養方法。飼料は，外国からの輸入穀物飼料に依存せず，放牧草（野芝や根笹等を植栽）のほか，稲ワラ，野草，畦草などを利用するほか，購入乾草も与えている。サイレージ（青刈りした飼料作物をサイロに詰め，乳酸発酵させた餌）はカビが発生し，酪酸菌がチーズに悪影響を及ぼすため使用していない。

　「産乳は一般乳に比し季節感があり（夏はカロチンが多く，薄く感じられる），また，牛を自然の環境に返すことで，ビタミンE（抗酸化），機能性タンパクが驚異的に増加し，肉もこれからの時代に即応した赤肉の上質のものである」

第7章　酪農農家の共同体を拠点とする有機農業運動

写真7-4　日登牧場
（2001年3月6日）

写真7-5　ブラウンスイス種乳牛
（日登牧場，同左）

という。

　ブラウンスイス種を導入した日登牧場の酪農は，高齢化と過疎化が進む日本の中山間地で，高齢者や障害者，女性でもできるこれからの山地酪農のひとつのあり方を示すものである。

(2) スーパープレミアム・アイスクリームの製造と販売

　1995年からはJA雲南と提携して，余剰乳を利用したスーパープレミアム・（最高級）アイスクリーム「マリアージュ」を共同開発し，製造を開始した。このアイスクリームは，添加物を一切使用せず，粗飼料で飼育された牛の生乳をたっぷり用い，乳脂肪分は15％と高く，平飼い有精卵の卵黄を使ってなめらかさを出した，文字通りの「最高級」アイスクリームである。着実に歩を進めてきた木次乳業が，なぜ雲南農協とあえて協力し，国際商品であるがいまだ日本では確実な技術が確立していないと思われるスーパープレミアム・アイスクリームに挑戦したのであろうか。

　それは，食管法や乳価不足払い制度[9]，農協への農産物の無条件販売委託等によって，多くの農民たちは久しく農産物の生産および販売の自主独立性を奪われてきたにもかかわらず，1990年代に入って農業分野にも規制緩和・自由競争の促進が持ち込まれ販売競争を強いられたからである。

　佐藤さんは，「規制緩和の終着駅は，ふるさとの消滅であり，金も，買う食べ物もない時代の到来」であるという深い洞察力にもとづき，「農協が真に農民のための組織，すなわち都市資本に抗する力を蓄積した農協となるためには，我々農民の力が必要」と判断したのである。木次町をはじめとする雲南地区は，

戦前から産業組合運動（農協の前身）がとても盛んで，当時のJA雲南は産業組合運動時代を知る組合長および幹部が愛着をもって運営している全国でも数少ない，農民が頼れる組合であったという。この農協と組んで，「山陰の僻地から世界に飛躍するものを目指し，開発・生産を始め」ることにしたのである（『きすき次の村』Vol. 7, 1995年12月15日）。

チーズ，アイスクリームなどの乳加工品は，木次町酪農生産組合（のちに農事組合法人）が設置した乳製品の加工施設に，木次乳業から技術者を派遣して生産するという形態をとっている。木次町酪農生産組合による乳製品の加工場の設置は，農民の独立自営を唱えたヨーマン（15世紀イギリスの農民）の思想が原点となっている。

4.6 社内自給，広報活動

木次乳業では，1989年を「地域自給元年」とした。このように木次乳業の事業が拡大するなかで，一定以上に規模拡大をせず，地域自給をめざす手始めとして，木次乳業の社員を主たる組合員とする農事組合法人「手がわり村」を発足させた（『きすき次の村』1990年2月10日）。

奥出雲地域では昔から農繁期や人手を必要とするときに労働を無償で交換し，これを「手がわり」と呼んでいた。「手がわり村」は，こうした互助的関係を復活させ，社内自給の実践を目的とするもので，開発・生産・給食・共同購入・教育部門に分かれて活動している。

約40aの田畑では米や野菜を作り，味噌や豆腐，ジュース等を生産・加工して社内給食に供し，自給の余り物の販売，日用雑貨の共同購入，さらには，医療や食べ物，健康等についての講演会や勉強会を開いている。農機具を購入して兼業農家の社員に貸し出すことも行っている。共に耕し，共に食べる農業の共同化を社内で実践し，目に見えるところで作られた安全なものを食べる。社内自給は社員の健康を守るための手段でもある。

「生産者が，与えられた命を死ぬまで元気に健康に，おもしろおかしくいきることが基本。自らが健康でなければ，まともな食べ物を供給できるはずがない」（『毎日新聞』1995年11月27日）と，当時の社長佐藤さんは繰り返し社員に説いてきた。また，木次乳業の敷地とその周辺は，社員や訪問者が「自給と環境」について身近に感じとれる小さなコスモロジー（宇宙）となってい

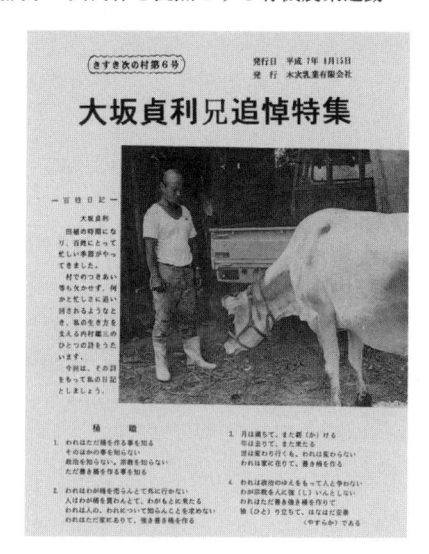

第 7 章　酪農農家の共同体を拠点とする有機農業運動

図 7-2　木次乳業社内報『きすき次の村』
（左）再刊 1 号, 1994 年 7 月　（右）6 号（大坂貞利さん追悼特集）, 1995 年 8 月

る(10)。

　木次乳業では, 1987 年より『きすき次の村』という名称の社内報を刊行している。当初は毎月刊行していたが,「労力面で行き詰まり」, 一時休刊後, 1994 年から再刊されている。

　このほか木次乳業が中心となって, 社員や地域住民, 農家, 消費者の情報交換の場や学習会・講演会等を開催している。この「木次に集う会」の目的は, 木次乳業に関わる生産者や社員, 消費者, 奥出雲の製造・加工業者がお互いの交流を深めるとともに, 木次乳業のあり方と今後の方向について意見・要望等を出し合い, それぞれの立場を十分理解しながら活動していくよう確認し合うことである(11)。

　遺伝子組み換え問題や環境ホルモンなどについてもいち早く取り上げ, たとえば遺伝子組み換え作物については家畜の飼料に使わないようにするなど, ただちに実践に移している。1998 年 3 月, 木次有機農業研究会は,「たべもの」の会や出雲すこやか会と共同の陳情により, 木次町議会と島根県議会に「遺伝子組み換え食品に関する意見書」を提案し, 採択された。

175

5 木次乳業が支える地域酪農

5.1 木次乳業と地域酪農の現状

　1960年代後半から奥出雲地域の酪農家の減少は続き，中小の乳業組合も減少するなかで，木次乳業は加茂町，横田町，宍道町，吉田村の酪農組合と提携して飲用乳の製造・販売を伸ばしていった。木次乳業の牛乳処理量は，1970年には1日に200cc入牛乳瓶2,000本であったが，1976年には5,000本（1kl），1978年10,000本（約2kl），1982年には消費者グループから約1,000万円の資金カンパや融資を受けて工場を移転・拡大した。この工場は1日8klの処理能力をもち，移転当時の1日処理量は4〜5klに増加した（千田，1995: 日草88）。1981年には，木次町酪農生産組合を設立し，1988年には農事組合法人として乳製品の加工施設を建設した。

　パスチャライズ牛乳の開発・供給から約15年で，木次乳業の年間売上高は倍増した。1995年10月時点の資本金1,000万円，従業員45人，年商12億円であった。2004年の年間売上高は約15億円弱。1980年には6億円であったから，四半世紀で2.5倍になっている。従業員数は80名（系列グループを含む）。1990年から15年間で倍増した（大江，2006: 77）。

　2003年2月時点で木次乳業に出荷していた酪農農家は，38戸（木次町4戸〔ほかに日登牧場〕，吉田村3戸〔ほかに育成農家1戸〕，加茂町6戸，横田町13戸，大東町8戸[(12)]，宍道町2戸）となっている。2005年現在，木次乳業に出荷している酪農家は5町村の33戸で，奥出雲地域の酪農家35戸のほとんどを占めている（大江，2006: 78）。50頭を超える規模の飼養農家が数戸ほど含まれているが，大半は20頭前後を飼養する小規模な酪農農家であり，なかには，数頭飼いの酪農農家もある。これは，日本の酪農の平均飼養規模である80頭と比べて，格段に小規模である（ちなみに，北海道を除いた内地酪農の飼養規模は40頭くらいが多い）（図7-3）。

　木次乳業は契約農家の生乳のほぼすべてを指定生乳生産者団体であるJA全農島根県本部（旧島根経済連）から買い取っている。JAの生乳のクーラーステーションは木次乳業が委託されて管理しており，奥出雲地域から年間およそ6,500kl（1日約18kl）を集乳して処理している。契約農家の搾乳牛総数は800

第 7 章　酪農農家の共同体を拠点とする有機農業運動

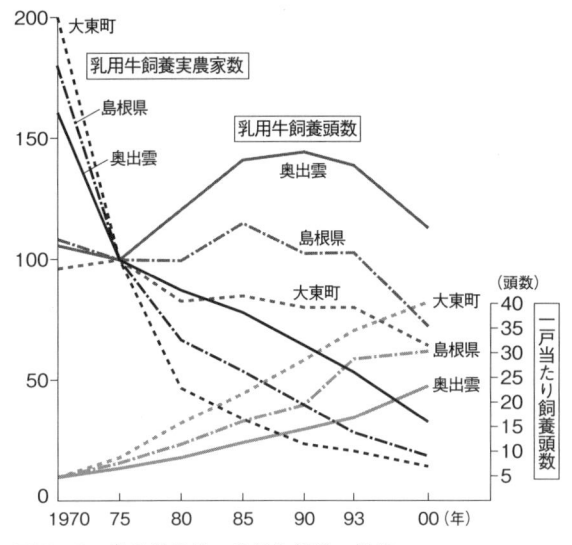

図 7−3　奥出雲地域の乳用牛飼養の推移
（注）奥出雲は横田町，吉田村，木次町，加茂町，宍道町の合計。
　　　実農家数，飼養頭数は 1975 年を 100 とした指数
（資料）世界農林業センサス，1993 年畜産統計
（出典）千田（1995）より作成

写真 7−6　奥出雲の産品
　左からパスチャライズ牛乳，ノンホモ牛乳，ナチュラルチーズ（以上木次乳業），出雲むらさき（井上醤油店）

写真 7−7　木次乳業のナチュラルチーズ
　出西窯（斐川町）の皿に盛りつけたチーズ 3 種

〜850頭位と推定されている(冬場に一部の生乳が京阪地域や広島の乳業会社に出荷されている)。

　木次乳業は品質と味を追求して,地域の産物としての新製品を次々と開発してきた。2005年現在,木次乳業の製品は,パスチャライズ牛乳等の牛乳,ヨーグルト等の発酵乳,チーズ(ナチュラルチーズ,カマンベール,ボロネーズなど5種類),生クリーム,乳蜜,アイスクリームなど,多岐にわたっている。全国的に酪農の計画生産が進み,奥出雲地域もその例外ではなく,乳用牛飼養戸数および飼養頭数ともに年々減少している状況にある。そのようななかで,木次乳業は酪農農家の生産意欲を減退させることなく,さらに良質な原乳を安定的に供給できる体制づくりに取り組み,奥出雲の酪農を支えてきたのである。

5.2　原点としての有畜複合経営・自給農業

　1980年代初めにおける木次有機農業研究会の酪農農家を対象にしたアンケート調査によると,濃厚飼料の給与はある程度避けられないとしても,まず「粗飼料の完全自給」をめざし,さらには,粗飼料の割合を高め,飼料の自給率向上に努めていた(濃厚飼料は澱粉やタンパク質が多いトウモロコシや大豆などの餌料,粗飼料は草または草から加工された餌料をさす)。飼養頭数も搾乳牛10数頭からせいぜい20頭を目標としていた。搾乳過程の機械化や濃厚飼料の多投による酪農の大規模化にむやみに走らない性向をもっており,「有畜複合経営による自給自足」を理想とする酪農農家が大勢であった(藤森,1983: 261, 263)。

　木次乳業の姿勢を理解して購入する消費者が増加するのにともなって,木次乳業では生産を拡大してきた。そのようななかでも,木次乳業はむやみに規模拡大に走ることがないよう,1987〜88年頃までは飼養規模を規制してきたので,20頭未満の酪農農家が主力となっている。その後も,上述の有機農業に取り組みはじめたときの原点に立ち返り,畜産が環境破壊や穀物依存の隘路に陥らないように,酪農農家や畜産農家に対して次のような対策を提示して継続的な実践をもとめている。

①できるだけ畜産物(特に肉食)の利用を控えた生活を送る。
②穀物依存型の畜産から,地域資源利用型へ移行するモデル作りを進める。

第 7 章　酪農農家の共同体を拠点とする有機農業運動

　山羊（佐藤）・黒豚（松島）・平地飼養鶏（田中・宇田川）・山地酪農（日登牧場）。
③畜産の先祖がえりを進める。(改良される前の粗食に耐え得る品種)
④今の"売らんかな"（大量・安価）の商品に代って，少しでも"まっとうなもの"（安全で質の良いもの）を供給する（パスチャライズ牛乳を酪農家・故大坂貞利兄とともに開発した際の「定住民族にあまり必要のない牛乳でもベストを尽くすべき」という原点は忘れまじきこと）。
⑤廃牛鶏の自給面での利用を図るため，屠場法の改正を進める。
（佐藤忠吉「われら人間　いまなにをなすべきか」『きすき次の村』Vol. 5, 1995 年 4 月 28 日)。

　また，木次乳業ではヘルパー要員を社員として確保し，酪農ヘルパー利用組合にヘルパーの派遣を行う[13]など，1 日も休むことのできない酪農農家を支援する体制整備も図っている。

5.3　有機農業運動の地域・行政への浸透

　木次町は，1966 年に「健康の町」を宣言し，「スポーツの振興や保健医療サービスの向上，地域コミュニティ活動の推進などを図り」，「心・体・社会」の健康づくりを進めてきた。1970 年代初めの木次有機農業研究会の設立に続いて，1975 年，町の農業委員会事務局を中心に「木次緑と健康を育てる会」が発足し，健康や環境問題への関心が高まった。1970 年代後半には，島根県内ではもっとも早く，松食い虫防除のための空中散布を中止した。また，1974 年から不燃物の分別収集・処理を行い，乾電池箱を町内商店におき乾電池を分別収集して北海道の処理工場に送るなど，廃棄物処理にあたっても環境への配慮がなされていた。
　だが，木次町の大半の農家はいわゆる近代農業を行っており，長い間，なかなかお互いの接点がなかった。1989 年に田中豊繁さんが木次町長に就任し，食の面からも健康を考えようと，「自然の生態系を生かし健全で生命力あふれる農産物を自給してともに健康を分かち合う農業」を目的に，1990 年に「きすき健康農業をすすめる会」を設立した。これは，町が仲立ちをして「健康農業」を提案し，完全無農薬は困難であるが徐々に地域全体を健康によい農業に

誘導していく方針を打ち出したものである。さらに，健康をキーワードとする農業を生産者と消費者で推進するため，1993年から特別栽培米（減農薬栽培など，特別な栽培方法で生産した米，「おろち米」）の生産に取り組んだ。

　こうした町の健康農業・有機農業支援政策のもと，1993年秋から産直市に出荷していたグループに呼びかけ，学校給食への有機・減農薬栽培野菜の供給が始まった。「次代を担う子供たちに地元でとれた新鮮で，安全な野菜を食べさせたい。野菜を食べることにより農業に関心をもってほしい」という，いま各地に拡がっている「食育教育」の先駆けである。翌年に「木次町学校給食野菜生産グループ」が結成され，会員58名，9グループでスタートした。学校給食センターへの供給のほか，保育所などの福祉施設や2ヵ所の青空市場（朝市）への供給拡大も図られた。1995年には，きすき有機センター（堆肥センター）が完成した。1999年度には，町内の学校給食の野菜の53％（37品目，9t）を供給するまでになった（木次町・木次町教育委員会資料）[14]。

　2005年現在，学校給食の野菜は全体の64％（40品目程度），米と牛乳はすべて地場産である。生産グループに割り振って，当番の生産者が学校給食センターにもっていく。センターといっても給食数は1日1,100食程度（幼稚園も含む）なので，都市部の学校でいえば1，2校の規模である（大江，2006）。

6　有機農業に取り組む事業体

6.1　健康農業の里・シンボル農園「食の杜」の開設

　1999年，木次町における有機農業・健康農業推進の拠点として寺領地区宇山に「健康農業の里・シンボル農園」が開設された。

　ここは養蚕がまだ盛んだった1960年に地元の農家が桑園として養蚕組合に売った土地であるが，養蚕が衰退して荒れはじめ，一時産業廃棄物の捨て場にされてしまった。「大事な土地を出したのに百姓としての失望感がありますがね」と，後述する室山農園代表の田中利男さんは語っている[15]。そして，「町がきちんとしないといけんがな」「百姓の意志を活かすには農場にするがいいじゃないか」などの意見が出された。そこで，農協合併にともなう資産整理の際に木次町が土地を買い上げ，1億1,000万円をかけて道路や耕地を造成・整備した（農地4.8ha，全体面積約6.7ha）。

第7章　酪農農家の共同体を拠点とする有機農業運動

　その一方で，町は田中さんの「茗荷村」[16]の発想にのり，1995年度から「農薬，化学肥料に頼らない自然の生態系を生かした有機無農薬，有機減農薬農業に積極的に取り組む」入植者を公募した（"健康農業の里"シンボル農園入園者・募集要項）。入植者への売却は，1998年度中に行われた。田中さんを代表とする「室山農園」が，仮配分により1998年6月から利用を開始した。これが「健康農業の里・シンボル農園」の始まりである。

　2005年現在，シンボル農園には，室山農園のほか，奥出雲葡萄園（加工用ブドウの栽培，ワイナリーと総合交流促進施設の建設），大石葡萄園，豆腐工房しろうさぎ，杜のパン屋，風土プラン（宅配ネットワーク）という6つのグループが入植し，「理想の農場作り」に向けて活動している。もともとは交流施設を「食の杜(もり)」と呼んでいたが，いまではシンボル農園全体の呼称として使われている。

　町はまた，食の杜を，宿泊して畑で野菜の苗植えや芋掘りなどを体験し，新鮮で安全な農産物を味わえる都市住民との交流の場として，「健康」と「健康農業」を中心とした特色ある「木次町グリーン・ツーリズム」を打ちだしていきたいと考えている。

6.2　食の杜を構成する事業体

　木次町のシンボル農園「食の杜」は上記の6つの事業体（企業）によって構成されている。いずれも木次有機農業研究会の運動と深いかかわりをもって始まった活動や事業である（以下断りのない限り2001年現在のデータである）。

(1) 室山農園と杜のパン屋

　室山農園は，佐藤忠吉さんと田中利男さんの発案で，農業者だけでなく医師，大学教授，福祉関係者，乳業関係者など，15人の出資者を得て，土地を買い取った（農用地の売り渡し価格は，10a当たり平均100万円）。町内の尾原ダムの建設にともない水没する茅葺き民家（築後約130年）を最初に移築し，続いて瓦葺き民家を移築した。この2棟の民家は研修交流・宿泊施設で，囲炉裏を囲んで，「なつかしい食事，ほっとする不思議なひととき」を味わえる場となっている。

　1.5haの畑で栽培した無農薬・有機栽培の農産物を販売し，農業体験や就農

写真7-8　室山農園，奥出雲葡萄園ワイナリー，総合交流促進施設（2001年3月6日）

写真7-9　食の杜に移築された茅葺きの家（同左）

希望者も受け入れている。出資者を中心とした定例会議や共同作業で運営しているが，それぞれ本業の傍らの作業なので，専業者の確保が当面の課題となっている（山崎，2000e）。

　佐藤さんの話によると，田中夫妻は故大坂貞利さんと同信の無教会派のクリスチャンで，あるとき「茗荷村」の存在を知り，「夢の茗荷村をぜひこの地にも」との願いをもったのだという。田中夫妻は，この室山農園が，「安全・健康な農業の拠点，障害者の働ける場，都市生活者が農業を知り，体験できるシンボル農園」となることをめざしているのである。田中夫妻は，故加藤歓一郎とともに中学生時代に「赤土の丘」を開拓した経験があったからこそ，こういうことを思いついたり，非常に困難ではあるが，加藤の「10年頑張れば方向・目途も定まってくる」との教えに希望をつないで働くことができると，語っている（山崎，2000e）。

　この室山農園のメンバーの1人である雨川直人さん（1957年生まれ）は，2004年にパン工房「杜のパン屋」を開業した。雨川さんは，木次に隣接する吉田村の出身で，島根大学を卒業後，木次乳業でヨーグルト・チーズ製造に13年間従事した。その後，2ヵ所でパンづくりの修行をした。その頃，室山農園での雑談で，食の杜に「パン屋があったらいいよね」という話がでて，心が動いたという。

　47歳の遅い新スタートであったが，翌年には当初めざしていた1日の売り上げ3万円を軽くクリアして，5万円弱。材料は国産小麦100％。「順調すぎるくらい順調」，「きちんとした材料を使って，基本に忠実に，手間を惜しまない。この3つを忠実に守れば，そこそこのものはできます。そうした考え方を木次

第7章　酪農農家の共同体を拠点とする有機農業運動

写真7-10　奥出雲葡萄園ワイナリーの樽貯蔵室（2001年3月6日）

写真7-11　食の杜を訪れた子どもたち（同左）

乳業の業務と，人との付き合いで学びました」という（大江，2006: 82）。木次乳業や室山農園が紡ぎだした人のつながりのなかから，またひとつ，新しい工房が食の杜に誕生したのである。

(2) 奥出雲葡萄園

奥出雲葡萄園のワイナリー（工場・樽貯蔵室）と，試飲室，レストラン，展示室，体験学習室などからなる総合交流促進施設が，御室山を背にした丘の一角に建っている。有限会社奥出雲葡萄園は，農家4戸，酒販売店等が出資して1990年に設立し，ワインの製造・販売免許を取るため，試験醸造に取り組んだ。ワイン工場は木次駅から山越えした元の養蚕飼育場跡にあったが，1999年シンボル農園「食の杜」開設にともなって移転し，奥出雲葡萄園のワイナリーとなった。ここでは加工用ブドウの栽培，ワイン・ブドウジュースの製造・販売を行っている。奥出雲葡萄園のワインは，シンボル農園にある加工用ブドウ園（2ha）や木次町内で栽培した醸造専用品種や山ブドウ交配品種を原料としている。ワイン製造本数は年間2万本という「日本一小さいワイナリー」である。

レストランでは，ワインやブドウジュースはもちろん，日登牧場のブラウンスイス種の牛肉や室山農園の野菜のバーベキュー，木次乳業のチーズなど，地場産の食材を味わうことができる。レストランでは，百姓の窯として知られている斐伊川河口近くの出西窯（斐川町）の陶器を使用している。出西窯は，日本の民藝運動の創始者・柳宗悦の思想を受け継ぎ，河井寛次郎から浜田庄司，バーナード・リーチに至る陶芸家の流れを汲んでいる。洗練された民芸食器は，

チーズやヨーグルト，ポトフ，ラザニア，サラダなどの料理を一段と引き立てている。斐伊川流域圏に根ざした新しい生活文化が育まれつつあるようだ。

木次町におけるワインづくりのきっかけは，1980年代前半から木次有機農業研究会の有志による無農薬ブドウ栽培が始まったことにある。山土を入れて造園し，無農薬，無袋，アンブレラ仕立てのブドウ栽培への挑戦である。水道水や河川水の使用を避け，井戸水を使って灌水を行った。1986年には木次乳業や地元の農家が山ブドウとの交配種（ホワイトペガールやブラックペガールなどのワイン用品種）を植栽した。業界で主流のヨーロッパ系ブドウは病気が出やすく，農薬を多用しなければならないが，この品種は病気に強く栽培しやすいからである。

ワインの試験醸造に取り組んだのは，安部紀夫さんである。安部さんは，島根大学農学部卒業後，鳥取県の食品会社を2年半で辞めて木次乳業に入社した。東京の国税庁の研修施設で1年，山梨県のメーカーで半年，ワインづくりを一から学んだ。「ブドウ農家が『おいしいワインに』の思いを込めて大切にブドウを育て，そのやさしさを感じながら作り手がワインに醸していく。そんな関係を大切にし，人々に伝えたい」（『毎日新聞』1995年11月20日）。こうした農家と醸造者の思いを込めて，奥出雲葡萄園はワインづくりに励んでいる。そして1992年にワインの製造・販売免許を取得した。

原料となるブドウは，雨よけをして，化学肥料を使わずに堆肥で栽培しているが，最小限の農薬（石灰硫黄合剤とボルドー液）は使用している。ブドウが割れたりつぶれたりすると，そこから細菌が繁殖して，ワインの味を落とすからである。佐藤忠吉さんが「ブドウでは少なくとも5年は遊んだ」と語っているが，果樹の完全無農薬栽培は至難の技である。

(3) 大石葡萄園，豆腐工房しろうさぎ

木次乳業の社員として会社の畑でブドウを栽培していた大石訓司さん（1958年生まれ）は，1998年に食の杜の一角に移り，大石葡萄園を経営している。70aに約150本の生食用ブドウ（ブラックオリンピア）を植栽し，有機栽培している。雨よけハウスで，枝が重ならないように剪定しこまめに病気の葉をとるといった方法で，農薬の使用を最小限にとどめている。3年目の2000年からようやく本格的に収穫できるようになり，100人以上の人たちがブドウ狩りに来たという。ハウスの設備投資に費用がかさみ，赤字で貯金を取りくずして

第7章　酪農農家の共同体を拠点とする有機農業運動

いる状態だが,「毎日畑のブドウたちに声をかけながら,風を感じ」,「空や雲を眺めながら,地球の声に耳をかたむけ,ブドウの樹を育ててい」る。

　大石さんは,静岡県出身で,島根大学理学部に学び,松江市で会社員を3年経験した後,この地が気に入り30歳で木次乳業に入社した。最初は配送部門だったが,前述のように,やがてブドウの栽培を担当するようになった。まったくの素人だったので,ブドウ愛好会というグループの人たちに教えてもらいながら,手探りで技術を身につけていった。学生時代から大坂貞利さんのところで農業を学び,農業をやりたくて木次乳業に入社したという大石さん。いま,大石葡萄園の経営者となり,自然と対話し,学生時代からのテーマである「生態系と生活のバランス」を探りながらブドウ栽培をしている。

　奥出雲葡萄園のワイナリーの隣に小さな工房が建っている。ここが,2000年春に開業した有限会社豆腐工房しろうさぎである（会社の設立は,1999年）。経営者は島根県羽須美村出身の三上忠幸さん（1962年生まれ）。地大豆を中心とした国産大豆と高知県の生命と塩の会のにがりを素材にして豆腐づくりをしている。販売は,引き売りが中心である。

　三上さんは,中国山地の山あいで有機農業をめざしていたが,「農家の自立」という問題を自らの生産物を加工・販売することで「克服」したいと思い立ち,自然食品系総合商社ムソーや埼玉県の豆腐店で豆腐づくりを学んだ。1993年から出身地である島根県羽須美村で豆腐づくりを始めた。木次町健康農業の里・入植者に応募し,縁あって「食の杜」で豆腐工房を開くことになったのである。

　木次町には,有機農業・地域自給の運動や佐藤さんたちの志に共感した人たちが全国から集まってきているが,大石葡萄園と豆腐工房しろうさぎの経営者もそうした町外出身者なのである。

(4) 風土プラン

　株式会社風土プランは,木次乳業や井上醤油店（仁多町）など,出雲地域で伝統的な食品製造・加工業者等が出資して,1991年に設立した（資本金1,000万円）。名前の由来は,風土とフード（食べ物）の掛け言葉。健康や安全,品質,味へのこだわりから,本来の食べ物づくりに立ち返って生産・加工し「健全な環から"生命力あふれる食べもの"を供給するとともに,農村や企業の在り方を探りつつ,地域社会の再生」（「風土プラン～商品リスト～」より）をめ

ざす，ネットワーク型組織である。

　風土プランの代表は，後述する井上醤油店の社長井上裕義さんで，ネットワーク参加メンバーは10社（井上醤油店，木次乳業，影山製油所，西製茶所，桃翠園，出雲たかはし，スモークハウス白南風，青山商店，山陰建設工業，リンケージ）である。食品製造企業が中心だが，なかには，有機質肥料や発酵資材の製造会社（山陰建設工業）や有機農産物等の流通企業（リンケージ）も含まれている。風土プランの事務所と集配施設は元の奥出雲葡萄園ワイン工場の隣にあったが，シンボル農園「食の杜」の開設にともなって，1999年に配送センターと倉庫を食の杜の一角に移転した。

　風土プランは，もともと出雲地域で「点」として製造・販売していた食品加工業者などが，商品開発，流通開発・仲介，技術開発・交流，卸売などについて情報交換し合う「サロン的な場」として出発した。そして，参加メンバーの製品や出雲地域の有機農産物を全国の消費者向けに宅配するサービスと自然食品店などへの卸売を始めたのである。

　これまでに風土プランが独自に商品開発をした食べ物に，「風土プラン生ラーメン」や「ちいずくらっかー」，「ぶらうんらいす茶」，「焼き肉のたれ」，「どらやき」などがある。これらは流通業界でいうところの「プライベートブランド」であるが，風土プランは大手の食品流通企業や生協が開発したものとは違い，地産地消や安全性，原材料や作り方に徹底的にこだわったものばかりである。「顔のみえる関係が失われ，食べ物が商品化される傾向に歯止めをかけないといけない」（『毎日新聞』1995年11月25日朝刊）という考えから出発しているのである。

　たとえば，「風土プラン生ラーメン」は「自然農法産小麦粉を原料に，食塩を加えない麺は，防腐剤を使用しないために，原料粉ミキサーを真空化し，低温でゆっくり除湿しながら長時間乾燥させたもの」であり「ちいずくらっかー」は「木次乳業のチーズをたっぷり生地に練り込んだ昔懐かしい素朴なクラッカー」，「ぶらうんらいす茶」は「横田の佐藤さんの玄米を20時間じっくり焙煎したお茶」，「焼き肉のたれ」は「吉田村の契約栽培野菜を井上醤油店の醤油に混ぜたさっぱりしたたれ」，「どらやき」は「地元産の小豆を使い，できるだけ甘味をおさえたどらやき」といった具合である。

　入手した商品リスト（2001年3月現在）によると，風土プランが取り扱っている商品は，風土プランの開発商品からネットワーク参加企業，県内外の契約

第7章　酪農農家の共同体を拠点とする有機農業運動

農家，加工業者のものまでを含めると，約150品目にのぼる。その内訳は，風土プランが独自に開発した商品26品目，青山商店の燻製品5品目，出雲たかはしの麺類8品目，井上醤油店の醤油や味噌など17品目，影山製油所の油4品目，木次乳業の牛乳・乳製品17品目，スモークハウス白南風の燻製9品目，桃翠園の珈琲ほか3品目，西製茶所緑茶ほか8品目，県内産（コロコロの舎の卵油や玉子スープ，マザーシップの米やトマトピューレ，マルベリー工房のパン，吉田村の干椎茸や黒豚など）18品目，県外産（北海道の小麦粉，沖縄の黒糖など）36品目となっている。

　以上のような商品は，全国の消費者グループや自然食品店，スーパー，個人消費者へ直販されており，年商約6,000～7,000万円である。個人消費者（「DANDAN倶楽部」）は，県内よりも遠隔地のほうが多い。季節の野菜を主体とした宅配が2週間に1回で，3,000円コース（野菜10品目程度）と5,000円コース（3,000円コース＋牛乳や有精卵，加工品）がある。個人宅配は送料込みの全国一律価格で，採算が合わないこともあって取扱いは少ない。むやみに規模を拡大しないで「顔の見える関係」を大切に考えてやっている。

　このように風土プランは，地域自給ネットワークの要としての機能を果たしている。食の杜の事業が実績をもつようになり，斐伊川流域圏のネットワークが広がるにつれて，風土プランへの期待は今後も高まることが予想される。出雲地域における原材料の生産と加工を担う次世代のネットワークが「線」から「面」に向かうとき，中核となる産直流通センターとしての機能をもつ組織が重要になってくるからである[17]。

6.3　斐伊川流域に簇生する事業体

　風土プラン設立時の核となった10社の参加企業のなかには，伝統的な製法にこだわり続け，その良さが再認識されるようになった食品製造・加工事業体（企業）がかなりある。他方，先にみた食の杜を構成する事業体のほかにも，斐伊川流域には，地域自給や健康・安全にこだわり有機農業や本来の食べ物づくりに取り組む生産者や企業・事業体，流通組織が，続々と現れてきている。
　ここでは，そのなかからいくつかを取り上げて，それらの小さな事業体がどのように発生し，地域自給のネットワークをどのように形成しているのか，みていきたい（以下断りのない限り2001年現在のデータである）。

(1) 影山製油所

　出雲市の影山製油所は，風土プランの参加企業のひとつである。影山サダ子さんが1952年に創業して以来，昔ながらの「圧搾法」[18]で油搾りを続けている。分家した新所帯で田畑もなく，2男3女の子育ての生計をたてていくために，「油とお豆腐でも作ろうと思って……」始めたという。サダ子さんは，夏は油搾り，冬は豆腐づくり，店での販売，そして5人の子育てと，4足のわらじをはいて半世紀を走り続けてきた。

　出雲地域では自給自足生活がまだ続いていた1950年代，地元の農家から委託されたナタネを搾る「油屋」は，出雲市神門地区だけで5軒を数えたという。機械化とともに稲の単作化が進み，手間のかかるナタネ栽培はすたれ，油屋も姿を消していった（『毎日新聞』1995年11月25日）。その頃，関西で有機農業生産者と提携を始めた消費者が，まさに「手弁当」で「まともな食べもの」を探していた。そこで出会った人たち[19]と付き合いが始まり，「何より安全で料理がおいしい」という高い評価を得て，昔ながらの製法を続けてきた。1980年に火事で家屋兼工場が全焼したが，全国の消費者からの支援で，現在の工場を1991年に再建することができた。「財産はないけど，消費者という無形の財産がある」と，サダ子さんは思っている。

　木次乳業の佐藤忠吉さんは，一時，出雲に戻って油搾りをしていたサダ子さんの次男との縁で，影山製油所と出会った。1970年代後半，佐藤さんは，影山製油所と付き合いのある消費者に低温殺菌牛乳を知ってもらおうと，油と一緒に関西の消費者グループに届けた。やがて，「木次パスチャライズ牛乳」は，東京や大阪で消費者の支持を広げていったのである。また，1980年の火災のときに，木次乳業が総出で火事の後片づけを手伝ってくれた。「有機農業の世界の助け合いは，本当に有り難く，忘れられない」と，サダ子さんは語っていた。

(2) 井上醤油店

　仁多町下阿井にある井上醤油店は，農家の副業として江戸時代から行われてきた醤油や味噌づくりの伝統を引き継いでいる。江戸時代から続く醤油業の4代目の当主で社長の井上裕義さんは，風土プランの代表でもある。仁多町は，木次町よりもさらに中国山地の奥にある中山間部で，昔から仁多米や仁多牛の産地として知られている。

第7章　酪農農家の共同体を拠点とする有機農業運動

　下阿井の集落では，1960年代初めまで，ほとんどの家で醤油や味噌を作っていた。いまも味噌を作る家はあるが，醤油は仁多町内でも数軒になった。井上さんは，「昔の醤油屋や酒屋は製品を作るというより発酵屋だ。売れ残った大豆や小麦を醤油にしてあげる。余剰農産物の貯金みたいなものだ」という。いまも，近所の農家や近県の消費者団体から有機栽培の原料を預かり，醤油や味噌にして返す委託醸造を基本にしている[20]。蔵で自然発酵させる醸造には，2～3年かかる。そのため，井上醤油店の醤油の価格は大手メーカーより割高だが，消費者には評判がよい。

　下阿井の集落の一角に，井上醤油店の事務所と木造平屋の発酵蔵がある。電気もなく明かり窓だけの蔵には，麹と食塩水を合わせたもろみがいっぱいに入った直径2mの杉の大樽が4つ並んでいる。樽の外側も蔵の梁も柱も天井も木壁も，麹かびが分厚くこびりついている。蔵は静寂で，張りつめた空気が充満していた。ほんの少しの刺激でも加わると壊れてしまいそうな気配がした。

　「140年かかって作ってきた環境をいらわん（いじらない）ように，自然に保っているんです。ある一定以上の菌密度があると悪い菌が働かないんです。この麹かびを外に出すと，すぐ赤かび，青かびがはえてきます。菌密度が低いと『発酵にヒネが入る』というんですが，酸っぱい味などが出るんです。

　壁にベニア板が貼ってあるでしょう。下阿井の集落で醤油業を廃業するので，後を引き受けてほしいと頼まれたので，あのベニア板にここの菌を繁殖させて，ここの発酵蔵に運んで，菌密度をここの水準に近づけようとしています。（中略）

　ここの麹かびスプーン1杯に，微生物は1億2,000万もいるんです。このバランスのとれた菌密度の高い環境にゆだねてできた醤油には，血液のバランスをとる活性効果があるんです，古式醸造の再興を決意したのも，梅醤番茶を原爆症の治療に使われてきた方からの依頼があったからです。（中略）

　醤油で気づいたことは，自然界はピラミッド型の構造で，微生物群が底辺を支えている。底が狭く，低ければ，その上にある植物，動物，人間は相似形に減っていきます。微生物群のバランスを保ち，数を広げ豊かにすることが，健全な自然界を復元するカギです。

　醤油で気づいたことを土でやってみたら，一緒でした。トマトの青枯れ病

が出たら，2，3日で蔓延して全滅です。今は，抜いて土壌消毒して，ますます微生物のバランスを崩しているのが普通ですが，病気が出た時点で，抜かずに完熟堆肥と菌密度の高いボカシを追肥して土中の菌密度を高めたら広がらなかったですけん。

　人間が安全なものを食うレベルの話でなく，過度の消毒と化学肥料で土から過度の収奪をする人間の物の考え方を変え，微生物界をふくむ自然と親しくならないと。そのための技術は農業のなかにあるとおもいますよ」(山崎，2001a)。

　まさに，人間が生存のために営んできた農業の技術も，醤油づくりも，自然と折り合って初めて成り立つということである。だから，生命力の高い食べ物を作ろうとするならば，経済性と効率が最優先のいまの産業社会からドロップアウトするしかない。井上さんは，自然発酵で醸造しても大手メーカーのものと同じだったらやめようと思っていたが，まったく別物であることがわかってしまった。それがわかるまでに10年くらいかかったが，いまの社会から「ドロップアウトして生き抜くには，その土地と共生する，根を張るのが一番大事だと気づいた」。

　そこで井上さんは，有機栽培で大豆や小麦を作ってくれるよう，地元の農家（仁多町，横田町，木次町，吉田村）を説いて回った。しかし，農薬や化学肥料を使っていた畑の土地を，微生物が生きていた元の状態に戻すには5年以上かかるため，有機栽培農家を増やすのは簡単ではない。井上さん自身も自分の田畑で有機農業の栽培実験をしつつ，周辺の農家への働きかけを続けている。また，仁多米を使った仁多杵つき丸餅や，仁多かぶ（山の傾斜地を利用した焼畑農法で栽培されたもの），仁多産の大根や梅，地元の塩蔵したナスやキュウリを使った加工品を，井上醤油店，あるいは風土プランや木次乳業の産直ネットワークにのせたり，自然食品店や生協などに卸している。

　さらに，井上さんは次に述べる横田町の佐藤順一さんとも，原材料の購入や有機農業による栽培技術の研究などの面で，連携を強めている。こうして，井上さんは，井上醤油店が自然醸造の醤油で開拓した流通ルートを使って，奥出雲町など周辺地域の農産物や加工品を販売し，地域に根を張っていこうとしているのである。

第7章　酪農農家の共同体を拠点とする有機農業運動

写真7-12　井上裕義さん
　　　　　醤油発酵蔵で（2001年3月6日）

写真7-13　田中利男さん（右から2人目）
　　　　　平飼い養鶏の見学者に説明
　　　　　（2000年2月6日）

(3) 安好会とマザーシップ

　仁多町の隣の横田町稲原の佐藤順一さんは，1980年代半ばから有機農業に取り組んでいる。順一さんの経営は，水田90a，トマトのハウス栽培20a，畑30aの専業農家である。稲作はもちろん，ハウス栽培のトマトも，堆肥とボカシ(21)を投入して連作障害を回避して，無農薬有機栽培を続けている。トマトは生食用のほか，煮詰めてトマトピューレに加工している。トマトやトマトピューレは，ほとんど後述のまいにち生協に出荷しているが，風土プランでも取り扱っている。また稲作は，横田町内の農家25軒で「安好会」というグループをつくって，2000年現在約10ha（コシヒカリ6.5ha，酒米3.5ha）で有機農業に取り組んでいる。除草対策として再生紙の紙マルチを敷き，10a当たり400～500kg（水分30～35％）の自家製堆肥とボカシ140～180kgを投入している。販路は，JA雲南の特別栽培米ルートを確保しており，提携販売先は個人会員のほか，井上醤油店，まいにち生協，風土プラン，大阪の米卸業者などである。

　順一さんは，1995年5月に，有限会社農業生産法人マザーシップを設立した。マザーシップとは，"母船"という意味である。マザーシップの事業は，安好会の会員が使う堆肥やボカシの生産・販売，紙マルチと田植えが同時にできる乗用田植機2台（5条植えと6条植え）を使用した24軒8haの田植え，米やトマト，スイカなどの生産・販売などである。

(4) コロコロの舎

　有限会社コロコロの舎（「コロコロ」は出雲地方の方言で鶏をさす）は，木

191

次有機農業研究会の平飼い養鶏農家（田中利男さん，宇田川光好さん）らが出資し，1994年に設立された。平飼い有精卵を使用した卵油や玉子スープ，ふりかけなどの加工場である。平飼い有精卵は，木次乳業のプリンやアイスクリーム（黄味）にも使われているが，生産調整のために卵油などに加工して販売している。卵油は卵の黄味だけを使って黒くなるまで煎って出た油をゼラチンで覆って錠剤にしたもの。心臓病や血圧の安定，コレステロール値の低下に効果があるといわれる健康補助食品である。

(5) "桑友"・マルベリー工房

社会福祉法人"桑友"・マルベリー工房は，ハンディキャップをもった人たちの共同作業所であり，設立には木次乳業の支援があった。「マルベリー」は，英語で「桑の木」のことである。広島の原爆投下後一番先に芽吹いたのが桑の木であったと聞き，病気になっても，回復してほしいとの思いを込めて名づけたという。木次乳業の佐藤忠吉さんの勧めで，天然酵母と国産小麦を使った無添加のパンづくりに挑戦し試作を繰り返した末，ようやく消費者のニーズに応えることができるようになった。マルベリー工房ではパンやクッキー，フルーツケーキなどを製造しているが，おもな提携販売先は，風土プランやまいにち生協，県民生協クローヴァ（鳥取県）である。

(6) まいにち生協

島根県のまいにち生協は，島根県産の安全で安心な生産物にこだわる「共同購入型生協」として，共同購入事業と自動車整備事業を展開している。

まいにち生協の前身である中部生協は，1956年に島根県のある労働組合の購買事業からスタートした。当時は店舗販売と自動車整備事業部門があったが，地域にねざした生協としての特色をうちだすために県内の生産者との結びつきを強め，1988年から共同購入方式を導入した。共同購入事業を立ち上げてみると，木次乳業や井上醬油店，影山製油所など，「安全・健康・おいしさ」にこだわる生産者や製造業者が近くにいることがわかった。日本生協連のco-op商品を併用していた時期もあったが，しだいに県外流通から地元である県内流通が主体になっていった。さらに，九州のグリーンコープ（西日本を中心に事業展開している生協）との連携や，鳥取県の県民生協クローヴァ（1990年設立）との事業連帯（1996年商品の共同企画・仕入れ，物流の改善，コスト軽

第 7 章　酪農農家の共同体を拠点とする有機農業運動

減）を直して，共同購入事業を展開してきた。

　1998 年 1 月から事業エリアを松江・出雲に限定し，事業システムを見直して店舗を閉鎖した。これを契機に，名称も中部生協からまいにち生協に変更した。1988 年当時，約 2,000 人であった共同購入事業の組合員は，2001 年 3 月現在，約 3 倍の 6,000 人（実利用は約 4,000 人）に増えた。自動車整備事業部門の組合員を合わせると 9,000 人弱である。

　まいにち生協では，日常の共同購入活動のほか，産地見学や援農，料理講習会，学習会，リサイクル，子育てサークルなど，組合員の活動は活発である。また，自然と環境を守るために「せっけんの普及」にも力を入れている。

　極言すれば，まいにち生協の事業活動は，奥出雲地域における 30 年にわたる有機農業運動とその周辺地域に紡ぎ出された食と農のネットワーク（〈提携〉のネットワーキング）の上に成り立っているといえよう。まいにち生協は，生産者・メーカーと組合員との「顔の見える関係」を大切にし，「安全」「健康」「環境」を 3 本柱にして，島根県，ひいては日本の農業を守ることを共同購入事業の基本姿勢としている。今後も提携のネットワークと呼応・交錯して斐伊川流域の自給圏形成の一翼を担っていくであろう。

　なお，まいにち生協と県民生協クローヴァは，2002 年 6 月より，かねてから連携してきたグリーンコープ連合に加入し，グリーンシステムに合流して商品の取り扱いを開始した。まいにち生協は，地元の中国地方の産品を取り扱うことを基本方針にしていたが，グリーンコープという大きな組織のなかで地元の生産者との関係をどのように位置づけていくことになるのであろうか。

7　「品位ある静かな簡素社会」に向けて
　　――斐伊川流域における生命共同体・親密圏の形成

7.1　酪農農家の共同体

　佐藤忠吉さんたちが 1950 年代の初めにいち早く木次町で酪農を始めてから半世紀になる。大坂貞利さんと 2 人 3 脚で取り組んだ有機農業運動は，次第に木次町内に浸透していった。長年の運動の蓄積が，1999 年には，有機農業と地域自給のシンボル「食の杜」の開設となって結実した。この間，佐藤さんは 21 世紀に向けて農，商，工が力を合わせて自立した地域を創っていくことを

夢見て実践を重ねてきた。次の文章には，それが端的に表現されている。

「食料は本来，自分や家族が健康に生きるために，作りたいと思ったのが原点。それがもうけのためにと思う時，他人の思惑が気になる。今は食糧でなく，商品としての〈食品〉になっている。

流通の範囲が広がるにつれ，生産者と消費者の結びつきは薄れ，顔が見えなくなる。しかし，われわれの運動は，農民の主体性を損なうことなく，消費者と付き合う関係を創り上げてきた。考え方が一致しない消費者団体とは，提携しない。

この地域の住民が消費するすべての食料を生産する「地域自給」をめざしている。地域の農，商，工が力を合わせれば，医療，教育も含めて可能になるだろう。将来は，ブラウンスイス種からは，健康な赤肉や良質のチーズが生まれワイン用のブドウも無農薬で栽培する。水田にはレンゲをまいて無農薬の不耕起栽培を進め，子供たちのために農村の原風景を復活させる。そんなシナリオを描いている」(『中国新聞』1994年3月21日)。

木次町周辺を中心とする斐伊川流域において地域自給圏のネットワークが形成されつつあり，佐藤さんが長い間思い描いてきたシナリオが目に見える形となって動きはじめている。

佐藤さんは，木次乳業を「酪農農家の共同体」という。木次乳業は法的な問題があって，仕方なく有限会社の形態をとっているが，いわば「百姓の台所の仕事」を担ってきた。木次乳業を創業した3人には，牛乳を生産・販売して初めて本当の農民だという思いがあった。素材生産だけだったら，都市や加工業者の奴隷にすぎないから自分ですべてをやろうという思いがお互いにあった。つまり，「加工流通を都市資本に奪われたために，農民は一番甘いところを吸われて，一番難儀な食材生産だけ，いわゆる流通業・加工業の小作人，奴隷に成り下がっていた」のだと，佐藤さんは言う。だから，木次乳業の創立にはどうしても生産・加工・販売までの過程すべてを自分たちでやっていこうという思いが，込められていたのである。

したがって，工場建設や加工技術の開発，加工・販売は木次乳業が引き受けるが，土地や建物などはすべてこの地域の酪農農家が経営するという形態になっている。そして，「生産・加工，消費者の口まで届ける過程のすべてに責任

第7章　酪農農家の共同体を拠点とする有機農業運動

図7-4　木次乳業から広がる地域自給のネットワーク

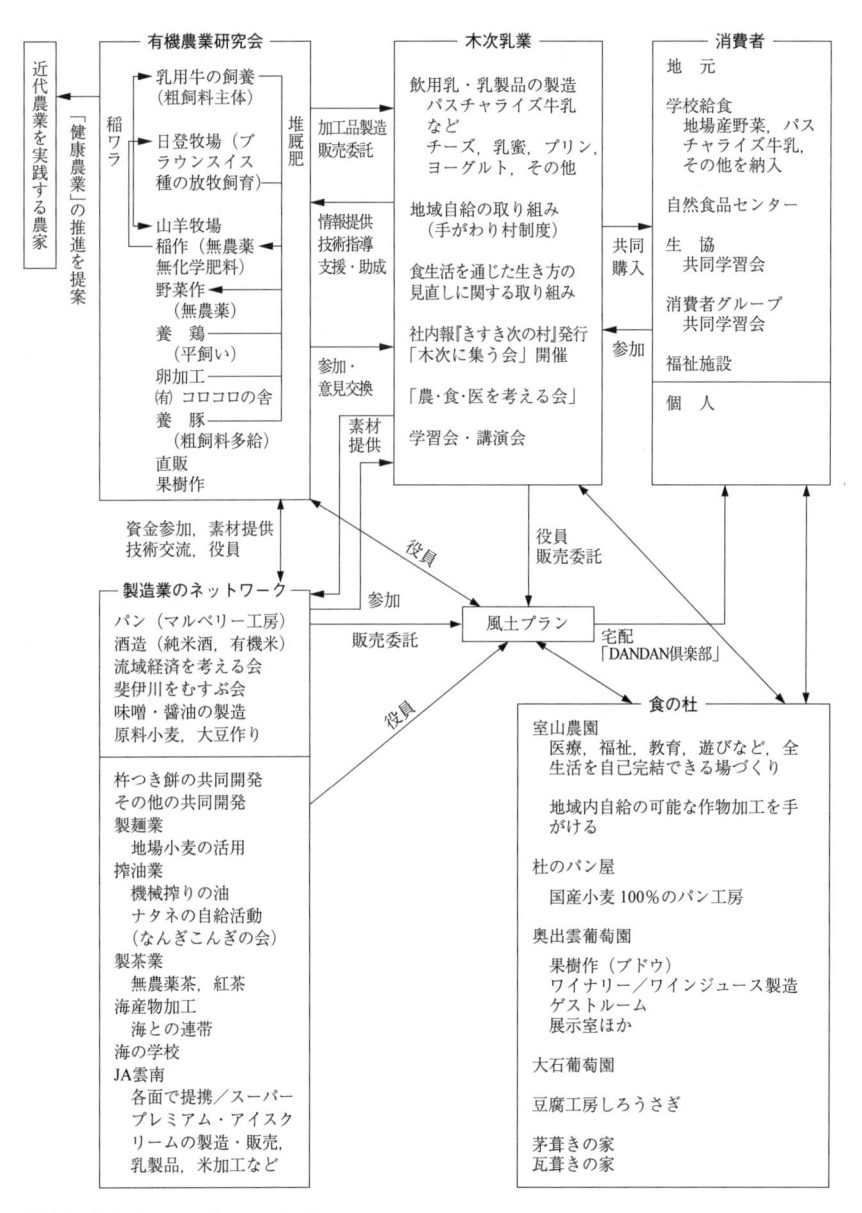

有機農業研究会
- 乳用牛の飼養（粗飼料主体）
- 日登牧場（ブラウンスイス種の放牧飼育）
- 山羊牧場
- 稲作（無農薬・無化学肥料）
- 野菜作（無農薬）
- 養鶏（平飼い）
- 卵加工　(有)コロコロの舎
- 養豚（粗飼料多給）
- 直販
- 果樹作

近代農業を実践する農家 ←「健康農業」の推進を提案

稲ワラ／堆厩肥

加工品製造　販売委託
情報提供　技術指導　支援・助成
参加・意見交換
素材提供

木次乳業
- 飲用乳・乳製品の製造　パスチャライズ牛乳　など　チーズ，乳蜜，プリン，ヨーグルト，その他
- 地域自給の取り組み（手がわり村制度）
- 食生活を通じた生き方の見直しに関する取り組み
- 社内報『きすき次の村』発行　「木次に集う会」開催
- 「農・食・医を考える会」
- 学習会・講演会

共同購入／参加

消費者
- 地　元
- 学校給食　地場産野菜，パスチャライズ牛乳，その他を納入
- 自然食品センター
- 生　協　共同学習会
- 消費者グループ　共同学習会
- 福祉施設
- 個　人

資金参加，素材提供　技術交流，役員
参加　販売委託
役員　役員　販売委託
宅配「DANDAN倶楽部」

製造業のネットワーク
- パン（マルベリー工房）
- 酒造（純米酒，有機米）
- 流域経済を考える会
- 斐伊川をむすぶ会
- 味噌・醤油の製造
- 原料小麦，大豆作り
- 杵つき餅の共同開発
- その他の共同開発
- 製麺業　地場小麦の活用
- 搾油業　機械搾りの油　ナタネの自給活動（なんぎこんぎの会）
- 製茶業　無農薬茶，紅茶
- 海産物加工　海との連帯
- 海の学校
- JA雲南　各面で提携／スーパープレミアム・アイスクリームの製造・販売，乳製品，米加工など

風土プラン

食の杜
- 室山農園　医療，福祉，教育，遊びなど，全生活を自己完結できる場づくり
- 地域内自給の可能な作物加工を手がける
- 杜のパン屋　国産小麦100％のパン工房
- 奥出雲葡萄園　果樹作（ブドウ）　ワイナリー／ワインジュース製造　ゲストルーム　展示室ほか
- 大石葡萄園
- 豆腐工房しろうさぎ
- 茅葺きの家
- 瓦葺きの家

（出典）　佐藤（1999a: 254）に加筆して作成

がもてる，消費者の腹のなかまで責任を持つ」という姿勢を貫いてきた。また，「食材加工は大きくなるとどうしても組織維持のためごまかしが入りがちであるから，小さいほどほんものがでてくる」という信念のもとに，木次乳業の経営にあたってきた。

日本の大手食品メーカーである「雪印乳業」が引き起こした食中毒事件や「雪印食品」の食肉表示偽装事件は，日本の酪農・畜産の近代化，コストダウン，多頭飼育，規模拡大路線の延長上に起きるべくして起きた事件である。大手食品産業が主導する食品の製造・流通・販売の退廃がここに極まった感がある。木次乳業が誕生した 1960 年代前半は，まだ牛乳は売り手市場で規模拡大の余地はあったのだが，これとはまさに対極の道をずっと探ってきたわけである。

7.2　生命共同体・親密圏の形成

佐藤忠吉さんがこれまでめざしてきたのは，「品位ある静かな簡素社会」の構築である（『きすき次の村』Vol.1, 1994 年 7 月 15 日）。

このネットワークは奥出雲地域を超えて広がっている。それは，自主・独立した牛乳処理・加工・流通を担う事業体（企業）が酪農農家と連携しながら支え合い，その地域の人びとが織りなす社会関係によって広げられてきたものである。奥出雲地域における有機農業運動の展開は小さくささやかだが，循環型地域社会のひとつのモデルを形成しつつあるようだ（図 7-4）。

また，木次乳業や日登牧場が長年にわたって貫いてきた事業や活動への姿勢は，地元雲南市の産業振興政策や公共事業の方向に影響を与えはじめている。雲南市では，2006 年に新たに完成する市営農場に純粋種のブラウンスイス種を導入する（大江, 2006: 84）。これは，外部から企業を誘致して産業振興を図るのではなく，地域資源である自然の山を活用して生業を興し雇用を増やしていくという佐藤さんたちの考え方と実績が，雲南市の行政のなかにも浸透・定着しつつある表れとみられる[22]。

「あまりに理想を高くし，正しいことのみ求めすぎると，息切れして長続きしない。初めて農業や有機農業に取り組む人は，性急に成果を求めがちである。だが，むしろ理想の次に，質も量も次の次なるところに，案外すばら

第 7 章 酪農農家の共同体を拠点とする有機農業運動

しいものがあるような気がする」(佐藤, 1999a)。

これが，佐藤さんの信念なのである。そこで，木次乳業の社内報も「きすき次の村」と名づけた。佐藤さんは，この社内報への思いを次のように記している。

「木次乳業・木次有機農業研究会に影響した，故大坂兄をはじめ多くの先氏の思想を継承し，常に正しい生活・社会の有り様を考え，消費者共々に論じあえる場として，我が社・我が社内報が時代に流されることなく，品位のある静かな簡素社会の構築に役立つことを祈ります」(『きすき次の村』Vol.1, 1994 年 7 月 15 日)

佐藤さんは，奥出雲の地に「次の村」(「茗荷村」)を創設することを夢見て，80 歳を超えてもなお邁進しているのである。

これまでみてきたように，奥出雲地域，ひいては斐伊川流域における有機農業運動の広がりと都市消費者との〈提携〉ネットワークの形成には，木次乳業の存在と，木次乳業創業者のひとりである佐藤さんの果たした役割が非常に大きかった。また，佐藤さんや大坂さんらの食や農，生き方に対する真摯な問いかけ，エートス(倫理的土壌)と，それらを深く受け止めて実践する同志が次々と育ったことも見逃せない。有機農業に取り組む酪農，養鶏，養豚，稲作，ブドウ，野菜などの農家(百姓)，さらに，木次乳業をはじめとして，そうした地場の農産物や地域の資源の質にこだわり，チーズやワイン，醤油，油，茶などを加工，販売する小さな事業体(企業)それぞれが，「確立した個」としてゆるやかな共同体を形成している。そこでの関係性は，地縁・血縁関係にもとづく旧来の村落共同体とは異なり，身体性をそなえた他者同士による，他者の生／生命への配慮・関心によって形成・維持される新しい生命共同体的関係性であり，親密圏が醸成されつつあるのである。

注

(1) 雲南 10 町村では，2002〜03 年に 3 つの合併協議会が相次いで発足した(大東町・加茂町・木次町・三刀屋町・吉田村・掛合町合併協議会，仁多郡二町法定合併協議会，飯南合併協議会)。2004 年 11 月 1 日には旧・大原郡の大東町，加茂町・木次町，および旧・飯石郡の三刀屋町，掛合町，吉田村が合併して雲

南市が誕生した。2006年1月1日には飯南町（旧・飯石郡の頓原町と赤来町が合併），3月31日には奥出雲町（旧・仁多郡の仁多町と横田町が合併）が相次いで発足した。

(2) 佐藤忠吉さんは，1920（大正9）年，大原郡日登村宇谷中谷下の農家・佐藤伝次郎の長男として生まれた。JR木次線がまだ簸上線と呼ばれていた時代，終点の木次駅からさらに4km谷奥であった。伝次郎は「百姓の長男は体で仕事を覚えんといかん」といって，寺領尋常高等小学校を卒業した忠吉さんに百姓を継がせた。

その後，14歳でやっと出雲市にあった農業講習所（農会技術員の養成所，現・県立農業大学校）で学ぶことを許され，年長者に囲まれて貪欲に学んだ。ひよわな体であったがどうにか成人し，1940（昭和15）年応召によって中国大陸で従軍。1946（昭和21）年春に体をこわして復員し，4年間の闘病生活を送る。

回復後，体にあった仕事がないままに，少しばかりの鶏や山羊，豚の飼育をしていた。1953年，病床にあった頃から考えをあたためていた乳牛の飼育を始め，1955年，35歳の時に同志6人で牛乳処理販売を開始した。1969年より木次乳業有限会社代表取締役に就任し，1996年に77歳で代表取締役を退いて相談役となる。この間，木次有機農業研究会のリーダーのひとりとして，パスチャライズ（低温殺菌）牛乳の製造・販売を柱に，地域自給運動，消費者との提携運動に取り組んでいる。90歳近くなっても，「生涯現役」の「百姓」を貫いている。

(3) 大坂貞利さんは，1938（昭和13）年大原郡日登村宇谷中谷上生まれ。1951年に日登中学校に入学し，当時校長をしていた加藤歓一郎と出会った。1957年5月に，加藤歓一郎が主宰する「日登土曜会」の聖書研究会に参加・入信した（1975年に「日登聖研塾」に改称）。同年6月から3年間，佐藤忠吉さん宅で農業研修後，実家で農業に従事。

1962年父の死去により，25歳から一家の大黒柱として，酪農やタバコ栽培へ経営の転換を図る。その頃，乳牛の硝酸塩中毒に気づき，化学肥料の排除を始めた。佐藤忠吉さんとカブトエビ，マガモ，コイなどによる水田除草に取り組む。1972年に木次有機農業研究会の結成を呼びかけた。1973年に加藤歓一郎とともに日曜学校を始め，加藤亡き後も，1979年までひとりで日曜学校を続ける。木次町酪農組合組合長や日登牧場組合長，酪農生産組合（チーズ工場）組合長を歴任。1993年9月10日，日登牧場で事故に遭い，56歳で死去（『きすき次の村』Vol. 6, 1995年8月15日）。

第7章　酪農農家の共同体を拠点とする有機農業運動

(4) 加藤歓一郎は，1905（明治38）年大原郡旧・加茂村生まれ。戦前は小学校の教師を務め，敗戦後は1947（昭和22）年創立の新制日登中学校の校長として，奥出雲の地で独自の憲法教育，生涯教育を実践した。森信三が，著書『戦後の教育人の系譜』のなかで，「戦後教育界の巨人」として位置づけている人物である（福原，1994）。山羊を飼い，畑を耕すなど日登中学校における実践には，賀川豊彦の「乳と蜜の流れる郷」構想が脳裏にあったものとみられる（福原，1994: 96）。当時は，中学校長が公民館長を兼ね，1950年には，社会学級・成人学級を開講した。講師には，小谷純一愛農会会長や森信三，鶴見俊輔などが頻繁に訪れた。

　1958年教員への「勤務評定」の全国実施に反対して辞職した後は，「日登土曜会」（日登聖研塾）で，無教会派のキリスト教を農村に広めることに専念した。1977年死去。

　後述する木次町のシンボル農園「食の杜」構想の中心メンバーである田中養鶏の田中利男・初恵夫妻もまた，加藤の日登中学の教え子（三期生）で，公民館活動や日登聖研塾の熱心な参加者であった。三期生の卒業記念に学年会で話し合って「赤土の丘」の開拓を放課後に取り組んだ。その後，「卒業記念に開拓を」が日登中学校の伝統となり，イモ，大豆，栗を作ったという（山崎，2000d）。

　ちなみに，加藤歓一郎は佐藤忠吉さんの伯父・藤原籐之助（大正期に大原郡で小学校の校長をしていた）の教え子である。

(5) 森永ヒ素ミルク事件の被害者支援活動や反公害運動に関わるなかで食品公害の問題にも目を向けるようになった人たちである。「安全な食生活を可能にするためには，食べものの場合，既存の流通システムによって供給される食品を拒否する以外にない」ということから，"ほんもの"の安全な食べ物を探し求める過程で，木次有機農業研究会の生産者たちと出会ったのである（桝潟，1983b）。

(6) 宇田川光好さんは日登聖研塾で1965年頃に大坂さんと知り合い，木次有機農業研究会へも参加した。そこで，食品公害や卵の抗生物質やホルモン剤汚染を知り，平飼い養鶏への転換を試みた。1975年に200羽から始めた平飼い養鶏は，神戸の鈴蘭台食品公害セミナーをはじめとする消費者グループとの提携や，後述のコロコロの舎から卵油製造の注文に対応して規模拡大し，2000年現在は稲作1haと2500羽の平飼い養鶏を組み合わせている。このように，宇田川さんは平飼い養鶏導入によって消費者グループとの提携が始まり，現金収入源としてそれまでの養蚕に代わる副業を見いだすことができたのである。なお，宇田川さんは，尾原ダム建設にともない，仁多町山方から佐白に移転し，

199

養鶏を継続している

(7) 木次乳業では，63℃・30分（低温）と，72℃・15秒（高温）の殺菌法を確立し，前者の低温殺菌で処理したものが「木次パスチャライズ牛乳」である。だが，低温殺菌牛乳は，細菌数の少ない原乳に限られるので，大量生産はできない。

(8) 生乳は地域や用途に応じて4種類に分別集乳している。黒ボク土壌地域の生乳は高温殺菌牛乳用として，マサ（真砂）土壌地域の生乳はパスチャライズ（低温殺菌）牛乳用として，さらにチーズ用，ブラウンスイス種の牛乳として，分別集乳されている。農家からの買い取り価格は1kg当たり112〜113円であり，チーズ等加工乳も飲用乳と同じ価格で買い取っている。生乳検査は検査員2名をおいて毎日行い，乳脂肪率，SNF，タンパク質率，体細胞，細菌数の検査に加え，抗生物質の有無，アルコールテストや腐敗試験等の徹底した製品検査を行っている（千田，1995: 日草89）。

(9) 1966年に導入された制度で，政府が再生産可能な価格（保証価格）で加工原料乳を酪農家から買い上げ，これを保証価格よりも安い価格（基準取引価格）で乳業メーカーに売り渡すというものである。2001年度に廃止され，市場原理を導入した新制度に移行した。

(10) 佐藤さんは，フランスのロックフォールの洞窟チーズをめざしてブルーチーズ（本来は山羊乳を用いる）を作ることを夢見て，木次乳業の工場裏手の岩山に洞窟を構えている。また，その脇の沢は小さな渓流になっている。佐藤さんは，「いまでいうウォーターフロントの走りみたいなことですよ」と言いながら見せてくれたが，ここはその沢の谷に砂防堰堤ができたとき，10mほどの三面コンクリート張りの水路をつくる計画が持ち上がった場所であった。佐藤さんはこの計画に大反対した。川は流れの4倍蛇行して初めて水がきれいになるといわれる。そこで，コンクリートの上に石を配置して渓流をつくったのである。さらに，社内食堂の下手には，材木小屋，その奥に水車小屋，炭焼き小屋があり，森林資源やソフトエネルギー利用実験も試みている。こうしたところにも，佐藤さんの遊び心と物事の本質を追求していく姿勢が表れている。

(11) これに加えて「木次に集う会」では，有機農業の底辺を拡大していくために，行政の担当者や農協をも巻き込んで，「運動の実際を見てもらう」ことにしている。1984〜92年にかけて5回開かれ，5回目は「地域自給と提携」をテーマに，2日間にわたり記念講演，懇親会，生産現場の見学，意見交換会を行った。また，「農・食・医を考える会」連続講演会は，木次有機業研究会，出雲すこやか会，出雲有機農業研究会，「たべもの」の会の共催で1980年から

第 7 章　酪農農家の共同体を拠点とする有機農業運動

ほぼ毎年開かれている学習会で，すでに 20 回を越えている。
(12) 大東町は雲南三郡を構成する町村のひとつであるが，大型畜産を推進していたため，木次乳業の方針と合わず提携する酪農家はなかった。契約していた大手の乳業メーカーの明治乳業が撤退したため，旧島根経済連（現・JA 全農島根）が一括集乳することになり，1998 年から大東町の酪農家も木次乳業に出荷するようになった。
(13) 酪農ヘルパー制度もまた，大坂貞利さんの発案であったという。ヘルパー利用は夕方の搾乳から朝の搾乳までの作業を 1 回として，搾乳・飼料給与・乳牛の管理（発情その他の異常の発見）・糞尿の処理および牛舎内の清掃作業を担ってもらう。ヘルパーを利用する組合員は，個体管理台帳を整備し，必要事項を記入するとともに，各個体の前に管理記録板の設置，ミルカーバーンクリーナー等の機械施設の点検整備が義務づけられている。利用料金は基本料金 1 万円（経産牛 10 頭まで）に搾乳牛加算（1 頭増加につき 250 円），乾乳牛・育成牛加算（1 頭 200 円），乳代の 0.2％の合計額である。横田町は遠方のため利用組合には加わっていない（千田，1995：日草 89-90）が，大東町は入っている。
(14) 有機農業支援政策の推進や学校給食への地場産野菜の導入には，当時の町長・田中豊繁さんの強い後押しがあった。たとえば，給食の食器を有害性が指摘されるプラスチック系から高強度磁器かステンレス製に切り替えたことにともない，重くて割れやすい食器を運ぶためにエレベーターの設置が必要になったなど，町は設備の改善に予算を投入した。町自体が有機農業をめざしてきたから，野菜も米も無農薬栽培が多かったが，市町村合併にともない，有機農業支援政策が続けられるかどうかという問題も出ている。
(15) 田中利男さんは 1960 年当時，「百姓のために使うことだったら」と，自分の持ち山を桑園にするために提供した。
(16) 茗荷村は，知的障害児教育に 40 年間打ち込んだ，田村一二の理想とする共生の村。小説『茗荷村見聞記』（1971 年初版，復刻版 2002 年，北大路書房）で田村が描いた茗荷村は，豊かな自然に恵まれ，障害をもつ者も，そうでない者も，老人も，若者も，共に働いている理想郷である。その考えに感銘を受けた人たちが，1983 年に滋賀県愛東町に同名の村を創設している。田中利男さんも茗荷村に強く魅かれた一人である。
(17) 2007 年 11 月現在，風土プランは初期の目標を一定程度達成したため，2007 年 10 月で活動を休止した。次の段階に向けて，体制を整えているところである。
(18) 大手の製油所では，石油製品であるノルマルヘキサンを加えて搾油→リン

201

酸・クエン酸・シュウ酸，苛性ソーダを用いて精製（湯あらい）→脱色剤，酸化防止剤，消泡剤の添加，という行程で，徹底的に効率化された製油が行われている。
　これに対して，影山製油所の油作りの工程は，すべて手作業で3日間かかる。まず，全国の篤農家が栽培した原料のナタネやゴマを薪のボイラーで炒る（重油を使ったボイラーは，火力が強すぎてこげてしまうため）。炒って乾燥した原料は，圧搾機に入れられ，約半時間かけて原油8割，油カス2割に分けられる。原油は，専用装置のなかでイオン水で水洗。一晩かけてゆっくりと不純物が取り除いた原油を，140～150℃の窯で2時間精製。最後に20層の紙で濾過させた後，一晩冷却して瓶に詰め，出荷される。
(19) 1970年代初めから，関西地域で，「健康な食べ物」，「安全な食べ物」を求めて活動していた「枚方・食品公害と健康を考える会」，「使い捨て時代を考える会」，「安全な食べ物を求める会」，「鈴蘭台食品公害セミナー」などの消費者グループである（表1-2参照）。
(20) 井上さんのお父さんの代には，仁多米を原料にして醤油より味噌を多く作っていた。醤油を都市に多く出荷するようになったのは，井上さんの代になってからである。
(21) ボカシとは養分の多い有機物を発酵させた堆肥。佐藤順一さんは，20aのハウスで，6～7年，ボカシを投入してトマト栽培を続けている。順一さんのボカシづくりは，カニ殻やトウモロコシ，米ヌカ，油カス，鶏糞，骨粉などを混ぜ，空中酵母と地元の山土に含まれる菌を利用して発酵させている。
(22) 木次町で健康農業による地域活性化に取り組んできた雲南市産業振興部長・細木勝さんは「市営牧場の育成によって，この地域の農業を真剣に考える人材と山を利活用して雇用を増やしたい」と考えている（大江，2006: 84）。

資　料

『きすき次の村』（木次乳業社報）1987年発刊，1994年7月復刊
木次に集う会実行委員会, 1992「第5回木次に集う会」資料
「牛乳のささやき」木次乳業有限会社
『ＮＨＫ「心の時代」2001.2.4～7　佐藤忠吉・中野正之対談のテープより　メモ』（私家版）
第28回日本有機農業研究会しまね大会実行委員会, 2000『新しい流れを島根から』（しまね大会・総会資料）

第 7 章　酪農農家の共同体を拠点とする有機農業運動

島根県木次町「木次町の概要」（平成 10 年版）
島根県木次町企画財政課, 1997『さくら咲く健康の町づくり──第 5 次木次町総合振興計画』
木次町・木次町教育委員会, 2001『本町における学校給食の概要』
「風土プラン〜商品リスト〜」

年表　木次乳業の歩みと奥出雲地域の有機農業運動

年	木次乳業の活動と酪農の展開	有機農業の実践，消費者等との提携・交流
1953 (S28)	木次町の有志が酪農開始	
1955 (S30)	牛乳店と共同して同志6名で牛乳処理開始 「木次牛乳」として販売開始（200 l/D）	
1961 (S36)		乳牛に硝酸塩中毒とみられる疾病発生，化学肥料を投与した牧草から山野草主体の給餌に切り替える
1962 (S37)	木次乳業（有）創立（出資者6名・佐藤忠吉さんほか） 学校給食を粉乳から牛乳に切り替える	
1964 (S39)		カラーテレビを妊婦に見せない運動（電磁波の危険性を警告）
1965 (S40)	火災により牛乳処理工場全焼	農薬のかかった畦草給餌により乳牛に疾病発生 町内酪農家にDDT・BHC販売規制
1966 (S41)		木次町「健康の町」宣言
1967 (S42)	国有地を借りて試験的放牧	化学肥料から有機質肥料に切り替える農家がではじめる
1969 (S44)	役員改選し経営再建，佐藤忠吉代表取締役就任（400 l/D）	
1972 (S47)	北欧の酪農思想に出会い，「小農複合経営」の酪農に徹する	「木次有機農業研究会」発足
1973 (S48)	加茂町酪農組合ほかと業務提携開始	カブトエビや養鯉による水田除草試験 「松江自然食品センター」と交流，食養の勉強開始
1975 (S50)	豪雨により被災した酪農家の経営再建支援 横田町・宍道町酪農組合と業務提携開始 低温殺菌（パスチャライズ）牛乳開発に着手	「木次緑と健康を育てる会」発足（有機農業研究会，農業委員会，農協） 松江『たべもの』の会」共同購入開始（牛乳，卵等，9月） 宇田川農園が平飼い養鶏（採卵）開始
1976 (S51)	ジャージー種2頭を導入，飼育開始（1 kl/D） 影山製油所（出雲市）と出会う	出雲市の島根医大グループと交流開始 東京・関西「よつば牛乳を飲む会」と交流開始
1977 (S52)	吉田村酪農組合と業務提携開始	「出雲すこやか会」（島根医大グループ）と提携開始 米子市のグループと産直開始
1978 (S53)	低温殺菌牛乳を「パスチャライズ牛乳」の名称で販売開始（2 kl/D） 直営「瀬の谷牧場」開設（8 ha）山地酪農開始	京都「使い捨て時代を考える会」と提携開始（牛乳） 山口市，北九州市の消費者グループと交流開始
1979 (S54)	学校給食にパスチャライズ牛乳を供給開始 ナチュラルチーズ開発に着手	吉田村菜グループが有機農業開始 吉田村養豚農家が放牧・草多給型飼育開始（その後，屋内飼育に転換） 神戸「鈴蘭台食品公害セミナー」ほかと提携開始
1980 (S55)	遊びの自給のため乗馬をすすめる	仁多町農協と提携開始 「枚方・食品公害と健康を考える会」と提携開始 田中農園が平飼い養鶏開始 松江有機農業研究会，出雲有機農業研究会発足 レンゲ草によるマルチ（被覆）水稲栽培（除草剤を使用しない）に挑戦 広島の学校給食調理師グループと産直開始 第1回「農・食・医を考える会」講演会開催（毎年開催）
1981 (S56)	木次町酪農生産組合設立	
1982 (S57)	消費者グループの融資・資金カンパにより工場拡張，現在地に移転 ナチュラルチーズの販売開始（4～5 kl/D）	マガモほか水鳥を導入，水田除草開始

第 7 章　酪農農家の共同体を拠点とする有機農業運動

年		
1983 (S58)	社員の水田耕作・味噌づくり開始	無農薬ブドウ栽培開始
1984 (S59)		第1回「木次に集う会」開催（1988年まで毎年）
1985 (S60)	山羊20頭を長野より導入	「斐伊川をむすぶ会」発足（木次・松江・出雲の有機農業研究会）
1986 (S61)		有機栽培ブドウの植栽（木次乳業ほか）
1987 (S62)	『きすき次の村』(社内報)発刊	
1988 (S63)	国際食糧シンポジウムで「シンプルで品位ある生活」を提唱 木次町酪農生産組合を農事組合法人化 乳製品加工場を建設（8 kl/D）	ブドウ栽培農家がワインの試験醸造開始
1989 (H1)	日登牧場開設（30 ha） 山羊乳の販売開始 「手がわり村」制度の創設（約50 aの田畑を社員が耕作）社内食料自給	農林水産省第1回有機農業実験圃場設置 田中豊繁町長就任 仁多町農協と餅などの奥出雲農産加工品の流通協力
1990 (H2)	日登牧場を農事組合法人に登記 ブラウンスイス種17頭を導入、山地酪農の実践開始	(有)奥出雲葡萄園設立 木次町「きすき健康農業をすすめる会」設立
1991 (H3)		(株)風土プラン設立
1992 (H4)	日本で初めてエメンタールチーズ製造に成功	第5回「木次に集う会」開催 (有)奥出雲葡萄園がワイン醸造販売許可取得、ジュース・ワインの製造開始
1993 (H5)	大坂貞利さん事故死（9月10日） 「品位ある簡素な村づくり」の構想を提唱	JA雲南設立 特別栽培米「おろち米」の生産開始 学校給食に有機栽培野菜を供給開始
1994 (H6)	『きすき次の村』再刊	(有)コロコロの舎設立 第15回「農・食・医を考える会」連続講演会開催
1995 (H7)	スーパープレミアム・アイスクリーム「マリアージュ」開発、製造開始（JA雲南と提携）	木次町「きすき有機センター」(堆肥センター)開設
1996 (H8)	佐藤忠吉代表取締役退任、相談役に就任 後任に佐藤貞之専務取締役が就任	
1998 (H10)		遺伝子組み換え食品に関する意見書を提案、採択（木次町議会、島根県議会）
1999 (H11)		第20回「農・食・医を考える会」連続講演会開催 シンボル農園「食の杜」開設（室山農園、奥出雲葡萄園ワイナリー、大石葡萄園、風土プランなど）
2000 (H12)	「第1回明日への環境賞」(朝日新聞社)農業特別賞受賞（3月）	第28回日本有機農業研究会しまね大会、総会開催(松江市、2月) (有)豆腐工房しろうさぎ設立
2002 (H14)	佐藤忠吉相談役、日本農村医学会賞受賞（18～20 kl/D）	
2004 (H16)		雲南市発足（木次町、吉田村ほか合併）

(注)（　）内数字は木次乳業の1日当たり生乳処理量
(資料)　木次乳業，1992「木次乳業と木次有機農業研究会並びに周辺の地域自給についての報告」（第5回木次に集う会資料所収）
　　　千田雅之，1995「健康性を重視した酪農・営農の取組みによる消費者連携の展開と地域農業・地場産業の活性化（島根県木次町）」農政調査会・中央畜産会・日本草地協会編『平成6年度新政策推進調査研究助成事業報告書』
　　　佐藤忠吉，1999「木次乳業のあゆみ」宍道湖・斐伊川流域環境フォーラム編『大いなる自然（もの）に生かされて』
　　　木次乳業提供資料，および関係者からの聞き取りにもとづいて作成

第8章　柑橘農家集団が担う地域再生運動
　　　　——愛媛県明浜町における有機農業運動

1　愛媛県明浜町における有機農業運動

1.1　明浜町の概要

　「無茶々園」のある愛媛県明浜町（現・西予市）は，山と海に囲まれた風光明媚な地で，宇和海に面したリアス式海岸の入り江に沿った集落からなる。町の面積約26km²，人口4,182人，世帯数1,656（総務省「国勢調査」2005年，以下も同じ），柑橘栽培や真珠の養殖が主要な産業である（図8-1）。
　東宇和郡4町（明浜町・宇和町・野村町・城川町）と西宇和郡三瓶町は，2002年4月1日に東宇和・三瓶町合併協議会を設立し，2004年4月1日に5町が合併して西予市（人口約48,000人）が発足した。市役所は旧・宇和町におかれた。明浜町は合併した5町のなかで面積がもっとも小さく，東端に位置する。
　明浜町の人口は，日本経済の高度成長期の8,385人（1965年）から10年後には6,362人（1975年）に激減したが，70年代後半から80年代前半の10年間の人口減少は300人余にとどまり6,014人となった（1985年）。その後は10年間に1,000人近くのペースで減少が続き現在に至っている（1995年5,116人→2005年4,182人）。また，明浜町の人口高齢化は急速に進行しており，1995年には65歳以上の高齢人口が総人口に占める割合が30％を超えた（明浜町資料）。
　「この町は日本の農業が抱える問題が凝縮しているようなところ」と，本章で詳述する柑橘農家集団・無茶々園の発足時からの会員である片山元治さんは言う。過疎・高齢化，後継者不足，耕作放棄地の増大，農産物の輸入自由化圧力などが，町の将来に影を落としている。また，1990年代におけるグローバリズムの急速な進展と日本の長期経済不況は，明浜町にも打撃を与えており，辺境の地・明浜町はいっそう窮地に追い込まれている。

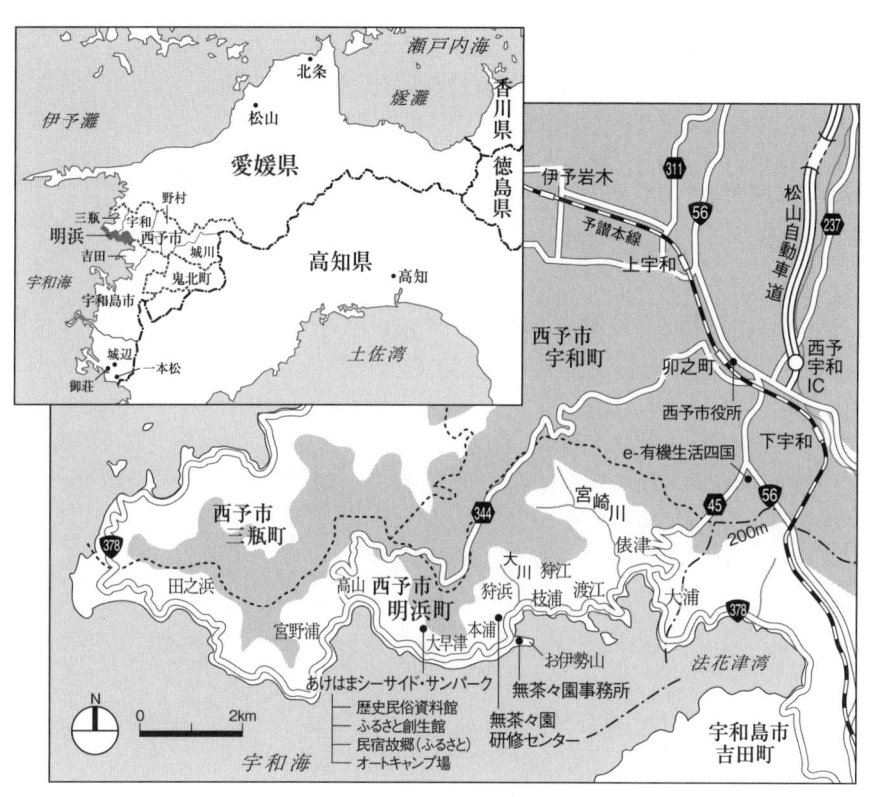

第 8 章　柑橘農家集団が担う地域再生運動

図 8−1　愛媛県西予市明浜町

1.2 明浜町の生業の変遷

 明浜町の人びとは，背後の山に見事な段畑を切り拓いて甘藷(かんしょ)（サツマイモ）や麦をつくり，沿海のイワシ漁やイリコ製造をおもな生業として暮らしてきた。しかし，1戸当たりの平均耕地面積が50aにも満たない地域であるので，余剰分の甘藷や海産物の販売で生計を立てていくことはなかなか困難であった。

 明治初期には，江戸末期から引き続いて和蠟燭の原料であるハゼが換金作物として主要な位置を占めていた。だが，蠟の需要が減少するにつれて衰退し，昭和の初めにはほとんどの集落で栽培されなくなってしまった。これに代わって，明治以降，石灰業，行商が盛んになる。大正期から昭和の初めにかけては，明治初期に導入された養蚕が好況となり，多くの農家で蚕が飼われた。各地区に製糸工場が開業し，地元や周辺地域の労働力を吸収して人口増をもたらし，町は活気づいた。その後，昭和恐慌をきっかけに養蚕は不振となり，人口も減少する。

 敗戦直後，復員，引揚者などで人口は急増するが，1950年頃から膨張した人口の都市への還流が始まり，恒常的な減少に転じる。1962年，人口が戦前の最高水準の1万人を割り（昭和5→昭和37），世帯数では，1971年2,000世帯を割った（大正9→昭和46）。

 1950年代前半まで半農半漁ではあるが漁業は活況を呈していたが，1950年代から60年代初めに漁法の近代化にともなう乱獲もあって，不漁に陥った。網漁業の衰退はこの地域の人口減退につながった。労働力の流出は1950年代後半から始まり，一部は柑橘類の単作栽培に転換したとはいえ，1960年代後半以降の挙家離村の進行へとつながっていく。2004年現在，柑橘栽培と養殖漁業に活路を見いだしているが，地域全体の人口減少は依然として続いている。

 狩浜は明浜町における有機農業運動の発生の地であり，無茶々園の会員農家が多い。本浦と枝浦の2集落からなり，半農半漁を中心に，機織や行商あるいは養蚕などの副業をその時々に組み込んで生業としてきた。現在の生業は柑橘栽培が中心で，漁業（ちりめんじゃこ漁・加工，真珠・ハマチ養殖）が若干加わっている。

 枝浦の隣の集落は渡江であり，1989（明治22）年の町村制施行により渡江村は狩浜村と合併して狩江村となった。それ以来，渡江と狩浜は一体の行政単

第8章　柑橘農家集団が担う地域再生運動

写真8-1　明浜町狩浜遠景
（2005年4月）

位となり，1958年明浜町発足以降も狩江地区としてまとまってきたのである。

1.3　無茶々園の挑戦

　無茶々園は，愛媛県明浜町で自立と互助の地域づくりを推進している柑橘農家集団である。1970年代半ばに柑橘農家の農業後継者を中心に研究園「無茶々園」を起こし，無農薬・有機栽培のみかんづくりに挑戦し，町内に有機農業運動を広げてきた。

　無茶々園は，1980年代の試作段階から約10年後の1990年，会員農家も有機栽培面積も町全体の1割を超えた。組織面では，1990年2月に設立した「農事組合法人無茶々園」と，1993年8月に販売組織として設立した「株式会社地域法人無茶々園」を車の両輪として，「地域協同組合」としての内実をもった無茶々園の運動を展開していこうとしている。

　株式会社地域法人無茶々園を設立して以来，柑橘類とその加工品だけでなく，ちりめんや真珠など，地域の産物も無茶々園の流通ルートにのせて販売するようになり，無茶々園の町づくり運動は着実に地域に浸透している。資本金1,000万円でスタートした株式会社地域法人無茶々園は，年商6〜7億円の企業に成長した。

　無茶々園が有機農業によるみかんづくりを始めてから30年たった。この間，柑橘農業だけでなく，日本農業・農村はグローバル化した経済に巻き込まれ，厳しい状況が続いている。有機農業までもが産業化・ビジネス化し，世界システムのなかに組み込まれている。「IT革命」の波が辺境の地にも押し寄せている。そうしたなかにあって，無茶々園は有機農業運動によって開拓した流通ル

ートや都市との絆（ネットワーク）を活かして，地域の資源を掘り起こし，生業を創り出しつつ事業を拡大し，有機農業を軸とする地域の再生運動に取り組んできた。

　21世紀初頭，無茶々園は時代が大きな転機にさしかかっていることをひしひしと感じている。後述するように，家族農業による自給にこだわりつつ，大規模出作り農業（「集団家族農業」）やe-ビジネス（電子商取引）にも挑み，無茶々園グループの組織を再編していこうとしているのである。

　以下，現地での聞き取り調査と資料収集にもとづき，無茶々園の出発から30年間の有機農業運動の展開を詳しく述べる。

2　無茶々園の出発——有機農業との出会い

　無茶々園の出発点は，後継者難や収入の安定など，身近な農業問題の克服にあった。

　1960年代，芋麦の自給と養蚕からの現金収入という組み合わせで成り立っていた農業から，「選択的拡大」の掛け声のもとに柑橘専作農業への転換が奨励された。一時は自家菜園までみかんを植え，野菜は買って食べていたこともあったという。その結果，愛媛県は，和歌山県，静岡県を抜いて日本一のみかん生産県になった。ところが，植えたみかんがやっと成りはじめた1967年頃，生産量の増大による販売価格の暴落が始まった。生産過剰による苛酷な産地間競争に勝ち抜くために，明浜町では，温州みかんから伊予柑，ポンカンなどの高級晩柑種への更新を進めた。

　この更新ブームのなかで，1974年頃，明浜町青年農業者連絡協議会狩江支部という農業後継者組織に属する数人のメンバーが，有機農法に関心をもった。これが，無茶々園発足のきっかけである。伊予柑，ポンカンなどの晩柑種は栽培が難しく，温州みかん以上に農薬や化学肥料を必要とした。青年たちは，農薬や化学肥料，除草剤によって，自らの肉体が蝕まれ，土壌や自然環境が加速度的に破壊されていくことを敏感に感じとった。そして，若い3人の農業後継者（片山元治さん，斉藤正治さん，斉藤達文さん）が，狩浜にある広福寺住職の好意で寺有地の伊予柑園15aを借り，共同の「研究園」として「無茶々園」と名づけ，自然農法とも有機農法ともつかない無農薬栽培の実験を始めた。1974年5月のことである。

第 8 章　柑橘農家集団が担う地域再生運動

写真 8−2　明浜町狩浜の家並み
（2005 年 4 月）

　ちょうどその頃，新聞に連載されはじめた有吉佐和子の『複合汚染』を読み，青年たちは大いに共感した。そして，自然農法の先覚者・福岡正信の柑橘園（愛媛県伊予市）を見学したのが直接的契機となって，柑橘類の無農薬・無化学肥料栽培を本気で考えるようになった。大消費地から遠く離れた不利な条件のなかで，有機農業による「安全でおいしいみかんづくり」に着目して活路を見いだそうとしたのである。

　最初の数年間は，研究園および会員個人の園での実験段階であった。それでも，収穫 3 年目の 1977 年松山市の自然食品店に伊予柑を引き取ってもらい，初めて期待した価格がついた。そして，この店との出会いによって食べ物や健康の問題にも視野が広がり，「無茶々園の運動を単なる農産物の生産方法の問題ではなく，食生活，社会教育等々，町づくり的な活動に広げていかなければならないことを学んだ」という。

　さらに 1977 年には，みかん専作で高収入の上がる品種に更新していく経営では日本経済の変動についていけないと，柑橘栽培を主体にした「畑と山と海が有機的に結合した町内複合経営」を夢見た。山林のクヌギを伐採し，椎茸の菌を打ち，長野県から日本ザーネン種の山羊を 10 頭買い入れて複合経営の実験を始めた。この実験は「組織的・精神的未熟さ」のために挫折してしまうのだが，無茶々園の町づくり運動の根底にあるのは，こうした理想郷の追求なのである。

　4 年目の 1978 年頃には，栽培技術についても一応，展望をもつことができた。それまでの実験・研究の結果，見かけさえ消費者が我慢してくれれば，冬期にマシンオイルを 1 回塗布するだけで無農薬栽培に成功したのだ。またこの年，マスコミ（NHK，愛媛新聞，朝日新聞など）が無茶々園を取り上げてく

写真8-3　みかんの段畑
（明浜町狩浜, 1998年9月）

れたお陰で, 全国に多くの理解者や指導者が得られ, 販売にも期待をもつことができた。

3　無茶々園の地域への浸透

その後, 無茶々園は1979年から会員農家4戸による試作段階に入り, 無農薬・無化学肥料栽培の技術的研究を重ねる一方, 販路の拡大を図り, 徐々に地域に根を下ろしていった。だが, その道のりは平坦ではなかった。

面積を1ha近くに増やし, 温州みかん, 伊予柑, 甘夏柑の試作に取り組んだが, 収穫直前になって温州みかんにミドリクサカメムシが異常発生し, 会員1名が脱落した。また, 収量の半分をジュースにせざるをえなくなってしまった。みかんは生産過剰のなかで思うように売れず,「実に惨めな現実を突きつけられた」。

この苦い体験を教訓にして, 1980年2月に無茶々園会員は上京し, 神田市場, 自然食品店, 生協, 消費者グループ, 日本有機農業研究会などを訪ね, 栽培技術から販売に至るまで貪欲に勉強した（これ以降, 毎年, 無茶々園会員は上京して研修を積み, 消費者との交流・ネットワークの拡大を図ってきた）。また, 6月には, 全国自然保護連盟の高知大会に出席した。これらの交流を通して, 農業を含めて自然を大切にしようと努力しているエコロジー運動の台頭を感じとり,「もはや, 後には引けなくなった」という。この年, 無茶々園規約を作り, 機関誌『天歩』[1]を創刊した。

もうひとつ, この時期に重要なできごとが起きた。1980年9月頃, 町と三井物産は大早津の石灰鉱山跡地にLPG基地建設計画を発表した。この計画に

第 8 章　柑橘農家集団が担う地域再生運動

対して，無茶々園は「自然を大切にした町づくりをめざすわれわれにとって百害こそあれ一利もない」と，全力を注いで基地反対運動に取り組んだ。この反対運動は，LPG 基地の安全性に不安をもつ住民にも広がっていった。結局，反対運動の高まりとイラン・イラク戦争の影響で，三井物産が基地建設を断念し，1981 年 3 月，この計画は撤回された。この LPG 基地反対運動を通じて，無茶々園や地域の人びとは，大企業に頼らず，「自分たちの手でこの町をつくらないけん」という気持ちをさらに強くしたのである[2]。

　その後，みかんの生産量も少しずつ増えて，1983 年度（1983 年 10 月〜84 年 9 月）には 100t 近くとなった。これは，明浜町の生産量の 1％に相当する。初めは「無茶苦茶園」だと冷たい目で見ていた村の人びとも，無茶々園の有機農業運動に注目しはじめた。この頃，それまで化学肥料一本槍であった柑橘農家も，「伊予柑の紅がでなくなった」ことなどから，堆肥の重要性に気づいていた。そこで，無茶々園は農協に働きかけて，3 ヵ所の堆肥センター建設を実現させた[3]。

　翌年の 1984 年度には会員数が 16 戸から 32 戸に倍増し，85 年度にはさらに 8 戸増えて 40 戸となった。狩江地区を中心に町内の他地区にも波及し，有機栽培面積は 10ha 以上（町内柑橘栽培面積の 2％）となった。

　80 年代後半は，無茶々園の運動が地域に広がり会員数も生産量も急増した時期である。この背景には，10 年余にわたる無茶々園の運動実績と，オレンジ，果汁，牛肉の輸入完全自由化を目前にして，農家が危機感をつのらせていたことがあったと考えられる。1987 年には，明浜町農協も無茶々園を有機農業部会として認めた。そして，87 年度に 600t あった無茶々園の生産量は，2 年後の 89 年度には約 1,050t に増えた。80 年代後半以降，明浜町の柑橘売上げが伸び悩むなかで，無茶々園は「ゲリラ戦術」で売上げを伸ばしていった。会員数は，多いときには 70 戸を超えた時期もあった。

　さらに，1991 年にオープンした町営の「ふるさと創生館」に無茶々園でとれた柑橘類のジュースとマーマレードなどの加工を委託し，町との連携も深めた。

4　無茶々園の販売部門の拡充・強化——地域法人無茶々園の設立

　無茶々園は，1990 年代に入ると，販売部門の機能の充実・拡大と有機栽培

213

写真 8-4　ハマチ養殖
（明浜町狩浜，1998 年 9 月）

写真 8-5　真珠養殖
（同左，2005 年 4 月）

技術の向上・確立に取り組んだ。無茶々園が明浜町で有機農業に取り組みはじめて十数年たち，会員が増え，生産・販売量が増大するにつれて，個々の会員の有機栽培技術や実践力，意識が問われるようになったためである。また，任意団体であった無茶々園の組織運営の合理化・活性化を図る必要も出てきた。

1990 年 2 月に「農事組合法人無茶々園」が設立され，山羊牧場建設と自給用作物栽培を事業として開始したが，1993 年 8 月に「株式会社地域法人無茶々園」が販売部門として設立されたのにともない，生産者組織として再編された。あらたに組合員の生産技術の向上，新規就農者支援，研修受入れ事業などを行うことになり，同時に組合員の資格を正会員と准会員に区別し，正会員の条件を「耕作面積の 70％以上有機栽培」から「全園無茶々園化」（100％有機栽培）へと厳しくした。その結果，会員は 60 戸前後に絞られたが，全園無茶々園化の推進により，有機栽培面積は増大した。

1993 年度より株式会社地域法人無茶々園が無茶々園本体からみかんの販売事業を引き継いだため，本体は解散した。株式会社地域法人無茶々園は 1994 年 4 月に事務所を狩浜のお伊勢山新センターに移転し，みかんだけでなく，みかんの加工品（ジュースやマーマレード）やちりめん，はちみつ，真珠などを，みかんで開拓した流通・販売ルートにのせて売上げを伸ばしていった。1993 年度はこうした組織整備に加えて，町内 10 ヵ所に「3 年後の模範園」を設置し，無農薬栽培技術の確立と向上をめざした。

さらに，1990 年代の半ば頃から，地域法人無茶々園の売上げが 5 億円を超え，無茶々園は地域社会の再建に向けた運動体として，組織体制の整備と資金の積み立て（無茶々園基金協会の設置）を強化していく。この背景には，過疎

化・高齢化がよりいっそう進み，バブル後の不況のもとで相次ぐ台風被害や異常気象，みかんの価格の低迷・暴落という危機的状況があったのである。

5 有機農業技術の確立をめざして

5.1 無農薬栽培の技術的課題

1990年代，無茶々園は完全無農薬栽培をめざして，ボカシ（微生物を使って発酵させた有機肥料）づくりや活性水，液体肥料（尿尿や液肥など），土壌改良物資の研究開発に努めた。なかでも液肥（魚や貝のアミノ酸液肥やキトサン液肥など）や活性水の研究開発は，後述する多目的スプリンクラーの利用を見込んだもので，非常に力を入れた。こうした技術開発は，本来であれば公的な研究機関や試験場の仕事であるが，必要とあれば，無茶々園は人と資金を投入して果敢に挑戦していったのである。これまでも無茶々園は樹園地の土づくりには力を入れてきた。土づくりに欠かせない肥料や堆肥についても，独自に試験・研究を重ねてきた（「無茶々特号」「ボカシ大王」など）。

1990年度は，異常気象のため，無茶々園の園地は未曾有のカメムシ，サビダニ等の病虫害の被害に遭い，早生温州みかんの6割，温州みかんの4割，全体の3割程度が加工用となった。会員農家には，「積み立てていた基金を使って全額とはいかないまでも価格補填をしたのだが，異常気象下の有機農業技術の未熟さが露呈した」形になってしまった。さらに翌年の1991年の秋には台風19号の被害により大きな打撃を受けたうえに，2年連続のカメムシの異常発生[4]のため，無茶々園のほとんどの温州系園地に農薬を使わざるを得なくなってしまった[5]。

無茶々園では，みかんは植栽して7年目頃から実が成りはじめる永年作物なので，栽培技術の確立は15～20年かけてじっくり見極める必要があると考えていた。そして，1991年度に元農協の営農指導員であった枝浦の会員上田数富さんを生産部長として生産部をスタートさせた。

また，1991年4月より3ヵ年計画で無茶々園栽培を対象として農林水産省「有機農業技術実証調査事業」が進められ，この調査の対象となった樹園地について土壌中のカリやカルシウム分の不足および土壌の酸性化が指摘された。無茶々園では当面，土壌改良は苦土石灰を使わず，地場産業の廃棄物である真

珠貝殻を利用することで，また無茶々園肥料のカリ不足はカリ鉱石の粉砕物の添加で対応した。

俵津に設置した無茶々園の堆肥センターでは，会員の樹園地に入れる堆肥を製造している。原料は，周辺地域（三瓶町や伊方町）において繁殖・肥育の一貫生産を行っている養豚場で豚の飼育床として半年間使用した，オガクズ（米ヌカ含有）豚糞である。ボカシ肥料には，動物性タンパクとしては魚のほうがよいようなので，カツオのかすを使っている。かつて宇和海でイワシが大量に獲れた頃は，クサラカシ，ホシカ（干鰯），ニトリ（魚粉）と呼ばれたものを畑に入れていた。また，農協堆肥センターの一部（2区画）を借り，自前で堆肥づくりの実験を行った。

5.2 検査認証・表示の制度化への対応

1990年代後半，農林水産省が有機農産物の検査認証・表示の制度化に向けて動きだし，無茶々園も対応を迫られた。無茶々園の基本姿勢は，これまでの実践を通して到達した有機栽培技術を徹底させるために栽培指針を作成するとともに，会員生産者の樹園地の栽培管理状況を情報公開することによって，信用と技術を高めようとしている。

その一方で，有機農産物の表示・販売における法的規制やJAS法改定による検査認証制度の導入，ISO14001の審査・認証にも対応できるように，栽培指針や農事組合法人無茶々園内規の整備を進めた。具体的には，農事組合法人無茶々園理事会が，2000年から，生産分野全体にわたる次のような諸業務を担当する生産委員会としての機能を果たしていくことになった。

ISO14001の徹底管理，農林水産省のガイドラインにもとづく農法の普及徹底，無茶々園生産者別管理台帳の作成，剪定・摘果講習，園地見回り等圃場の管理状態の検証，生産者大会等の開催，病虫害対策，肥料・農薬・農業資材の検討，有機栽培の新技術の研究・試作，先進技術の視察・研修，大苗育苗の管理などである（平成11年度無茶々園総会資料：平成12年度事業計画より）。生産者の栽培管理から病虫害対策，技術の向上・開発に及ぶ業務は，無茶々園の有機農業運動の根幹部分である。

有機農産物の検査認証・表示の制度化の進行が，こうした業務をきちんとした組織と明確な責任体制のもとで遂行することを迫ったのである。また，無

第8章　柑橘農家集団が担う地域再生運動

茶々園では，1998年度から農林水産省のガイドライン（表5-1参照）に合わせた栽培基準を導入した。すなわち，(1)有機栽培：3年以上有機無農薬栽培，(2)転換中有機栽培：1年以上有機無農薬栽培，(3)特別低農薬栽培：農薬年3回以内，無化学肥料栽培，である。

6　南予用水事業と柑橘農業の危機

6.1　スプリンクラーによる農薬散布

1967年，南予地方（愛媛県西南部の宇和海沿岸の地域）の大旱魃は大きな被害をもたらした[6]。これを契機に，1970年南予水資源開発計画が策定され，翌年の1971年には2市7町の地元関係自治体によって南予用水事業期成同盟会が結成された。肱川上流に多目的ダムとして野村ダム（1973年着工，1982年竣工）が建設されたが，ダム建設と並行して，1974年農林水産省によって，南予用水農業水利事業が開始された。この事業の総工費は750億円（1993年度価格）に達し，受益面積7,200ha，23年間かかって1996年10月に完成をみた。

この国営事業に付帯して，県営事業として畑地灌漑施設が造成された。明浜町においても，1990年に狩江地区の本浦から灌漑施設（スプリンクラー）の造成が始まった（渡江は1991年，枝浦は1993年に造成開始）。

無茶々園では夏の旱魃時の灌水作業や液肥，木酢，天然カルシウムやミクロール液の散布等の施設としてスプリンクラーの導入に期待していた。当然のこととして省力化になるので，本来のみかんづくりにあてる時間が生まれ，全体的な質の向上につながると考えた。また，樹園地の集約的な管理が可能になるので，無茶々園はこれをテコに地区の有機農業化を進め，集落を単位とする営農体制に徐々に移行していこうと考えていた。スプリンクラーの導入によって「1つの集落が1つのシステムを共有するということは集落民全員が運命を共にするという事になる。今までのように農法の違う無茶々園と一般園が集落内に共存することが不可能」（平成3年度無茶々園総会資料）になるからである。

狩江地区，なかでも本浦は無茶々園会員が多く，無茶々園85haのうち25haが集中している。この本浦の多目的スプリンクラー施設が，明浜町ではもっとも早く1994年3月に完成した（受益面積54ha）。試験的な灌水稼働をへて，

217

1996年春から本格稼働することになった。

 ところが，その段階になって，10年以上農薬を使用していない園に農薬がかかるという不測の事態が起きた。それまで本浦では無茶々園主導でスプリンクラーを使って灌水だけを行い防除（農薬散布）はしなかったのだが，地区の防除組合（本浦21世紀農業を実践する会）の総会において，面積では互角であったのが，多数決によってスプリンクラーで農薬散布することを受け入れなくてはならなくなった。農薬散布派には高齢者が多く，労働軽減を望む人たちを説得しきれなかったことがおもな原因であった。無茶々園は，集落を有機農業に転換することが「予想以上に困難であったことを思い知らされた」（『天歩号外　憤慨編』1996年9月）。しかし，町づくりをめざしてきた無茶々園は，集落全体のことを考えて，あえてスプリンクラーによる農薬散布を受け入れたのである。

 そして，農薬から無茶々園の畑を守るため，無茶々園の畑が固まっているところはブロック化し，ブロック10haの農薬散布を止めたものの，このブロックのなかの農薬散布派の畑には，無茶々園のメンバーが手がけで農薬を散布するという結果となった。

 一方，農薬散布派の畑が固まっているブロックでは，水圧の都合でそのブロックのなかにある無茶々園の畑のスプリンクラーのバルブを閉めることができない。苦肉の策としてスプリンクラーに袋をかぶせて，みかんの樹に直接農薬がかかることだけでも免れようとしたのだが，当然のこととして，散布する農薬代は割り当てとして徴収される。「高い農薬代を払って，畑に捨てる」というまったく不条理なつらい選択を強いられた。また，直接樹にかからなくても畑にはどうしても入ってしまうため，その畑で収穫したみかんは，「低農薬栽培」として出荷しなければならなかった。

 スプリンクラーの稼働地区が順次増えていくにつれて，ブロック化して農薬散布に対抗できない地区のなかには退会に追い込まれていく無茶々園会員がでた[7]。たとえば，1998年5月にスプリンクラー施設が竣工した渡江では，ここに多く樹園地をもち有力な「袋かけメンバー」であったH会員が，ついに1999年度から不本意ではあるが無茶々園を退会せざるを得なくなってしまった。

 スプリンクラーの導入をきっかけに無茶々園と地区の農薬散布派との対立が顕在化し，無茶々園は苦渋の選択を余儀なくされた。H会員だけでなくほかに

第 8 章　柑橘農家集団が担う地域再生運動

も有力な渡江の会員数戸がやむなく退会に追い込まれていったのである。その結果，多いときには 10 戸を超えていた渡江の会員が，2000 年にはたった 2 戸になってしまった。加えて，スプリンクラーの導入によって柑橘栽培の生産性や質の向上を図れると大いに期待していたにもかかわらず，ようやく最末端の施設が完成したときには，次にみるように柑橘農業は存亡の危機に立っていた。

6.2　瀬戸際に立つ柑橘農業

　明浜町の柑橘農家の多くは，親の代から柑橘栽培を始めた 2 世代目にあたり，現在，第 3 世代に移行しつつある。かつて「黄色いダイヤ」といわれたみかんは 1960 年代後半で供給過剰となり，全国の生産量は約 370 万 t をピークに，以後現在まで供給過剰基調となっている。みかんの適正需要量は 80 万 t 前後といわれており，価格は低迷・暴落を続けている。
　とくに，バブル経済崩壊後の 1990 年代半ば以降，明浜町の柑橘農業をめぐる状況は厳しさを増してきている。嗜好品であるみかんは不況や輸入自由化の影響を受けて，価格の変動が激しい。加えて，毎年のように起きる異常気象。2 年連続の旱魃と相次ぐカメムシの異常発生による被害に見舞われ，1996 年はついに収量が半作以下となり，1997 年は平年作に戻ったものの，構造不況のなかで未曾有の価格暴落。1998 年産の温州みかんは 4〜5 月の異常高温によって花が落ち，平年の 30％の生産量となってしまった。みかんの価格は最低でも 120〜160 円/kg にならないと農家の経営は成り立たない。図 8-2 は 1996 年度までの販売単価の推移を示した資料であるが，これによると，販売単価は，最低ライン，あるいは採算割れが続いていたことがわかる。
　無茶々園での聞き取りによると，1999 年度の販売単価は，柑橘農業が末期の危機的状態に突入したような感さえするほど，暴落が激しかったという。とくに愛媛県の落ち込みがひどく，JA 明浜の平均販売単価は 50 円以下/kg であった（ちなみに，JA 有田は 100 円/kg）。こうした「みかんの価格破壊」状況のもとで，無茶々園は，180 円/kg（減農薬）と 200 円（無農薬）/kg に仕切って完売することができた。無茶々園が 25 年以上かけて紡いできた都市とのネットワーク（販売ルート）があったからである（図 8-3 参照）。
　このように明浜町の柑橘農業は瀬戸際に立たされている。にもかかわらず，農協や町は「南予用水事業による多目的スプリンクラー営農を中心とした農用

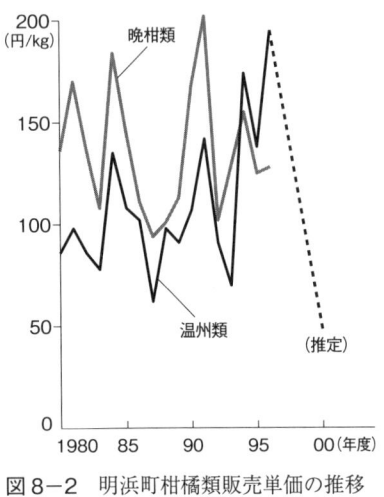

図8−2 明浜町柑橘類販売単価の推移
（資料）明浜農協資料より作成

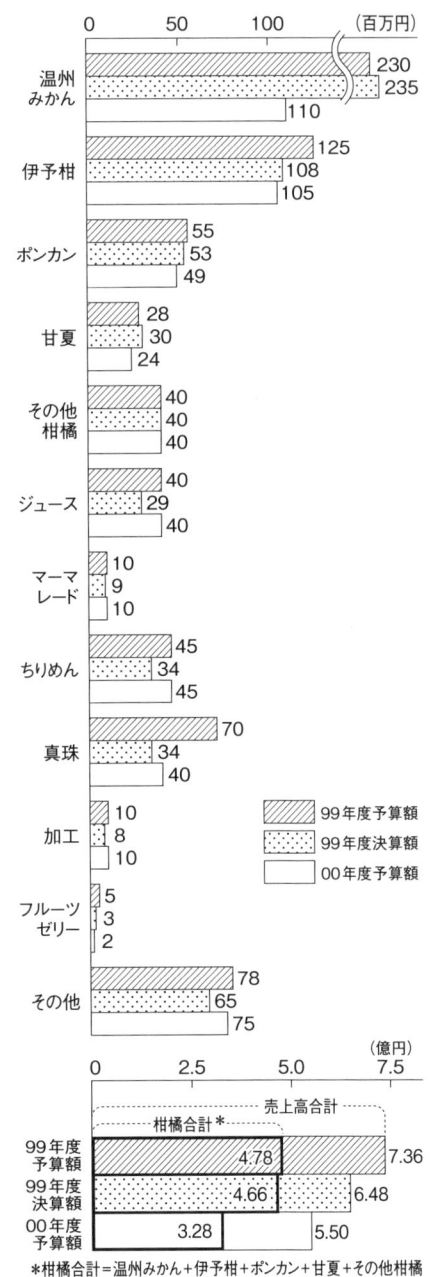

図8−3 地域法人無茶々園の売上高
（1999年度）
（資料）平成11年度無茶々園総会資料より作成

＊柑橘合計＝温州みかん＋伊予柑＋ポンカン＋甘夏＋その他柑橘

第8章　柑橘農家集団が担う地域再生運動

地の効率的活用や，品種の団地化等と共に，農道，園内道，作業道等の整備による労働生産性の向上を図り，高品質，高単収のための生産体制の確立と，消費動向にマッチした多様な販売力の強化等，総合的な対策が重要」（明浜町農業協同組合，1998）と考えている。だが，多様な販売ルートの開拓など具体的な取り組みはなされていない。また，この構想に示されている農業振興策からは柑橘農業の苦境を脱する展望はまったく見えてこないばかりか，みかんの価格の暴落によって，南予用水事業などの構造改善事業の償還が農家にとって重い負担となっている。

県営南予用水事業の農家負担は，地区によって事業内容が異なるため多少違いがあるが，おおよそ30～40万円/10a（5年据置20年償還）になるという。したがって，10aにつき年間1～2万円ずつ償還していかなければならない。このほかに，スプリンクラーの維持管理費や農薬代がかかる。また，樹園地にはさまざまな構造改善事業の償還等の経済的負担がかかっており，耕作放棄して樹園地を手放そうにもマイナスの価値しかつかないところまできている。

これまでみてきたように，1990年代半ば以降の柑橘農業はあまりにもリスクが大きく，経営の見通しが立たない状況にあり，事業費用の負担がさらに重くのしかかる結果となってしまっている。これはあまりにも皮肉で，かつ深刻な状況である。事業が完成したあとになってその必要性が問われる公共事業が多く見受けられるが，南予用水農業水利事業においても，まさにそうした問題が生じている。

6.3　集落営農体制づくりに向けて

こうした危機的状況のもとで，柑橘農業で生き残りを図る農家のなかに，減農薬や有機農業への方向転換によって活路を見いだそうとする気運がでてきた。一方，2000年6月改定JAS法が施行され，政府が認定した第三者機関の認証を受けなければ，「有機」等の表示ができなくなった。有機農産物の検査認証制度の導入に対応していくためには，スプリンクラーによる農薬散布をやめて集落営農体制をつくっていくことが，無茶々園の運動にとって緊急の課題となった。

そこで無茶々園は，スプリンクラーによる農薬散布をやめて集落の樹園地全体の有機農業化を図るために，1999年末頃から狩浜（本浦と枝浦）の農家へ

の働きかけを強めていった。2000年春頃には本浦と枝浦の7～8割の農家が有機農業化に合意，署名した。そして，本浦と枝浦の農家は，集落がまとまれば有機・減農薬栽培のみかんを「共撰扱い」（単価保障と販売の無茶々園委託）とすることを農協（東宇和農協明浜営農センター）に要望した。ところが，農協はこの要望を受け入れなかった。農協と無茶々園は対立したままであった。

それでも，本浦と枝浦の防除組合の総会における採決の結果，スプリンクラーによる農薬散布はせず，灌水だけに使用することになった。2集落で農薬散布が止まったので，無茶々園1年目の准会員[8]が2つの集落で30戸近く増えた。その結果，無茶々園化した樹園地は2000年度に約100haに拡大したのである。

「まだ続いている内部対立に，時には自分たちを犠牲にしながら，反対派の負担も引き受ける。（中略）同じ集落に住むもの同士，対立しながらも仲良くやる」（平成12年度無茶々園総会資料）といったやり方で本浦と枝浦の会員は解決策を見いだし，狩浜でスプリンクラーによる農薬散布を止めたのである。このようにして無茶々園は集落営農体制づくりに向けて大きな一歩を踏みだした。

集落営農体制づくりとして無茶々園が立ち上げた「生きがい農業」も，そうした試みのひとつである。生きがい農業とは，「杖をついて歩くくらいのヨボヨボになってもみかんを作りたいという老人の要望に応えられる」農業である。具体的には，最近健康食品として注目されているキンカン（1粒食べると1年長生きすると言い伝えられている）の栽培を始めた。

7　無茶々園のノートピア（百姓の理想郷）づくり

7.1　「地域社会協同組合」構想

明浜町の柑橘農業は，1995年前後から，生産技術のみでは対抗できない気象の不安定さと不況の波を受けてきた。無茶々園では，1990年代初めから1つの商品だけではもう生き残れないという危機感をもって，みかん以外にもちりめんや養殖真珠といった地域の産物を，みかんで開拓した流通ルートにのせて徐々に販売を拡大してきた。

もともと明浜町は半農半漁を生業としてきた地域であり，山の段畑には芋麦

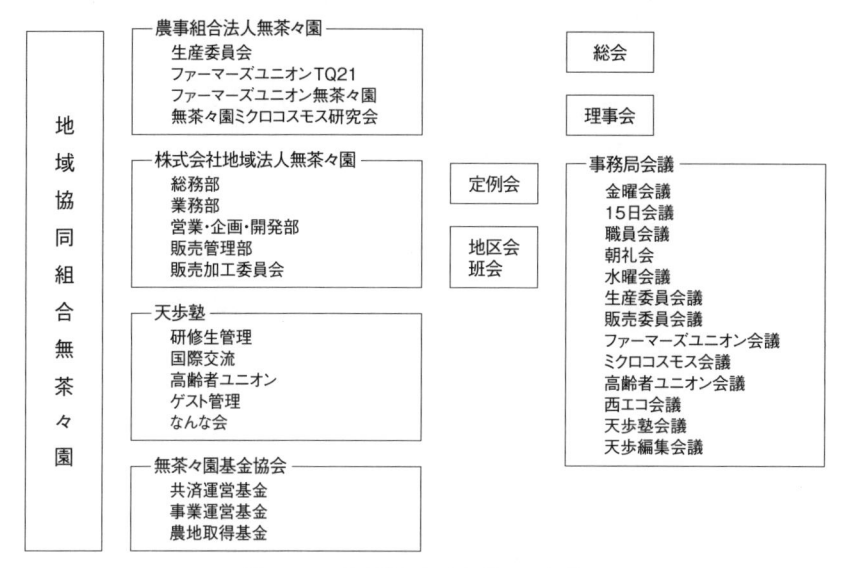

第 8 章　柑橘農家集団が担う地域再生運動

```
┌地域協同組合無茶々園─────────────────────────────────┐
│  ┌農事組合法人無茶々園──────┐    ┌総会────┐
│  │  生産委員会            │    └─────┘
│  │  ファーマーズユニオンTQ21 │    ┌理事会───┐
│  │  ファーマーズユニオン無茶々園│  └─────┘
│  │  無茶々園ミクロコスモス研究会│
│  └───────────────┘    ┌事務局会議──────┐
│  ┌株式会社地域法人無茶々園───┐    │  金曜会議      │
│  │  総務部              │    │  15日会議      │
│  │  業務部              │ ┌定例会┐│  職員会議      │
│  │  営業・企画・開発部       │ └──┘│  朝礼会        │
│  │  販売管理部           │ ┌地区会┐│  水曜会議      │
│  │  販売加工委員会         │ │班会 ││  生産委員会議   │
│  └───────────────┘ └──┘│  販売委員会議   │
│  ┌天歩塾──────────────┐    │  ファーマーズユニオン会議│
│  │  研修生管理           │    │  ミクロコスモス会議 │
│  │  国際交流            │    │  高齢者ユニオン会議 │
│  │  高齢者ユニオン         │    │  西エコ会議     │
│  │  ゲスト管理           │    │  天歩塾会議     │
│  │  なんな会            │    │  天歩編集会議    │
│  └───────────────┘    └──────────┘
│  ┌無茶々園基金協会──────────┐
│  │  共済運営基金          │
│  │  事業運営基金          │
│  │  農地取得基金          │
│  └───────────────┘
└──────────────────────────────────────┘
```

図 8-4　地域協同組合無茶々園組織図
（出典）平成 9 年度無茶々園総会資料

を植え，船で魚を揚げ，綿絹織物を九州や大阪などに売りに行っていた。昔からの複合的な形態の生業として，現在の産業を組み立て直さないと，地域環境も維持できない状況にきているのである。無茶々園では改めて地域の生業と資源に目を向け，地域における人とモノの循環，都市とのあいだの人とモノの大きな循環にもとづいた地域社会づくりをめざそうとしている。

　明浜の農業がおかれている厳しい状況のなかで，無茶々園が生き残り戦略として打ちだしたのが「地域社会協同組合」構想である。

　無茶々園では，株式会社地域法人無茶々園を設立した 1993 年頃から，地域内協同化によって相互扶助・共済機能をもった地域社会を起こそうという構想が芽生えていた。1996 年度には，そのための資金の積み立てと運用を行う無茶々園基金協会という組織をつくった。

　この頃から，無茶々園グループを統括する組織として「地域協同組合無茶々園」が構想されてくる（図 8-4 参照）。「地域社会協同組合」化に向けた無茶々園の運動の核となる組織が，「地域協同組合無茶々園」である。そして，①農事組合法人無茶々園（農業生産組織），②株式会社地域法人無茶々園（販売組織），③天歩塾（運動・広報組織），④無茶々園基金協会を，「非営利・協

同セクター地域協同組合無茶々園」を構成する4つのグループ組織としたのである。

　無茶々園は，この組織に無茶々園グループの資金を集め，「無茶々の里の生活・経済基盤のインフラ整備」を進めていこうとしている。

7.2　集団出作りとファーマーズユニオン天歩塾の設置

　無茶々園は，高齢化で栽培できなくなったり，個人で作りきれない樹園地を共同管理する受け皿として，1997年度に「ファーマーズユニオン無茶々園」という組織を農事組合法人無茶々園のなかに設置した。さらに，その担い手となる新規就農者の研修・定住システムづくりを進めた（この「町内農地の共同管理と新規就農者の育成」を内容とする計画を，無茶々園では，「ファーマーズユニオン TQ21」と名づけている）。そして，これまでの天歩塾の事業，研修生の受け入れや高齢者ユニオン（介護や老人の仕事の創造）などを，組織上はファーマーズユニオン無茶々園に委託して行うこととした。

　ファーマーズユニオン無茶々園設立のもうひとつの目的は，新規就農者を中心とする「集団出作り」（明浜の外にある畑や樹園地を集団で耕作することをさす）という新しい大規模出作り農業を確立し，企業的経営基盤の充実を図ることにあった。しかもそうした大規模出作りを，家族による協同労働[9]と同じように多様な価値があり，「集団家族農業」としての内実をもった営みとなることを企図した。

　「集団出作り」構想の背景には，明浜町の「みかん山の姥捨て山化」「化石化の時代」が始まっているという情勢認識があり，「段畑は現役の遺跡として価値のある部分を温州みかん専用に計画をたてて残」し，「新しい出作り農業」を共同で興そうと考えたのである（平成7年度無茶々園総会資料）。

　無茶々園は，この集団出作りによる大規模農業の確立を生き残り戦略のひとつと位置づけた。国際自由貿易の拡大や農産物の投機化が過激に進行するなかで，柑橘農業の現状を踏まえて，リスクの分散と次代を担う若者たちが希望をもてる新しい農業の開拓を狙ったのである[10]。

　こうした新しい農業システムの試みとして，高知県との県境に近い地域（南宇和郡一本松町・城辺町（じょうへん）・御荘町（みしょう），松山市北条）に10ヵ所100haを目標に，農場づくりをめざしている。その手始めとして，1999年4月から一本松町に

第8章　柑橘農家集団が担う地域再生運動

約4haの農場を借り，ソバやインゲン・カボチャ・タマネギなどの野菜の「大規模環境保全型農業の出作り実験」，城辺町・御荘町では5haの甘夏畑の出作りを始めた。2001年3月，城辺でさらに約3haの段畑を開墾してレモンの苗木2,000本と紅茶の苗木1,000本を植えた。2001年11月には，北条・風早農場約7haを取得し，野菜や穀類の無農薬・無化学肥料栽培に挑戦している。

2001年度から「ファーマーズユニオン天歩塾」が独立部門として新規就農者の研修と農場運営を中心に担う組織となった。2002年度には，研修事業と区別して，農場経営事業にあたる新しい「集団家族農業」の会社「有限会社ファーマーズユニオン北条」を設立し，独立採算に向けて取り組んでいる（平成13～15年度無茶々園総会資料）。

1999年5月，この事業を進めるために新しく「農地取得・文化共生基金」を設置し，無茶々園が提携している消費者に出資を呼びかけ，2004年現在，約30haの農地を取得した。基金には2005年8月までに，315名から約1,200万円にのぼる支援が寄せられた。生産者と消費者のあいだで農地を共有し，文化の「共生関係」を創りつつ，新しい農業システムを構築しようとしているのである。

自給を視野に入れた家族農業と地域循環を確立していくとともに，集団出作りによる「集団家族農業」をつけ加えることによって，より強固な「地域共同体」として機能する〈共同の力〉を蓄えているところである[11]。

7.3　消費者とのネットワークの拡大

無茶々園は個人の消費者，グループ・団体，自然食品店，小売店，生協，スーパー，市場，学校給食等，考えられるほとんどの販売ルートを開拓してきた。販売ルートは大まかに，個人消費者・グループ（2割），生協・自然食品店など（5割），卸売市場（3割）という3つに分かれる。このように複数の販売ルートをもつことによって，無茶々園はリスクの分散を図ってきた。市場ルートは，表年・裏年という作柄の良し悪しによる出荷調整の機能を果たしており，将来的には個人消費者への直接販売が3割を超えるようにもっていきたいと考えている。

1997年9月には，無茶々園を含む8つの産直産地の農業団体（米沢郷牧場や南高有機農業研究会など）が共同出資した「匠集団・おおぞら」[12]が，東

写真8-6 無茶々園の直接販売品（2007年）
（左）温州みかん，レモン，ゆず　（右）ちりめん，揚げかまぼこ，梅干し

京・葛飾区金町に，アンテナショップ「ファーマーズマーケット・とらじろう」を設立した。ここを拠点に無茶々園は，都市の消費者との交流・連携を深め，ネットワークを広げている。

こうして「顔の見える関係」を広げる一方，インターネット上に開かれた仮想商店街（えひめバーチャルモール「i・愛・えひめ」）に出店するなど，IT革命にのせた事業展開も試行している（2000年4月）。また，全国約80の「有機」や「減農薬」の農業生産法人などが，インターネット上で電子商取引（EC）を行う「e-有機生活」（2000年10月から配信）の立ち上げに参加し，「有限会社e-有機生活四国」を設立した。2000年度の事業計画によると，無茶々園は「e-有機生活」の事業展開に積極的に参加し，これに合わせて株式会社地域法人無茶々園の経営組織・機構を再編していこうとしている。

株式会社地域法人無茶々園はこれまで都市からの集金機構として機能してきたが，事業展開の拡大につれて経営・販売・企画・開発業務組織・機構の大きな転換を迫られている。2004年現在，無茶々園が直接提携している個人消費者・グループは8,000にのぼっているが，消費者との連携・ネットワークの拡大に向けて新たな試行も始まっている。

7.4　表示・認証制度の整備のなかで

2000年6月改定JAS法が施行され（2001年4月から完全実施），国の認定を受けた第三者機関による認証を受けなければ商品に「有機」と表示できなくなった。そこで無茶々園は，これまで「顔の見える関係」にもとづいて保証し

第8章　柑橘農家集団が担う地域再生運動

てきた「安全・安心・環境」のメッセージを，ISO（国際標準化機構）[13]が制定した「ISO14001」（環境対策への取り組みを認証する国際規格）のシステムに託すことにした。無農薬栽培圃場を1年で10%拡大することや地域の水質保全のためにせっけん使用を励行することなどが，環境対策のおもな内容である。このISO14001を取得することで，組織内部を整理し，国際レベルで生産情報を公開していき，それが信用を高めていく出発点と考えたからである。

　こうして高額の審査・認証費用をかけて，無茶々園は2001年1月にISOの認証を取得した。無茶々園の環境管理責任者となった宇都宮幸紀さんは，ISO14001のシステムを導入したことによって，会員たちのなかで環境を意識することが増えてきたという（『天歩』No.56, 2001年1月）。

　ところが，他方では，JASの有機認証をとってほしいという販売者も多い。無茶々園は，有機JASマークも販売上の必要から認定申請を決定したものの，有機JAS認証制度の矛盾や問題[14]に直面して戸惑っている。

　有機JAS認証制度，ISO14001のシステムとも，ニセモノや偽装が紛れ込むことを完全に排除することはできない。第三者機関による認証によって有機JASマークを貼付した商品から農薬が検出されたり，ISO14001を取得した企業が環境汚染を引き起こしている事実が，それを証明している。

　無茶々園は，会員の環境に対する意識喚起や，消費者・流通関係者への生産情報の開示・透明性の確保，環境にやさしい農業に取り組む姿勢を地域へアピールするなど，ISO14001のシステム導入の意義を大きく評価し，生産や運動面での定着を図っている。前項で述べた消費者との連携・ネットワークの強化・拡大によって，「安全・安心・環境」に対する信頼を獲得していくことを重視して交流活動にも力を注いでいる。

7.5　「田舎・故郷」の自治・自立

　30年におよぶ無茶々園の運動の原点は，地球環境の悪化による異常気象や天災，農業政策に翻弄されつつも，なんとか辺境の田舎で生きていきたいという強い思いにあるようだ。「四季折々の山海の自然と親しみ，利用し，共存する。そして，誰もが健康で長生きのできる里」。生まれ育った地域にこだわり，そこでのノートピア（百姓の理想郷）づくりに賭けてきたのだ[15]。

　日本経済がボーダレスにグローバル化していくなかで，辺境の田舎で生きる

「暮らしの論理」と，農業すら世界システムに組み込み産業化していく「産業社会の論理」が鋭い対立をみせるようになった。たとえば，鮮度保持技術の進歩により世界中から新鮮な柑橘類が輸入可能になり，国産みかんの値決めが国際価格に左右され，商社の介在が強まるなど，投機的要因が増大している。

そうしたなかにあって無茶々園は，経済構造や生産現場がいかに変化しようとも，生まれ育った地域を出ていかないですむ「故郷」にすることをめざしている。すなわち，「子供を育てる場所，年老いて大地に帰る場所，経済の戦士たちが戦いに疲れた身を休める場所」として最高の条件を備えた「故郷基盤」の形成である。そこでは，「小学校の高学年になると子供は皆の宝という観点に立ち，共同生活を始め，老人たちとの共生も含め，皆で生きるという生き方を学ぶ。学問もできる限りやらせ，経済活動に疲れたときには元気になるまで古里で休養し，また戦いに出る。年寄りには生きがいの仕事をやってもらい，在宅介護でひとりも寝たきりにしない，させない」(平成9年度無茶々園総会資料)といった地域社会の実現を夢見ているのである。

地域協同組合無茶々園を核に「地域共同体」づくりをめざす片山元治さんは，各地の「自治体が行っている農協を通じての農業の体質強化，第三セクターやイベントを通しての町づくりという考え方では，崩壊が始まった田舎の再生は不可能」という判断から，「田舎には，営利活動を越えたかつての運命共同体を21世紀に向けて進化させたような組織が必要」と考えている。そして，「農業経営を地域に根付かせ，域内で皆で考えながら仕事の創造」をしていく，「非営利・協同の地域社会協同組合」によって地域の再生を図っていこうとしている。

互恵・互助の協同労働によって成り立っていた家族経営から集団家族経営へと協同労働を「進化」させ，「若者が生きていける新しい農業システム」を辺境の地に創りだし，自立と互助の「田舎・故郷」に根付かせたいと願っているのである。ノートピアづくりが徐々に現実のものとして形づくられてきている。

8　無茶々園の地域再生運動——生業・自治の担い手の形成

8.1　運動が成長した要因

2004年，無茶々園は30周年という節目を迎えた。83戸の農家（明浜町農家

戸数の約2割）が会員として結集した。有機農業による栽培面積は町内全耕作面積の約2割（機関誌『天歩』No. 68，2003年1月），生産高（売上高）の3〜5割を占めるまでに成長した。株式会社地域法人無茶々園の売上高は約6〜7億円，従業員32名（うち職員16名）である。無茶々園グループを再編して，非営利・協同の組織として統括する新しい組織体制づくりに向けて動きはじめたところである（以上2004年現在のデータ，平成15年度無茶々園総会資料）。

これまで30年におよぶ無茶々園の運動を大まかにたどってきたが，3人の農業後継者による試作から始まった無茶々園の有機農業運動が，ちりめんや養殖真珠などの地域の生業を活性化させ，「田舎・故郷」の生き残りをかけた，地域自立・自治の運動として地域に広がっている。無茶々園の運動の初期に構想されていた「個別農家における最大限の複合経営化と自給の集積の結果としての町内複合経営」（桝潟，1986）のイメージが，次第に明確になって具体的に動きはじめている。既存の無茶々園グループを再編し，循環型地域社会を視野に入れた町づくりを担う「地域協同組合無茶々園」を立ち上げようとしている（平成15年度無茶々園総会資料）。

ここでは，無茶々園の運動が地域的な広がりを獲得するまでに成長した要因を整理しておきたい。

(1) 先見性と実践力

まず，第1に挙げなくてはならないのは，片山元治さん，斉藤正治さん，斉藤達文さんという3人の狩浜の農業後継者の先見性と実践力である。

高度成長期以降の日本の農山村を襲ったさまざまな問題は，大都市圏から遠く離れた辺境の地である狩浜では，厳しく増幅して現れた。芋麦の自給農業と漁業を組み合わせてきた生業は，1960年代以降，柑橘専作農業へ変貌した。人口の減少，高齢化，後継者不足，柑橘類の輸入自由化などが，町の将来に大きな影を落としていた。

無茶々園の運動の出発点は，後継者難，嫁不足，収入不安定など，身近な農業問題をいかに克服できるかにあった。そうした状況のもとで，片山さんたちは有機農業に着目して，柑橘農業の活路を見いだそうとしたのである。「こんな小さな町に，あの3人が生まれたのは奇跡だ」という人がいるほど，まさに「天の配剤」であるかのような人材である。有機農業への転換や都市の消費者への販売ルートの開拓など，その先見性と実践力によって，無茶々園はしだい

に地域の篤農家や中核的な柑橘農家へも浸透し，理解と共感が広がっていった。

運動を始めた頃はまだ 20 代の農業後継者であった青年たちも中高年にさしかかっている。無茶々園の運動は，いま，柑橘農家の第三世代に移行しつつあるなかで，いかなる「田舎・故郷」を次の世代に引き継ぐことができるかということを視野に入れつつ，経済のグローバル化や「IT 革命」，情報化の進展などの激しい変動に対応しつつ地歩を固めている。

20 世紀末を迎え，「ここ数年が無茶々園の正念場になる」と感じた片山さんは，有機農業に転換して 20 年以上になる自らの樹園地の一部の栽培を無茶々園の仲間に委託して，地域法人無茶々園の事務局長の仕事に専念した。そして，事務局の仕事を徐々に次世代にバトンタッチする一方，ファーマーズユニオン北条，北条・風早農場を軌道にのせようと奮闘している。

(2) 女性パワー

第 2 に，無茶々園婦人部「なんな会」の女性たちの存在を見落とすことはできない。

「なんな会」は 1983 年に結成され，漁協婦人部と協力して合成洗剤追放・せっけん運動を進めたり，合併浄化槽の設置費用の一部負担を町に働きかけるなどして，赤潮が発生するなど汚染がひどい海の自然環境回復にも力を注いでいる。さらに，高齢化が急速に進むなか，無茶々園の会員たちは女性だけでなく男性も率先してホームヘルパー養成講座を受けて資格をとったり[16]，狩浜「ぬくもりの会」という高齢者が気軽に参加できるおしゃべりの会などを時々開いて，高齢者にやさしい地域にしていこうとしている。

農協や集落の生産組織は，理事などの役員を男性が独占して運営されている。無茶々園においても，生産・販売組織としての機能をムラ社会のなかで果たしていくには男性が前面に出ないとうまく事業展開できないためか，女性理事の選任は一度行われたが続かなかった。しかし，女性たちは無茶々園の運動のなかで重要な役割を担っている。無茶々園会員の同志として生産活動を支えるだけでなく，海を守るせっけん運動や機関誌『天歩』の編集，生活文化・技術の継承・創出などでも活躍している。

「なんな会」は，漁協婦人部や生活改善グループと連携して，赤潮の発生などを防ぐため，水質検査や合併浄化槽設置，粉せっけんを製造する機械の購入を町に働きかけ，合成洗剤による生活排水の汚染や環境問題についての講演会

を開催するなど，海を守る運動を継続している。1991年9月の台風19号の被害による収入減を補うため，地元産の野菜，手作りの海産物加工品，柑橘類などを箱詰めにした「復活パック」の販売には，「なんな会」の女性パワーが遺憾なく発揮された。このほか，「なんな会」は，ホームヘルパー養成講座の開催や子どもたちの環境教育，消費者との交流などを通して，地元や都市の消費者との相互交流を絶えず行っている。

(3) 共感と信頼関係

第3に無茶々園の運動を持続させ発展させることができた要因として，会員や地元関係者の運動目標への共感獲得と無茶々園への信頼関係の形成が挙げられる。これまで無茶々園が運動を進めてきた過程は，試行錯誤の連続であり，多くの紆余曲折があった。だが，無茶々園は情勢変化に対応してきわめて柔軟に事業や組織の変更を行い，機敏に軌道修正しつつ運動を進めてきた。無茶々園は運動の展開過程で，次々と新しいアイディア（着想）や計画を打ち出し，すぐさま実践に移して検証しながら運動や事業の方向性を探っていくという「柔構造」[17]の組織運営によって，切り抜けてきた。

たとえば，地域の新しい生業を見いだそうと，狩浜のみかん山の標高360mの山頂，眼下に宇和海が一望できる地に山羊牧場を建設し，山羊乳でヨーグルトやアイスクリームをつくることを試みたが，事業としては軌道にのらなかった。

もうひとつ例を挙げよう。一時期，無茶々園は，無茶々園主導の明浜町農協の一部会のような「明浜町有機農業部会」という生産者組織をつくったが，これは2年ほどで解消した（1991〜92年度）。そして，前述のように農事組合法人無茶々園を生産者組織として再編成して，無茶々園正会員の資格要件を厳しくした。さらに，町内10ヵ所に「3年後の模範園」を設置するなど，個々の生産者の実践・努力に重点を置いた活動方針へと大きく方向転換した。

つまり，バブル崩壊後の時点で，無茶々園は80年代後半の会員・組織拡大路線から，個々の会員の技術向上を図り力量を高めていく路線へと，180度方向転換を図っている。

この2つの例からもうかがえるように，たしかに，一面では，無茶々園の運動や事業の進め方は「無茶苦茶」，あまりにも計画性がなくいい加減なところがある。有機栽培に取り組みはじめた頃，「無茶苦茶園」と揶揄された通りで

ある。しかし，無茶々園が「自立と互助の地域社会」(「地域社会協同組合」)づくりを原点として絶えず確認し，運動の方向性を探りつつ突き進んでいることに対して，会員や地元業者のあいだには信頼が培われているようである。さらに，この信頼関係は，リアス式海岸沿いの狭い平坦地に密集して居住する集落において，日常的なつきあいや生活のなかから醸し出されている凝集力に裏打ちされているようだ。

　もう1点つけ加えるならば，バブル経済崩壊後，明浜町のみかん売上げが伸び悩み，価格が暴落するなかで，無茶々園は会員が有機栽培したみかんを独自に開拓した流通・販売ルートにのせて，価格を維持してきた販売実績も，無茶々園に対する会員の信頼につながっているとみられる。

(4) 都市とのネットワークと相互交流

　第4の要因として，都市とのネットワークや国内外の多くの人たちとの相互交流を挙げたい。

　無茶々園は外部に対して，つねに開かれている。そして，おいしく安全なみかんづくりによって都市との関係性を創出して，国内はもちろん海外からも多くの人たちが無茶々園の里を訪ねてきた。無茶々園は，辺境の地にありながらも，都市の消費者や国内外からの研修生，新規就農者との関係を深め，ネットワークを紡ぎだしてきたからこそ，激動の時代にもかかわらず確固たる運動の方向性を見いだすことができた。

　おもな提携先の運動体として，食と農をむすぶこれからの会，首都圏生協事業連，大地を守る会，米沢郷牧場，労働者協同組合などを挙げることができる。これらの消費者団体や専門流通事業体，都市の消費者等との親密な関係性のもとで，モノのやりとりや価値のぶつけ合いを通して相互に変革を遂げてきたのである。

　無茶々園の夢はさらに広がっている。国境を超えて南洋諸島や東南アジアの国の農漁村との交流を深めようとしており，さしあたり，フィジーで有機砂糖，ベトナムで真珠の事業を起こしたいと考えている。また，2002年から，フィリピンなどから海外研修生の受け入れを始めた。

(5) 自治の担い手形成

　第5には，無茶々園はその運動を通して，明浜町における生業を活性化し，

第 8 章　柑橘農家集団が担う地域再生運動

写真 8-7　無茶々園婦人部なんな会の会員
（1998 年 9 月）

写真 8-8　消費者との交流
（2005 年 4 月）

写真 8-9　機関誌『天歩』72 号
　　　　（上）表紙　（下）裏表紙（2003 年 9 月）

233

自治の担い手を絶えず形成してきたことを挙げたい。無茶々園は有機農業への転換だけでなく，生きがい農業やはちみつの生産など，地域の生業の活性化や掘り起こしを行ってきた。そうした運動の成果が，地域の農業活力を示す指標（1995年）にも如実に表れていた。

　無茶々園の会員が多い狩江地区の農業活力は，柑橘農業を取り囲む情勢が厳しさを増すなかで，東宇和郡の平均（100）を上回っていた。主業農家指数（247）がきわめて高く，販売金額が500万円以上の農家指数（216）も高い。また，耕作放棄指数が格段に低いのが目立つ。しかし，狩江地区においても農家数が減少し，20～30代の農業従事者（とくに基幹的農業従事者）は少なくなっていた（中国四国農政局, 1998: 6-7）。

　こうした状況を打開するために，無茶々園は研修生を積極的に受け入れて新規就農者の育成を図ったり，「集団出作り」を試みるなど，新しい生業のあり方を模索している。無茶々園の運動を通して個として自立した生業と自治の担い手たちが形成され，老若男女が生き生きと生活できる「田舎・故郷」の再生に取り組んでいるのである。

8.2　自立と互助の地域共同体づくり

　無茶々園では，個々の会員は，農家という家族の協同労働による事業体の管理・運営の主体であり，農事組合法人無茶々園は自立した農家（事業体）が集まった「事業連合体」である，という組織原理が貫かれている。これが，無茶々園の運動の持続力と推進力の源泉である。このことが，これまで「農民のための組織」とされてきた農協と無茶々園との決定的な違いである[18]。

　高度成長が終焉に近づいた頃，生命や身体を脅かし破壊する力を肌で感じとり，これに対抗して，「田舎・故郷」で生き抜こうとして片山さんたちが探りあてたのが，有機農業であり，地域社会協同組合構想であった。地域の柑橘農業の中核的担い手が無茶々園の戦列に結集したのである。柑橘農家集団は，日本の農山村が抱える問題に対して，鋭い農民の直感で克服の方途を見いだし，ノートピアづくりに向けて邁進してきたのである。

　無茶々園が有機農業運動を通して創り上げたネットワークは，流通・販売ルートとしての意味にとどまらず，運動の展開に大きな意味をもっていたのである。つまり，このネットワークは親密圏としての内実をもっているものであり，

第8章　柑橘農家集団が担う地域再生運動

他者の生命・身体に一定の配慮や関係性がある生命共同体である。ここから「他者性に立った公共性」が立ち上がってきている。

狩浜で産声をあげてから四半世紀，無茶々園は，21世紀の初頭に「環境と協同」を旗印として，いよいよ「地域社会協同組合」構想の実現に向けて動きだした。ところが，「地方分権」の名のもとに，東宇和郡4町（明浜町，宇和町，野村町，城川町）と三瓶町が広域合併して，2001年西予市が誕生した。明浜町は面積・人口規模とももっとも小さく，しかも東端に位置する。西予市では周縁に位置づけられていくことになるであろう。「在地」にこだわり30年にわたって「自立と互助」の「地域共同体」づくりを進めてきた無茶々園である。これからの運動の展開を注視していきたい。

注
(1) その後，『天歩』は1991年から無茶々園の広報誌としての性格を強め，装いを新たに再出発した。
(2) この石灰鉱山跡地は2000年3月「あけはまシーサイド・サンパーク」という文化・スポーツ公園として整備された。町の伝統工芸の伝承や特産品開発のための「ふるさと創生館」，「歴史民俗資料館」，オートキャンプ場などがある。
(3) 高山，狩江，俵津の3ヵ所にあったが，町の文化・スポーツ施設整備のために高山のセンターが廃止となり，2004年現在は2ヵ所である。
(4) カメムシの異常発生には，異常気象のほかに周辺の山林の荒廃も関係しているとみられている。
(5) 1991年2月から1991年12月の11ヵ月間で，カメムシ以外のサビダニやソウカ病，かいよう病防除のために化学農薬を使用した樹園地は342a（無茶々園全面積の6.3％）にとどまった。ところが，1991年秋の収穫を目前に控えた9月，台風19号通過直後にカメムシが異常発生したため，これにより化学農薬の使用を回避できなかった。その結果「無農薬栽培」の温州系みかんは出荷量の15％しかない状態であった。この年は，温州系以外のポンカンや伊予柑も「無農薬栽培」は出荷量の約4割であった（平成3年度無茶々園総会資料）。
(6) 南予地方はリアス式海岸地帯で，急峻な段畑を耕し，みかんの一大産地を形成している。しかし，年間平均約1,600mmの降雨も小河川のため急流となって海へ直接流れ出て，水資源に乏しかった。そのため，1967年は80年に一度の大干ばつといわれ，90日間雨らしい雨がなく，川は干上がり，井戸水は涸れてしまった。天水に頼らざるを得なかった農作物の被害総額は，250億円にも

のぼったという（南予用水事業期成同盟会, 1997）。

(7) スプリンクラー施設建設以前に樹園地をブロック化して団地設定できれば，配管を分けてスプリンクラーを制御して作動させることは技術的に可能だが，ブロック化できなければ，どうしようもない。1999年春にスプリンクラー施設が完成した枝浦では，ブロック化して配管を分け，農薬散布時には枝浦の半分の面積（2期工事）のバルブを締めることができるようにした。

(8) 農事組合法人無茶々園の准会員は，正会員の条件を満たさない会員であり，「平成11年度以降の新規入会者は，3年間准会員とし有機栽培園が出来た時点で理事会で正会員決定をする」と規定されている。

　なお，正会員の条件についても，内規で定められており，以下の7つの条件を満たす会員をさす。これについては，おおむね1994年8月の無茶々園総会で改定された正会員の条件が現在まで踏襲されている。

　①自家菜園をもち，自分が食べる野菜を自給している事，②自作園地の全園を無茶々園化している事。ただし，隣接園の園主と生産面での摩擦が生じる様な場合は例外とする，③自作と小作を含めて，無茶々園に加入している面積が1ha以上である事，④自分が耕作するすべての園地に於いて除草剤を使用していない事，⑤大いなる夢とロマンを持ち，苦楽を共にする同志としてやっていける人，⑥月1回程度のボランティア活動ができる人，⑦入会後3年以上経ち，理事会で正会員に認められた人（農事組合法人無茶々園内規，2000年より抜粋）。

(9) 「かつて家族は，親父の仕事，母ちゃんの仕事，子供の仕事，皆それぞれの仕事をして家族が成り立っていた。これを協同労働というならば，労働は人生教育，社会教育の場であり，生きる喜びの場であり，奉仕の場でもある。お金だけには換えきれない多様な価値ある労働が協同労働であり，地域社会で生活する，仕事をする，それは協同労働でなければならない」（平成9年度無茶々園総会資料）という。

(10) 「今までは小さな町から遠く離れた消費者の方との繋がりを求め走ってきました。これからは地域のなかの現状を見つめ直し，仲間の手を取り合って地域での循環を強めて，都市とのおおきな循環をつくっていくことが必要だと思うのです。そうすれば，お互いの生きる支えを作れるのではないだろうかと考えています。IターンUターンの言葉が定着するなか，無茶々園では，循環する人・人の輪「O（オー）ターン」を提唱し合言葉に前進します」（『天歩』No. 58，2001年5月）。

(11) 無茶々園が，なぜ，明浜町以外で，しかも柑橘ではなくまったく畑違いの

第8章　柑橘農家集団が担う地域再生運動

野菜類を作る必要があるのか。柑橘類は，主食ではなく副食，どちらかといえば嗜好品的な要素が強い。長期不況と輸入自由化のもとで，柑橘類の価格は低迷・暴落している。「現在では折からの健康ブームと不況から一般の人々の食生活は徐々に粗食になっているのではないか。今すぐとはいかないけれど，過食の時代（とき）も過ぎ去った現代人にとって，粗食に戻っていくのは自然のなりゆきではないだろうか」という認識にもとづき，将来の食生活の変化を射程に入れた戦略を立てている（『天歩』No.58，2001年5月）。

(12)「有限会社匠集団・おおぞら」は，各地で地域循環農業を実践してきた農業者によってつくられた法人で，このアンテナショップを中心に各団体の生産物の販売活動を展開している。

(13) ISO（国際標準化機構，本部・ジュネーブ）は，1947年に国際標準を定めるために生まれた機関である。代表的なものにネジの規格があり，写真フィルムの感度の規格（ISO100など）も知られている。ISO14001は，環境管理システムの国際規格として1996年に設けられた。環境配慮型の製品認証ではなく，組織全体で環境負荷を恒常的に減らすシステム，実行力をもつかを第三者が認証する。

(14) そもそも有機農法に共通の定義を持ち込むところに無理があり，しかも工業的に生産された食品規格の制度にのせたものであるから，実際の農作業との矛盾が多い。他方，「JAS法でいう有機栽培で認められた農薬という表現が，生産者の気持ちを揺るがしている」。また，なるべく農薬をかけまいと必死で努力しているのに，JAS法で認められているなら，散布して収量を確保しようかという雰囲気が出てきているという（『天歩』No.59，2001年6月）。

(15) 日本の農業が産業化・企業化へと走りはじめているなか，無茶々園は次のような認識に立っている。

　「みかん栽培という商業的農業を行っている以上，また文明の恩恵を受ける以上企業戦争のワクを逃れることは出来ないし，単なる田舎企業では生き残れないのは明白で，少なくとも世界の田舎企業として生き残り戦略を立てなければならない。また田舎企業は単なる利益追求企業では生き残れない。エコロジカルな田舎づくり，国際田舎のネットワーク，地球環境の保全という大義を掲げて活動する時のみ，生き残りの道が開けるのである。田舎は共存，共栄の社会であり運命共同体であり，そして今後は1つの企業体でもある。企業とは情報収集，戦略作成，先行投資，実践展開の繰り返しでこの中の1つでも遅れたり，間違えればその企業は容赦なく衰退，破産となる世界なのである」（平成2年度無茶々園総会資料）。

「高齢化社会・超過疎化・後継者不足（嫁不足）など田舎を取り巻く環境はますます悪化するばかりで，それにもましてオレンジ自由化，バブル崩壊，円高による不景気は農村経済を窮地に陥れている。また，度重なる自然の猛威は我々生産者の将来を益々不透明にしている。このような状況の中で農村の生き残りを賭け，また子孫にまで田舎の伝統と誇りを受けつなげるためにも今，我々は立ち上がらなければならない。まず，ゆとりある農業を目指すためには生産技術の向上，販売力の強化と農村食物自給率のアップ（生活改善の推進）が必要であろう」。

そのなかでも株式会社地域法人無茶々園は，「販売力の強化を受持ち地域産業の発展と再生産価格の維持向上のために企業的センスを取り入れながら販売活動に力を入れたい」（平成4年度無茶々園総会資料）。

(16) 1995年から町に働きかけてホームヘルパー3級の養成講座を開講した。1999年末，明浜町全体で約100名が3級の修了証書を手にした。さらに，2000年には，無茶々園が国の緊急雇用対策事業の補助を受けて2回にわたりホームヘルパー2級養成講座を開講したところ，100人以上が受講した（2004年現在，4,000人余の人口に対して120人の2級ヘルパーがいる）。

(17) こうした「柔構造」は「特殊なもの」ではなく，ムラの組織や農家，農民に，状況の変化に対応して存続・生存するための戦略として，そなわっているようだ。たとえば，柿崎京一は，白川村の大家族制という家族形態には，「家作業の多忙期（養蚕，糸挽きなど）には集中し，そうでない時に分散する一かれらの生活のダイナミズムがその家族形態に反映して」おり，「柔構造としての家」（「家」のもつ柔構造）を再検討する必要を提起している（武笠, 2001）。

(18) 「地域協同組合無茶々園は農にこだわらず，いろいろな仕事を創造しながら，21世紀のあるべきムラを求めて，互いに助け合って協同事業を進化させ，事業連合していく組織です。そこには使う人，使われる人の関係は存在しない。参加している自分が主人公なのです」（平成11年度無茶々園総会資料）。

資 料

明浜町農業協同組合・明浜町農業企画指導班, 1998「振興計画基本構想」『21世紀に生きる――明浜町農業振興計画書』

中国四国農政局愛媛統計情報事務所大洲出張所編, 1998『'95センサスでみる地域の農業活力　東宇和郡編』愛媛農林統計協会.

片山元治, 1982「無茶々園農業の未来」芝昭彦ほか『ちょっと退屈な日々』自分

たちの本を作るための 30 人の会（自費出版）, 146-149.
無茶々園機関誌『天歩』No. 1（1991 年 9 月）〜 No. 80（2005 年 4 月）
無茶々園総会資料（昭和 63 年度〜平成 15 年度）
南予用水事業期成同盟会, 1997『南予用水事業のあゆみ』
斉藤正治・浜木由規雄, 1982「無茶々園の歩み」芝昭彦ほか『ちょっと退屈な日々』自分たちの本を作るための 30 人の会（自費出版）, 134-141.

年表　無茶々園の歩みと明浜町の有機農業運動

年	無茶々園の活動・栽培・販売	明浜町・周辺地域・消費者との交流・提携など
1974 (S49)	広福寺住職の好意で15aの伊予柑園を借り，有機農法の実験栽培開始 研究園「無茶々園」の誕生（5月）	
1975 (S50)	福岡正信氏（自然農法家）の農園見学，無農薬・無化学肥料栽培に取り組む 伊予柑を農協へ出荷，可品とジュースになる。収入ほとんどなし	
1976 (S51)	有機農法・自然農法などの言葉がやっと理解できるようになる みかんの見かけが悪く，一般の果実商に販売。収入ほとんどなし	明浜共撰場，俵津に設置（宇和青果農協の第5共撰場）
1977 (S52)	山林のクヌギを伐採，椎茸栽培 山羊10頭（日本ザーネン種，長野県より）買入れ 有機栽培みかん，初めて自然食品店「愛信」（松山市）に引き取られる	
1978 (S53)	廣澤太郎兵衛氏（公害自衛研究家）を相談役に 有機栽培の技術的展望をようやく得る	NHK，朝日新聞，愛媛新聞などのマスコミが無茶々園を報道 吉岡金市氏（農学者）来園 農事組合法人米沢郷牧場発足 南予用水野村ダム着工（1982年竣工） 明浜町歴史民俗資料館開設（旧高山保育所跡，11月）
1979 (S54)	会員4戸，有機栽培みかん試作（1ha） ミドリクサカメムシ異常発生，会員1名脱落	全国でみかんの生産過剰，売行き不振
1980 (S55)	会員6名上京，神田市場・自然食品店・生協・有機研など訪問（2月） 機関誌『天歩』創刊（5月） 会員2戸加わる（30a増加） 見かけさえ問題にしなければ収量面で採算ベースに達する 食味が若干すっぱくなったため，おいしいみかんを追求 国鉄輸送からトラック輸送に切り替え	全国自然保護連盟高知大会に出席（6月） 日本自然塩普及協会，愛媛有機農産センターなどと交流 明浜町と三井物産，大早津にLPG基地建設計画発表（9月） LPG基地反対運動（9月〜）
1981 (S56)	事務能力，健康管理，自給力の向上，花嫁問題に取り組む 品質にばらつき生じる（無茶々園化年数との関係） 肥料成分や施肥時期などの研究に取り組む 東京研修（5月，10日間） 『天歩』2号発行（東京研修の記録，6月）	田尻宗昭氏（LPG基地反対運動家）来園 三井物産，LPG基地建設断念（3月） 農協の共同堆肥センター開設（高山，春ごろ） 「未婚女性に呼びかけるつどい」開催（11月）
1982 (S57)	「無茶々1号肥」（米ヌカ6:魚粉3:骨粉1）を開発，使用 冷夏・長雨・秋高温と3年連続異常気象で腐敗果が多数発生 一部の園でヤノネカイガラムシ，ミカントゲコナムシ，雑カイガラムシ発生 予約数量が生産量を上回る	「村の青年とまちの女性のつどい」開催（5月，東京）
1983 (S58)	東京研修（7月）　明浜農協と協議（10月） 「なんな会」（無茶々園婦人部）発足（10月） 一部の園でアカダニ，サビダニ発生 光沢あるみかんを収穫，収量予測が大幅に外れ，予約調整に苦労 栽培指針作成　収量100t	「食と農をむすぶこれからの会」（東京）と提携開始（7月） 首都圏生協，愛媛生協来園（9月） 環保連シンポジウムに出席（松山，11月） 東一副社長，東急常務来園（12月）
1984 (S59)	松山1日研修（2月）	家の光記者来園（1月）

第 8 章　柑橘農家集団が担う地域再生運動

年		
1984 (S59)	平岩フルーツランド（「無茶々の里」づくり実験場）鍬入れ式（3月） 東京研修（5月） 宇和青果農協とジュース加工について協議（5月） 無茶々園事務所開設（10月） 「無茶々1号肥」見直し，栽培体系の確立図る 夏の早魃で収量減少，予約数量を下回る 会員16戸から32戸に倍増，収量200t超える（8ha）	農協の農産物集出荷施設，堆肥センター開設（狩江，2月） たつみ生協，首都圏生協の交流会参加（2月） 「これからの会」研修来園，あけぼの生協来園（8月）
1985 (S60)	「生食できない」みかんをジュースやジャム加工に取り組む（「1.5次産業」，昭和59年度） ちりめんや筍の水煮などの特産物を販売ルートにのせる試み開始 「ばくの会」（俵津，24～25名）「ヤング同志会」（枝浦，8名）が団体加入（後継者グループ） 会員40戸，収量300t（10ha以上）	「なんな会」，地域の学校給食や合成洗剤の問題に取り組む 「明浜町海外派遣制度をつくる会」町内青年の海外派遣開始
1986 (S61)	ジュース，マーマレードづくりに本格的に取り組む	
1987 (S62)	収量600t	農協の堆肥センター開設（俵津，2月） 農協，無茶々園を有機農業部会として認める
1988 (S63)	平岩フルーツランドに山小屋完成（夏） 会員55戸，収量800t（34ha）	四国電力伊方原発出力調整実験中止を求める運動広がる みかんの減反政策開始
1989 (H1)	「顔の見える付き合い」の再強化，多品目販売へ移行 会員70戸，収量1,050t（町内全体の1割超）	町営民宿「故郷」開設（7月） 消費者約3000ヵ所と提携（9月，NHK「おはようジャーナル」放映や情報誌の影響で1000ヵ所以上増加） 明浜町シーサイド・サンパーク構想策定（12月）
1990 (H2)	農事組合法人無茶々園発足（2月17日，山羊牧場建設と自給用作物栽培を事業に） 農林水産省「有機農業技術実証調査事業」参加（4月，3ヵ年実施） 液肥研究の開始（4月） 山羊牧場の建設開始（5月12日） 山羊牧場の開設（7月11日，長野県より山羊10頭（雄1頭，雌9頭）を購入） お伊勢山フィッシングセンター（狩浜）を無茶々園の活動拠点化（「インターナショナルゾーンお伊勢山構想」） 理事をはじめ，女性を積極的登用 未曾有のカメムシ，サビダニ等の病虫害被害，収量の約3割をジュース等に加工	国産温州みかん生産量165万t
1991 (H3)	無茶々園生産部発足（平成3年度） 化学農薬使用基準制定（年2回に限り農薬使用を認める） 2年連続カメムシ異常発生（台風19号被害），ほとんどの温州系園地で農薬使用（9月） 栽培指針を一部変更（2年以上化学農薬を使用しない園を無農薬栽培園，新規加入園を低農薬化） 新品種「村上1号」導入（宮川早生の枝代わり，南柑20号に代わる高品質みかんを期待） 肥料設計の変更（「無茶々4号」）と土壌改良（カリ鉱石の粉砕物の添加と真珠貝殻の投入） 機関誌『天歩』6回発行（No.1～6，平成3年度） 「復活パック」企画に1,200件以上の注文（台風対策の一環） 生きがい農業（キヌサヤ，インゲン，ビワ，プチグリーン〔摘果みかん〕等の栽培）に挑戦 ちりめんじゃこ徐々に販売拡大	ふるさと創生館開設（7月）ジュース，マーマレード加工委託 オレンジの完全輸入自由化

年		
1992 (H4)	販売部門の株式会社化計画（9月） 首都圏コープ事業連を通して真珠加工品カタログ販売の試み（平成4年度）	明浜町歴史民俗資料館移設（大早津，3月）
1993 (H5)	園地調査（7月） 株式会社地域法人無茶々園設立（8月5日，資本金1,000万円） 無茶々園本体解散，地域法人無茶々園を販売組織に（平成5年度）（1993年9月8日，地域法人無茶々園内部規約発効） 正会員60戸前後に限定（有機栽培面積は増加） 「3年後の模範園」（無農薬栽培地）を町内10ヵ所に設置	有機農産物等の特別表示ガイドラインの施行（4月） 特定JAS規格新設（6月）
1994 (H6)	無茶々園20周年記念式典（4月3日） 事務所移転（お伊勢山新センター，4月8日） 全国無農薬栽培化の提案，天歩塾事業の強化 みかんとその加工品，はちみつ，海産物などを販売，売上げ伸ばす 山羊牧場，山羊乳アイスクリームの試作開始 早魃，カメムシ異常発生	県営畑総事業（南予用水）完成（本浦，3月） 西四国エコ会議立ち上げ（事務局：無茶々園，9月）
1995 (H7)	2年連続早魃，カメムシ異常発生 研修センター完成（11月） 山羊乳アイスクリーム（フローズンデザート）完成	明浜町ホームヘルパー3級養成講座開講
1996 (H8)	スプリンクラーによる農薬散布受け入れ（本浦） 「地域協同組合無茶々園」構想（4組織からなる非営利共同セクター） 年商5億円超える	スプリンクラーによる灌水・農薬散布本格稼働（本浦，春） 病原性大腸菌O157流行 早魃とカメムシ被害で明浜町の柑橘類収量半分以下に減少
1997 (H7)	ファーマーズユニオン無茶々園設置（天歩塾運営を委託）	「匠集団・おおぞら」の店「とらじろう」開設（東京，9月）
1998 (H10)	農林水産省のガイドラインに合わせた栽培基準導入（9月） 会員50戸，収量1,500t	JAあけはま（明浜農協）合併，JAひがしうわ（東宇和農協）明浜営農センター発足（4月） 県営畑総事業（南予用水）完成（渡江，5月） 異常高温で明浜町の柑橘類収量3割に減少
1999 (H11)	大規模出作り農場の実験開始（南宇和郡，4月） 「農地取得・文化共生基金」設置（5月） 塩害，カメムシ異常発生（台風18号の被害）	改定JAS法（有機食品の検査認証・表示制度）成立（7月） 狩浜「ぬくもりの会」発足 愛媛県産みかんの価格大暴落
2000 (H12)	「地域協同組合無茶々園」内部規約の整備	スプリンクラーによる農薬散布中止（狩浜） 明浜町ホームヘルパー2級養成講座開講（1月） あけまシーサイド・サンパーク完成（オートキャンプ場，広場など整備．大早津，3月） 改定JAS法施行（6月） 「有限会社e-有機生活四国」設立 e-有機生活設立（東京，7月） 配信開始（10月） 「菊川合鴨クラブ」合鴨農法米（南宇和郡御荘町）取扱い開始
2001 (H13)	農事組合法人無茶々園がISO14001の認証取得（1月24日） 「ファーマーズユニオン天歩塾」設置（新規就農者研修と農場運営） 無農薬栽培園約100haに拡大	改定JAS法完全実施（4月） 東宇和農協明浜共撰場，「特別農産物認証制度」に参画し減農薬栽培に乗り出す（4月）

第8章　柑橘農家集団が担う地域再生運動

2001 (H13)	北条・風早農場取得（11月）	明浜町第2回ホームヘルパー2級養成講座開講（5月） あけはまシーサイド・サンパーク株式会社設立（明浜町全額出資，10月） あけはまシーサイド・サンパーク「塩風呂はま湯」開設（12月）
2002 (H14)	「有限会社ファーマーズユニオン北条」設立	
2004 (H16)	「地域協同組合無茶々園」本格的立上げ検討 会員83戸，年商6～7億円の企業に成長	明浜町，西予市に合併（4月1日） 消費者約8,000ヵ所に提携拡大
2005 (H17)	無茶々園30周年記念祝賀会開催（4月3日）	国産温州みかん生産量115万t

（注）年表中の「年度」は無茶々園の事業年度を示す（昭和59年度まで10月〜翌年9月末，昭和60年度より8月〜翌年7月末）
（資料）片山（1982）；斉藤・浜木（1982）；桝潟（1985: 210-211）；無茶々園総会資料（各年度），無茶々園機関誌『天歩』，および現地での聞き取りにもとづいて作成

第9章　行政主導による有機農業の町づくり
——宮崎県綾町における循環型地域社会の形成

1　宮崎県綾町における有機農業

1.1　綾町の概要

　宮崎県綾町(あやちょう)は，宮崎市から北西へ 23 km のところにある中山間部の町である（図9-1）。大淀川水系の綾南川(あやみなみ)（本庄川）と綾北川(あやきた)にはさまれた扇状地に農地と町が広がり，背後には九州山地へとつづく，全国でも有数の照葉樹林帯が迫っている。1982 年 5 月には九州中央山地国定公園に指定された。

　町の総面積は 9,521 ha，そのうち約 80％（7,597ha）が山林である。耕地は 782ha で，総面積の 1 割足らず（8.2％）である（宮崎県綾町「農林水産統計年報」2000 年）。山林の大部分が国有林や県有林であり，町民はほとんど山を持っていない（山林の内訳は，国有林 4,204ha，県有林 1,518ha，町有林 309ha，私有林 1,566ha：1 戸平均 2～3ha，4ha 以上の山林所有者はすべて町外者）。

　2005 年現在，町の人口は 7,466 人（総務省「国勢調査」2005 年）で，宮崎県全体の人口が減少傾向にあるなかで，綾町の人口は微増傾向にある。65 歳以上の高齢人口が 2,072 人で 27.8％を占めており，やや高齢化の傾向がみられる。

1.2　綾町の生業の変遷

　綾町の土地は急峻な山の斜面で，生業や生活に利用することが難しい。また，耕地が少なく土地は痩せていたので，農業はおもに葉タバコ生産，その次が畜産であった。米や野菜の収量は低く，農家の自給分程度であった。そのため，町の人びとは林業が生み出す雇用によって生計を立てていた。かつては，「大工」と呼ばれ，水屋，タンス，テーブルなど家具類をつくる木工職人が大勢い

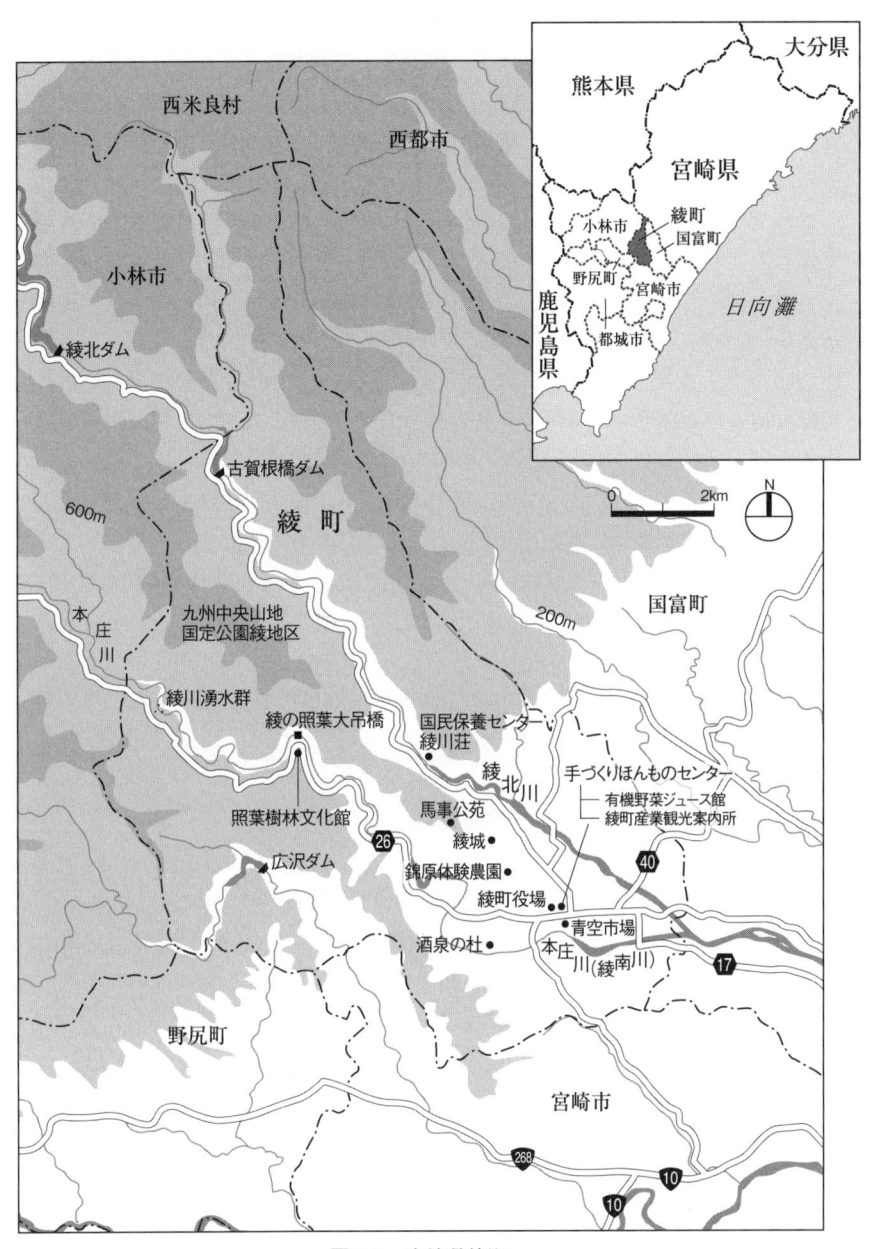

第 9 章　行政主導による有機農業の町づくり

図9-1　宮崎県綾町

たという。

　ところが，戦後になってベニヤ板，合板などに押され，木工職人はまったく姿を消してしまった。当時は，山の木を伐って原木のまま町外に持ち出すだけで，製材所は2，3ヵ所しかなかったという（郷田，1998: 14-15）。林業の機械化の進展によって，綾町における就労の場は急速に縮小していった。

　1956年から宮崎県の綾川総合開発事業が始まり，1960年に発電所とダムが完成した。1950年代後半が最盛期となり，綾町の人口は一時的に11,000人以上に膨れ上がった。しかし，その後は山仕事の機械化と林業の不振から過疎化が進み，1980年頃には7,300人を割ったこともあった。

　1960年代の中頃，綾の商店街は活気を失い，店を閉めて夜逃げをする家が何軒もあったという。医者はひとりもおらず，町の中心部は水はけが悪くて，雨のたびに家のなかまで水が上がる。町民自身が「夜逃げの町・人の住めない町」と呼ぶほどであった。バスや自動車も普及していない時代で，「米も野菜も収穫量はよその半分以下」，「野菜類はよそから買っていた」という。

　ところが，後述の町づくりの結果，1970年代後半から綾町の産業構造は第1次産業主体から第2次・第3次産業へと次第に重点を移してきた。産業別就業人口の推移〔1970年→2000年〕をみると，第1次産業55.6％→25.0％，第2次産業16.2％→28.0％，第3次産業28.2％→47.0％である（総務省「国勢調査」）。

1.3　町長を先頭にした「有機農業の町」づくり

　1970年代後半から郷田實前町長を先頭に，行政と町民が一体となったユニークな「有機農業の町」づくりによって，綾町は「照葉樹林都市」「有機農業の町」「手づくりの里」として全国的に知られるようになった。綾町は1988年に全国に先駆けて有機農業農家の認定・登録と有機農産物の認証制度をスタートさせ，町名「綾」がブランドとなった。

　宮崎シーガイアなど周辺地域の観光施設も充実してきた1993年頃から急激に観光客が増加し，1996年には年間100万人を突破した。1997年の約115万人をピークに緩やかな減少傾向にあるとはいえ，2004年現在，年間100万人を超える観光客が綾町を訪れている。照葉樹林文化の息吹が感じられる美しい町が形成され，都会からの移住者も多いので，町づくりのヒントを探るべく視

察に訪れる関係者が後をたたない。

　綾町の町づくりの歩みは，郷田前町長の存在抜きには語れない[1]。前町長は，照葉樹林伐採反対運動を契機に「山仕事以外に仕事場を見つけるのが綾町の課題」(郷田, 1998: 13, 69) として「ほんもの」「手づくり」「自然生態系」にこだわり，①照葉樹林文化の保全，②自然生態系農業（有機農業）の推進，③地場産業の育成を3本柱として町の未来をデザインし，6期24年間にわたって町づくりに奔走した。

　また，前町長は，よりよい町づくりを進めるには，高度経済成長のもとで物質的な欲求が高まるなかで失われつつあった町民の「自治の心」「結の心」を取り戻すことが大切であると考えた。そこで，住民参加による町づくりを実践するため，1966年に町長に就任すると直ちに「自治公民館運動」を打ち出した。その改革は，それまで行政の手足として機能していた区長制を廃止し，各集落にひとつずつある自治公民館を拠点に，住民全員参加の町づくりをめざすものであった。

　有機性廃棄物の徹底した堆肥化システムの構築，価格補償などの有機農業助成制度の整備，手づくりほんものセンターの設置や生協との産直ルートの開拓による販路の確保など，全国でも例をみない強力な町行政のバックアップのもとで有機農業が推進され，循環型地域社会の基盤が形成されてきた。

　本章では，綾町においてなぜ，早い時期から町づくりの3本柱の1つとして有機農業に取り組むようになったのか，自治体という第三者機関による全国初の農産物の検査認証制度の試みがなぜ行われたのか，行政主導による有機性廃棄物の循環・堆肥化システムはいかに形成されたのか，さらにはこうした町の事業への地域住民の参加と「自治の心」，生活文化の形成はいかになされたのか，といった点に焦点をあててみていくことにしたい。

2　町づくりの「哲学」の形成
　──国有林（照葉樹林）伐採反対運動をきっかけに

　綾町の町づくりの基底には，「ほんもの」「手づくり」「自然生態系」にこだわる「哲学」（思想）がある。町ぐるみで照葉樹林を伐採から守ったことがきっかけとなってこの哲学が形成された。

　1966年9月，郷田前町長は就任直後に綾営林署長から国有林伐採の話をも

写真9−1　綾町・綾北川沿いの集落　　　　　写真9−2　郷田實前町長
（1999年9月17日）　　　　　　　　　　　　（同左）

ちかけられた。町内の国有照葉樹林（自然林）の立木と，綾北川沿いにある製紙会社（当時の日本パルプ，その後王子製紙と合併）が伐採し尽くした旧川崎財閥の山林を交換することになったという話であった。営林署としては，国有林の真ん中にある"邪魔な民有地"が手に入り，製紙会社はパルプ材が手に入る。両方の経済的な思惑が一致したのである。町議会の反応はおおむね立木の交換伐採に賛成であったが，「自分が生まれ育った故郷の見慣れた自然の風景。それを台無しにされるのは御免だ」（郷田，1998: 17）という気持ちから，前町長は照葉樹林伐採反対運動に立ち上がった。

　綾南川と綾北川の2つの清流では優良な鮎が育つ。この鮎は干すと腹が独得の黄金色に輝く「黄金の鮎」といわれ，江戸時代には「鮎奉行」[2]がいたところである。古老の話によれば，「黄金の鮎」が育つのは奥山が雑木林でなければいけない。スギ，ヒノキといった単相林の山には「黄金の鮎」は育たないという。のちに綾川湧水群が環境庁の「日本名水百選」（1985年）に選ばれたが，綾の水がおいしいのもまた，照葉樹林のおかげなのである。こうした保水力のある雑木林の伐採は，川の氾濫をもたらす。

　町民や議会の説得，営林署長や林野庁との交渉のなかで，前町長は，山の機能とは何か，照葉樹林文化とは何か，人は山とどうつき合ってきたのか，徹底的に考え勉強したという。中尾佐助の「照葉樹林文化論」[3]と出会い，「日本文化の原点となった綾の自然を利用して生きる以外はないという気持ちになって」（郷田，1998: 32）いった。そして，1966年12月，ついに国（農林大臣）を説得し，照葉樹林の伐採計画を取り止めさせた（白垣，2000: 99）。

　この伐採反対運動を行うなかで，「照葉樹林文化の継承と創造」「土からの文

第9章　行政主導による有機農業の町づくり

化を楽しむ町」といった前町長の町づくりの「哲学」が形成された。綾はもともと林業の町であったが，林業の機械化によって雇用が減り，伐採にも反対したのだから，もう林業に頼るわけにはいかない。そこで，照葉樹林文化と自然生態系の保全，有機農業の推進，地場産業の育成を柱に，「自然と共生する町づくり」をめざす前町長の挑戦が始まったのである。

　郷田さんが町長に就任した頃は，高度成長のただなかにあった。綾町においても，

　　「そのころ世は挙げて所得倍増，近代化，合理化，消費は美徳と謳歌していた。山の神祭り，一五夜祭りなど何もかも合理化されて行った。町にあった多くの指物大工さんも姿を消してしまった。いつの間にか家庭生活もすっかり変り果てている。テレビ，電話，ピカピカに光る家財道具が並んでいる。一方，味噌，醤油，籠，箒，塵箱はおろか，お八つに到るまでお店屋さん任せとなった。(中略)また乱開発は目に余るものがあり，生活文化のない，金さえあればの履き違えた考え方の大人達の"何でも自由主義"社会の中で教育されている子供達，あれやこれやの環境の中で，私は日本本来の生活文化，本ものの物づくりを提唱した。日本本来の，使い捨てでない燻し銀の様に光る生活を求める時がまたきっとやって来る」(郷田，1988: 129)。

　前町長がそのような思いから町づくりの一環としてまず取り組んだことは，手づくり工芸品の綾つむぎ，木工品，陶器類などの地場産業の育成と，「新鮮で健康によい野菜づくり」であった。

3　綾町の有機農業の出発──自給運動としての健康野菜づくり

3.1　「一坪菜園運動」「一戸一品運動」の提唱

　綾町の有機農業は，「一坪菜園運動」で自給自足をめざすというところから始まった。
　当時，綾町の農業は葉タバコと畜産が中心で，農村でありながらほとんどの野菜は町外から購入していた。土地は痩せて生産性は低い。そこで，自然生態系を生かした健康な野菜づくりをしようと，1967年に「一坪菜園運動」をス

タートさせた。

「自分たちが食べる野菜は自分たちでつくろうじゃないか。そして将来はよその町に売る町にならねばならない。その場合，よそのつくり方と同じじゃだめだ。自然の巡りを壊す農薬や化学肥料を使った欠陥野菜ではなく，昔ながらの健康な野菜をつくろう」（郷田, 1998: 33）ということで始まったのである。有機物を投入した土づくりから始め，春と夏には種子を無料配布して，自給用の一坪菜園づくりを奨励し，そのコンクールを行って町民の関心を高めた。

当時はまだ日本に「有機農業」という言葉がなかったため（日本有機農業研究会の発足は 1971 年），前町長は，「自然の巡りを大切にした農業」を基本にして弱体であった綾町の農業を立て直し，「健康な野菜を作って，それをよそに売る町になろう」と呼びかけたのである。

「土を耕してものをつくることが文化であること」，先人が営んでいた「生活の営みの一つひとつがすべて文化なのだ」ということが，しだいに町民のあいだに浸透し，「一戸一品運動」に進展した。

3.2　健康野菜づくり

当時は基本法農政下の「選択的拡大」により，換金作物に特化して生産する合理化を奨励されていたので，町民は健康野菜づくりの動きにはのりにくかった。また，自給して余った「有機野菜」や「無農薬野菜」を販売しようとしても，規格が揃わなかったり，虫喰いの跡があると市場で取り扱ってくれない。加えて，野菜は価格変動が激しいので，割に合わなかった。

そこで，1974 年から町の事業として「有機野菜」の価格補償制度（あらかじめ設定した補償価格より下回った場合は町が差額を補償するというもの）を開始した。価格補償の条件は，次の 3 つである。①堆肥を入れること，②化学肥料は努めて使わないこと，③除草剤は絶対に使わない土づくりをすること，である。この制度は，綾町の「有機野菜」が安定した価格で取引できるようになる 1980 年まで，6 年間続けられた。前町長は，当時を回想して次のように述べている。

「制度をやめるころには有機農業を営む農家は綾町で百軒になっておりました。そのころから綾町の有機野菜が認められるようになって，価格補償を

第9章　行政主導による有機農業の町づくり

せんでいいようになりました。とくに福岡のグリーン・コープ（引用者注：当時は共生社生協）との取り引きが始まって非常に助かったんです」（白垣，2000: 137）。

また綾町では，市場流通ではなく，生産者と消費者が直結して道を拓こうとした。有機野菜の町内流通を促進するために，農林水産省より500万円の補助を受け，1976年に町と農協が毎週水曜日に「青空市場」を開設した。農協の敷地の一角に，「有機栽培」（減農薬栽培）の農作物を持ち寄って販売する場所を設けたのである。

このように，綾町の有機農業の出発点となった「一坪菜園運動」は，町民の暮らしを向上させていくための「自給運動」であり，「健康野菜づくり」であった。つまり，「農家が野菜をつくるだけでなく，みんなが自分の家でつくる。できたものを自分の家で食べればいい。もし余れば隣へ分ける，自分の家にない作物は隣からゆずってもらう」（郷田，1998: 33）。こうして，健康野菜づくりのノウハウを町全体が習得することは，まさに「土を耕すこと」であり，「カルチャー」であった。

4　綾町と農協による有機農業の普及・推進

4.1　有機性廃棄物の堆肥化システム

「一坪菜園運動」が端緒となって有機農業への取り組みが本格化するのは，1978年頃からである。1978年4月に，農家の自立経営の確立と有機農業・産地直販等の推進の中核となる綾町農業指導センターが開設された。

また，同年7月には，町民の屎尿を液状堆肥化する自給肥料供給施設が町内の錦原に完成し，有機農業の基本となる土づくりに向けて有機性廃棄物の堆肥化システムづくりが始まった。この施設は，屎尿に発酵促進の酵素を入れて空気を送り込み，高酸化処理を行うものである。その過程で，寄生虫卵やハエの幼虫，大腸菌等を殺菌し，臭気のない衛生的な液肥[4]となるが，「肥料の有効性がわかって農家のみなさんが使いだし定着するまで，工場ができて十年近くかかった」（白垣，2000: 134）のである。

1981年には家畜糞尿処理施設が建設された。さらに農協は，町内の農地に

施用する堆肥の確保と畜産拡大のために，1984年から家畜増頭政策を実施した。家畜の糞尿を収集するにはコストがかさむ。そこで農協では，肉用牛肥育センター[5]と綾豚会の養豚団地[6]を建設して，糞尿の集中処理方式をつくった。これは，畜産の拡大と，有機農業の堆肥を確保し，さらには畜産農家の高齢者の作業を軽減するという「家畜委託肥育方式」の開発を図るものであった。

屎尿の液肥化や家畜糞尿の堆肥化に加えて，綾町では1987年から家庭の生ゴミの堆肥化を町の中心部の全戸で実施した。

4.2 集落への働きかけ

町や農協が有機性廃棄物の堆肥化施設を建設しても，農家がその気にならなければ，土づくりは進まない。

町は1983年から85年まで，県農業試験場に依頼して町内全域での土壌調査事業を実施した。他方，有機農業を推進するための組織の体系化も図られた。1983年8月には，有機農業推進本部が設置された。推進本部は議会代表3名・農業委員3名・農協3名・自治公民館代表3名・農業指導センター4名で構成され，今後の綾町における有機農業の推進体制について検討がなされた。そして，「有機農業の推進」を町の施策として打ち出した。

また，1984年から綾町では「堆肥推進協議会」を設置して，集落ごとに座談会を開き，町長や農協組合長も出席して徹底した意見交換を行った。各集落を通じて，各戸の堆肥づくりの計画と，堆肥が不足する際の購入申込書を提出してもらい，これをもとに堆肥の量，材質，仕上がり，投入状況などを毎年調査している。そして個人ごと，集落ごとに集計を行い，優秀な農家（個人）や団体を表彰する堆肥の品評会「堆肥増産共進会」を毎年実施した。

1989年からは，後述する「有機農業条例」にもとづいて，1年以上堆肥を入れて土づくりを行い，土壌消毒剤と除草剤を使用しない農地を「登録圃場」として認定した。さらに町の有機農業開発センター（1989年開設）では，毎年，登録農地の全筆で無料の土壌診断を実施し，成分の過不足に応じた施肥設計を農家に提示して，土づくりを基礎にして農薬使用を減らすよう呼びかけた。農協は農業改良普及所と協議して従来の栽培体系を見直し，日常の営農指導を進めた。

4.3 農協と生協の産直提携による販路の拡大

1976年青空市場の開設によって「有機野菜」の町内流通のルートができた。だが，有機農業が拡大すると化学肥料や農薬が使われなくなるため，それらを販売して収益を上げてきた農協は，理想と現実の狭間でジレンマに陥った。町政と一体となって有機農業を推進するには，有機農産物の販路を開拓しなくてはならない。販路拡大への取り組みのきっかけは，「綾豚会」の活動にあった。食品の「複合汚染」が問題となった時期，綾豚会ではホルモン剤を一切使用しない，独自のブレンドによる飼料で豚を肥育していた。豚肉の販路を求めて，福岡の共生社生協と出会ったことが産直につながった。

農協はこの販売ルートにのせる形で，1983年から生協との減農薬野菜（「野菜セット」）の産直提携を実現した。減農薬のため周年栽培は困難であるが，秋冬ものを中心に，週1回程度のペースで数種類の野菜をセットにして販売した。その後，セットではなく単品主義となって3つの生協（福岡共生社生協，宮崎県民生協，鹿児島県民生協）とのあいだで提携が行われた[7]。1988年には，共生社生協を中心に九州・中国地方の生協の事業連合グリーンコープが結成され，綾町からの出荷量も増えていった。

4.4 直売所の開設・消費者との交流

生協との産直提携のほかに，農協は1985年から宮崎市内に直売所（産地直売センター）を設け，「有機農業」の看板を掲げて野菜，果物，肉，を販売した。このセンターには，ほかに合鴨農法の米，自家配合飼料を使った畜産物（牛豚肉），その他の特産・農産加工品などが販売されており，年々売上げを伸ばしており，2001年度の売上げは約1億8,000万円にのぼっている（後掲図9－7）。

この直売所への出荷は，野菜などのさまざまな農協の部会を中心に生産された出荷用の作目のほか，兼業農家の主婦を中心に組織された産直部会の会員が作付けた多品目の農産物を，農協が毎朝集荷して行っている。また，「日本名水百選」に選ばれた綾の水1tを，毎日井戸から汲み上げてタンク車で宮崎市へ運び，お客に無料サービスしている。このように，農協が消費地に自らアン

テナショップを設け,「有機農産物」を目玉にして消費者を組織化して販売する方法は,当時,きわめてユニークな取り組みであった[8]。

　町内の流通ルートの拡充も図られた。毎週水曜日の「青空市場」のほかに,1984年から1990年までは,農家がそれぞれ栽培した農産物を持ち寄り,自分で値決めして販売する「あや市」が,毎週日曜日に開催された。

　また,宮崎市内や町内外の消費者が農業体験できる農園として,1980年,町が液肥工場近くの錦原に「土からの文化を楽しむ農園」を作った。液肥工場で生産される液肥を活用することを条件にした「有機農業農園」である。10坪（33m^2）を1区画として58区画用意したが,「健康な土に親しむことができる」と好評であったという（白垣,2000: 140-141）。ここは,1983年から,役場内に置かれた「土からの文化を考える会」の「錦原体験農園」として一般の消費者に開放されている。

　生産者と消費者の交流も積極的に進められ,1982年には,町と農協の共催で,消費者を綾町に招く交流会「綾ツアー」が開始された。これは,7月下旬の夏祭りのシーズンに生協の組合員や宮崎市内の直売所の会員を招き,消費者との相互理解を深めようとしたものである。町内の養豚場や有機農産物の畑などの見学や,花火大会などのアトラクションが開催された。

5　認証制度の導入と有機性廃棄物の堆肥化

5.1　全国に先駆けた有機農産物の認証制度

　綾町における有機農業への取り組みは,「綾町自然生態系農業の推進に関する条例」（以下,有機農業条例と略す）を制定して有機農産物の認証制度を全国に先駆けて発足させたことによって,一躍有名になった。有機農産物の認証制度の制定は,いうまでもなく「市場で評価される有機農産物」の生産・流通・販売システムの構築をねらったものである。

(1) 綾町有機農業条例
　「有機農業条例」は,1988年6月30日の町議会で可決成立した。1989年10月1日からの条例施行に先立ち,綾町自然生態系農業審議会が設置された。この審議会は学識経験者や生産者,消費者,農協などから町長が任命・委嘱した

第9章　行政主導による有機農業の町づくり

委員20人以内で構成され，有機農業推進の母体となる組織である。さらに，有機農業推進会議，有機農業開発センター，有機農業実践振興協議会が相次いで設置され，有機農業推進体制づくりが進められた（図9-2）。

有機農業推進会議は，町・議会・農協・生産者・消費者の代表など13名で構成され，事業推進計画の策定と推進にあたって重要事項を決定する。有機農業開発センターは，有機農業の普及機関として，推進会議と各農家とをつなぐ役割を果たす。また，有機農業の実践拠点は，集落ごとに生産者と地域リーダーである支部長・推進員と婦人部で構成する19の「実践支部」と農協の「生産組織」によって構成されている。そして，「実践振興協議会」はこれらの実践組織の協議調整を図るために設けられており，地区の特性を活かした活動が展開されている。

(2) 綾町独自の認証制度

綾町における有機農産物の認証制度のしくみは，次の通りである。まず町が農地検査に合格した農家を自然生態系農業の実践者として登録する。農地には有機栽培状況がわかる標識板が立てられる。農家は作業管理日誌をつけ，有機農業開発センターの検査員と実践振興協議会の19支部39名の推進員の補佐のもとで，圃場の検査と書類の提出を行う。

認定区分は，農地と栽培管理の認定区分の組み合わせによって，農産物をAランク（ゴールド），Bランク（シルバー），Cランク（カッパー）の3区分に分類し，認証シールを交付するものである。農地登録基準にもとづく農地認定区分と，生産管理認定区分を組み合わせて，A・B・Cの総合認定区分が決定される（図9-3参照）。認証業務と認証シールの交付は有機農業開発センターが当たり，認証は，自然生態系農業審議会の答申を受けて決定される。そして，有機農業開発センターが現地調査や土壌調査，残留農薬検査を実施して信頼の確保につとめている。独自の制度に加えて，1990年から毎年，町が日本食品分析センターに委託している栄養分析が，綾町の野菜の信頼を高めている。

この認証制度によって，全国で初めて有機農産物の認証・規格化が行われ，「自然生態系農業合格証票」付きの農産物が店頭に並んだのである。つまり，土壌消毒剤と除草剤を一切使用しない土づくりを継続した期間と，農薬や化学肥料の使用状況によって，農産物のランクづけが行われたのである。

認証された農産物の内訳は，認証制度開始当初，ゴールド・シルバー・カッ

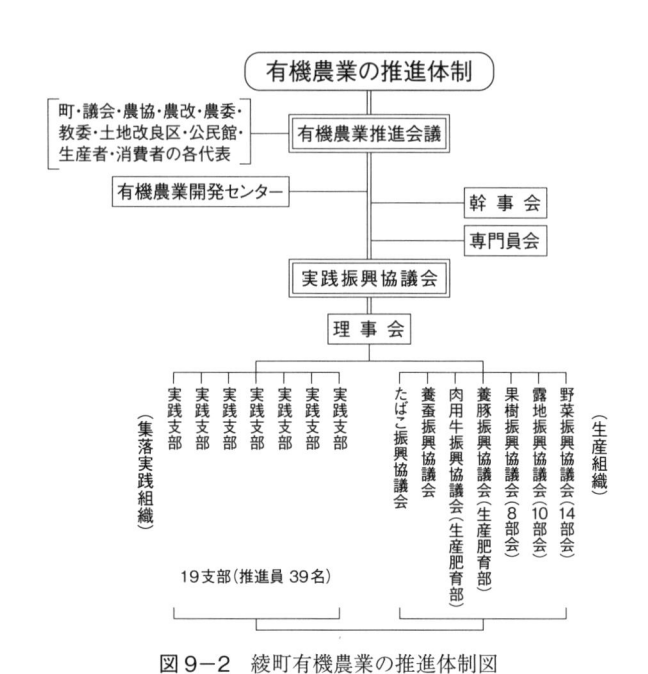

図9-2　綾町有機農業の推進体制図
（出典）綾町有機農業開発センター（1997: 4）

図9-3　綾町有機栽培総合認定図
（出典）同上（1997: 5）

第 9 章　行政主導による有機農業の町づくり

パーがそれぞれ 1 割・5 割・4 割であったものが，1993 年時点では，2 割・6 割・2 割となっており，「全体として質の向上が認められる」と評価されている（鈴木, 1995: 120）。

5.2　堆肥センターの活用

綾町における有機性廃棄物堆肥化の中核施設が堆肥センター（堆肥生産処理施設）であり，1997 年 8 月に運転開始した。堆肥センターには 1 日当たり処理能力が 4t と 3t の 2 台の大型処理機が設置されている。

処理方法は次の通りである。牛糞と家庭からの生ゴミに発酵剤と水分調整剤の機能を兼ねる「戻し堆肥」を混入し，10 日間攪拌・発酵させる。その後，別の処理機に移し，さらに 10 日間の 2 次発酵を行う。処理機は多水分原料の連続投入が可能で，投入・取り出しは無人運転である。約 75 度の高温処理による殺菌機能と，悪臭対策機能を併せ持っている。悪臭対策機能は，堆肥化処理時の排気冷却装置とロックウール脱臭槽からなり，最終的には微生物脱臭（硝化菌・脱窒菌・硫黄酸化菌など）するものである。

町の資料（「綾町堆肥生産施設説明書」1999 年入手）によると，1,600 戸（= 町内の世帯数 2,702 戸の 60％）から排出される生ゴミの年間収集量は 577t（1 日平均 1.9t）となっている。収集した生ゴミは，乾燥途中の牛糞と同量ずつ混ぜ，発酵させて良質の堆肥が生産される。

こうして製造された堆肥は，袋詰 10kg/100 円・バラ売り 1t/3,000 円という低価格で農家に販売されていた（1998 年度）。この堆肥センターの運転経費は年間約 600 万円かかっており，採算はとれていないが，「有機農業によって町全体が活性化することを狙っている」（「綾町堆肥生産処理施設説明書」）。さらに，1998 年度には屎尿の活性化処理施設（屎尿堆肥化施設）を建設し，それまでとは処理方法を変えて，機能向上を実現させた。このように，

「綾町では，人の屎尿と生ゴミは町の行政によって管理され，牛と豚の糞尿は農協が再資源化している。一方，農家間では有機性資材の交換および再利用が行われて，全体では町の有機農業に必要な有機質肥料の量に見合う供給体制ができあがっている」（佐々木, 2001: 194）。

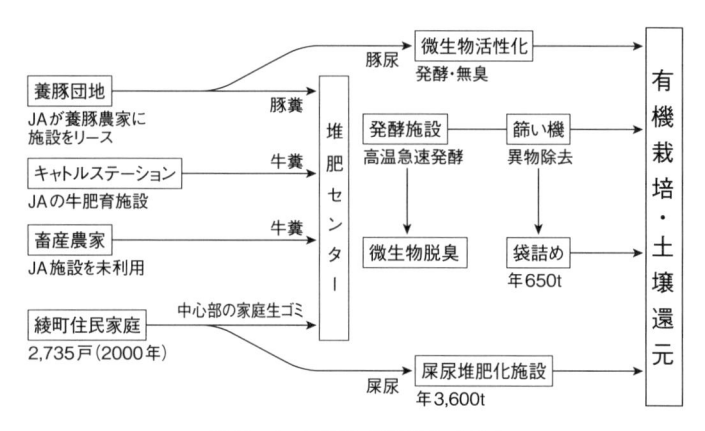

図 9-4　綾町の堆肥化システム
(出典) 佐々木 (2001: 194) より作成

　このほか，木質系廃棄物の再利用も盛んである。バーク（樹皮）は綾町にあるユニークな馬事公苑での敷き料（家畜の寝床に使われる資材）として利用されていた。オガクズは堆肥化の水分調整材として使われているが，不足ぎみであった。稲ワラ，野菜屑も自家処理されたり農家間の交換資源として利用されている。
　以上のような町内の有機性廃棄物の資源化の流れを表したのが，図9-4である。

5.3　有機農業実践組織の整備

　綾町においては，このようにほかの地方自治体では例をみない有機性廃棄物の堆肥化システムを構築し，土づくりによる健康な作物づくりを町全体に広めた。その結果,「有機農業条例」が制定された頃には，農薬の使用が総体として減り，畑や果樹園では除草剤はほとんど使用されていなかった。水田除草剤の使用は1回が基本で，少頭羽畜産の振興にともない，畦草にも農薬を撒かず，草刈り機で刈るようになってきた。刈った草は家畜の餌にするので，農薬を撒くと逆に苦情が出るようになったという（河野, 1988: 106-107）。
　こうして町や農協によって減農薬栽培を中心とする「有機農業」推進のための基盤整備や営農・技術指導がなされ，集落を実践支部として，支部長が推進

員とともに有機農業の振興を図った。そして，農家に「カキクケコ」農業を呼びかけた。すなわち，「カ：考える　キ：記録する　ク：工夫する　ケ：研究する　コ：行動する」という人間のもっている能力をフルに使って，有機農業の振興，活性化に向けて取り組んでいこうというものであった。

有機農業の普及にあたっては，町議や農協理事，農業委員などがトップリーダーとなり，有機農業実践振興協議会役員や支部長，推進員が「機関車農家」として実践支部会員農家（「客車」）を連結して，力強く牽引していくことの重要性が強調されていた。

有機農業開発センターと農協，農業改良普及所が一体となった土づくりや防除資材など技術面での情報提供は，有機農業に取り組む農家の技術向上に役立つものであった[9]。

6　行政主導による有機農業の展開と特徴

6.1　綾町の農業の概要

綾町の農業の中心は，施設園芸（ハウス栽培）で1995年度の生産額は18億6,500万円（1995年度農業粗生産額44億4,500万円の42％）。次が畜産の14億8,000万円。ほかに果樹が2億8,100万円，米が3億5,600万円。そのなかで，有機農産物等である産直野菜は，7億1,100万円（1995年度販売実績）で，販売実績は少しずつ増えてはいるが，農協の粗生産額に占める割合は2割ほどでしかなかった（図9-5，後掲図9-7）[10]。「有機農業の町」「自然生態系の町」というイメージが広がり，有機農業の比重が大きいと思われた向きもあるが，町の農家全体で有機農業に取り組んでいるわけではなかった。

綾町の農家戸数と農業就業人口は減少が続いており，農家戸数は，1980年905戸→1995年642戸→2000年601戸，農業就業人口は1980年1,567人→2000年937人である。また，経営耕地面積も減少傾向にある（1980年825ha→2000年558ha）（以上「世界農林業センサス」）。

綾町の農業生産額は，「有機農業の町」というブランド効果もあってか，1980年代から飛躍的に伸びている。粗生産額は1980年28億4,000万円→93年43億3,000万円に増加し，1戸当たりの生産農業所得は，80年124万9,000円→93年219万円，宮崎県平均（1.00）との比較で1.01→1.48，10a当たり

の生産農業所得も，80年12万9,000円→93年18万7,000円，県平均との比較で1.05→1.43と，大きく伸びていた（綾町有機農業開発センター資料）。

町の農業収入の飛躍的な伸びをおもにもたらしたのは，葉タバコから施設園芸への転換である[11]。施設園芸の中心は施設キュウリで，1975年60戸→1990年162戸に増加した。1991年の戸数は130戸，作付面積は33ha，販売金額は16億5,000万円であった。施設キュウリ栽培が綾町農業に占める割合は高く，施設園芸農家には後継者が多く残っていた（武藤，1994: 234）。

このように，綾町の農業は，施設型と土地利用型農業の二本立てで推進されてきた。キュウリなどの施設園芸については，単品施設作目の産地として，量的な拡大を図るよりも，むしろ，前述のように有機農業への転換や土づくりを基礎にした品質の向上が課題となっていた。また，単品型農業への傾斜は価格変動の影響を顕著に受け，産地としての規模も小さいことを考慮すると，兼業農家を中心に「有機農業」による多品目栽培の拡大がもうひとつの課題であった。

6.2　綾町の有機農業の現状

有機農業の登録面積と登録農家数の推移（図9-6）は，町が中心となって推進・普及してきた有機農業が，多くの町民によって受け入れられ実践に移されたことを示している。有機農業の登録面積（登録農家数）は，認証開始時点の1989年93ha（377戸）→2001年314ha（414戸）にまで増えていた。これは，綾町の耕地面積の約50％強にあたり，全農家数の3分の2にあたる。登録農家数のピークは，460戸（1995年）で，当時は全農家の72％が，耕地面積の46％（281ha）で有機農業に取り組んでいた。だが，有機農業は主として山間部の農家が担っており，露地野菜や水稲栽培が中心で，自給的農家もかなり多い。

ハウス栽培において有機農業を行うのは技術的に非常に難しいといわれている。綾町の施設キュウリ農家は，なんとか有機農業に近づけようと，その技術開発に取り組みはじめた。農協と有機農業開発センターは，2, 3の農家と共同で展示施設キュウリ圃場を設定して試験を行った（武藤，1994: 234）。

第9章　行政主導による有機農業の町づくり

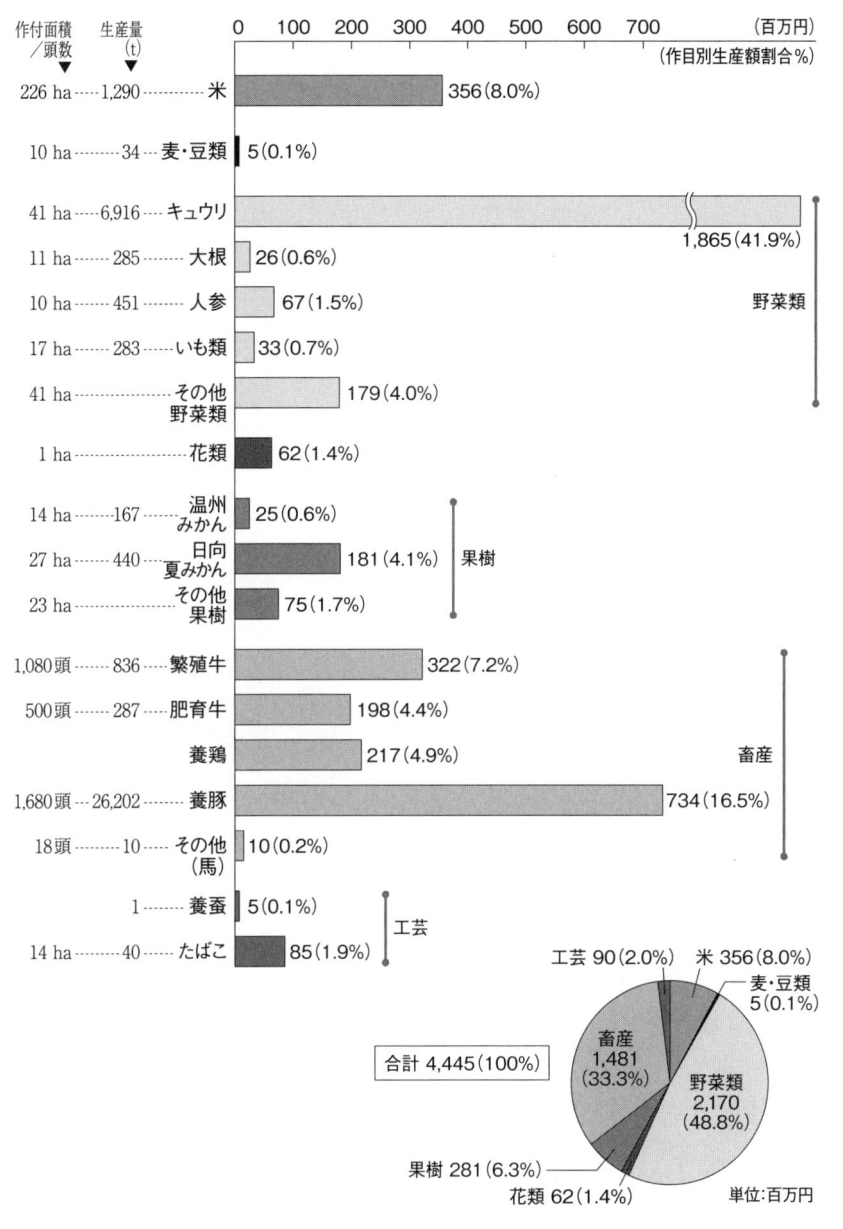

作付面積／頭数	生産量(t)	作目	生産額(百万円)	分類
226 ha	1,290	米	356 (8.0%)	
10 ha	34	麦・豆類	5 (0.1%)	
41 ha	6,916	キュウリ	1,865 (41.9%)	野菜類
11 ha	285	大根	26 (0.6%)	野菜類
10 ha	451	人参	67 (1.5%)	野菜類
17 ha	283	いも類	33 (0.7%)	野菜類
41 ha		その他野菜類	179 (4.0%)	野菜類
1 ha		花類	62 (1.4%)	
14 ha	167	温州みかん	25 (0.6%)	果樹
27 ha	440	日向夏みかん	181 (4.1%)	果樹
23 ha		その他果樹	75 (1.7%)	果樹
1,080頭	836	繁殖牛	322 (7.2%)	畜産
500頭	287	肥育牛	198 (4.4%)	畜産
		養鶏	217 (4.9%)	畜産
1,680頭	26,202	養豚	734 (16.5%)	畜産
18頭	10	その他(馬)	10 (0.2%)	畜産
1		養蚕	5 (0.1%)	工芸
14 ha	40	たばこ	85 (1.9%)	工芸

合計 4,445 (100%)

円グラフ：米 356 (8.0%)、麦・豆類 5 (0.1%)、野菜類 2,170 (48.8%)、花類 62 (1.4%)、果樹 281 (6.3%)、畜産 1,481 (33.3%)、工芸 90 (2.0%)　単位:百万円

図9-5　綾町の作目別粗生産額と割合（1995年度）
（資料）綾町有機農業開発センター（1997: 2, 22）より作成

261

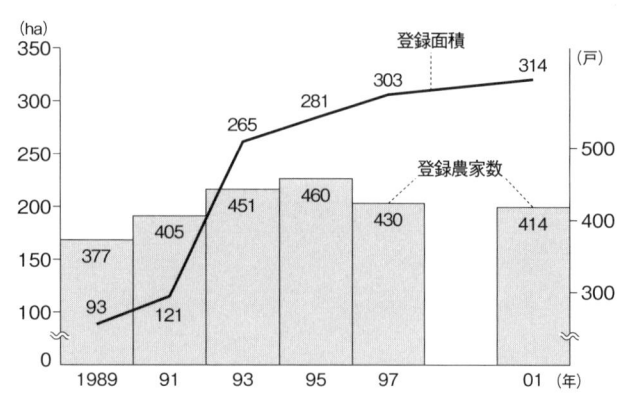

図9−6　綾町有機農業登録面積と登録農家数の推移
（資料）綾町有機農業開発センター

6.3　綾町の有機農業推進策の2つの特徴

　綾町におけるこれまでの有機農業推進の経緯は，まず行政が有機農業に関心を寄せ，行政による提唱と援助を背景に，農協が歩調を合わせて販路の拡大と流通・販売を担ってきた。こうした町の姿勢は，「有機農業条例」が制定される前年度の予算にもはっきりと表れている。

　綾町の1987年度の一般会計予算は24億3,750万円だが，このうちの7,500万円近くを有機農業の推進にあてている。その内訳は，堆肥製造施設の建設に5,000万円，有機農業価格対策基金の造成[12]に1,000万円，有機農業確立対策基金の繰出しに1,000万円を計上している。このほか，販路開拓や消費地との検討交流会費（250万円），有機農業条例の検討費（100万円），堆肥盤の設置（75万円），堆肥増産コンクール団体特別賞（20万円），有機農業実証圃の設置（23万円）などとなっている。

　この予算編成にも表れているように，綾町の有機農業推進策の特徴は，2つある。

　第1に，有機性廃棄物を堆肥化して田畑に戻す地域循環システムづくりと，土づくりを基礎とした減農薬栽培を中心とする「有機農業」の推進である。

　第2の特徴は，「有機農業条例」にもとづく有機農産物の基準と認証制度の導入である。綾町では，有機農産物の流通・販売は，自給の延長としての地場流通の拡大を図るとともに，観光客向けの販売や市場流通にも重きがおかれ，

農協の販売事業として流通ルートの開拓が行われた。この点が、有機農業生産者グループと、生協や消費者グループ等との直接提携・販売に取り組んでいる有機農業運動と、綾町の取り組みとの異なるところである。綾町では「市場における有機農産物の正当な評価」を得られるような流通・販売システムづくりが大きな関心事であった。

つまり、めざしていたのは農薬・化学肥料を多量に使用したものも、使用を控えたものも、十把一からげに市場原理のもとで価格が決定されるのではなく、有機農産物が市場においてそれなりの評価が得られるような流通・販売システムであり、市場に出しても十分通用する有機農産物の生産であり、「有機農業の町」づくりなのである。

そもそも、前町長が条例を制定して有機農産物の認証を町で行おうと考えたのは、町が責任をもって"ほんもの"と証明して信頼を獲得していく必要があったからである。そして、条例を創るからには、綾町の農民全員が有機農業を実行する態勢がなければならないと思うようになったのである。この点は、後述するように、欧米における有機農業運動の草創期に生産者団体が自ら有機農産物の基準を策定した状況と共通している（桝潟、1992c: 226）。

他方、綾町では有機農業が広まるにつれて、町が認証した「本物以外は町外に出せない」（白垣、2000: 137）、「ほんものとは何か」ということを、農民を含めて町民全員に納得してもらうことが必要になったのである。つまり、行政主導による綾町の有機農業の展開において、基準策定によるブランド形成は必然的な帰結であったといえよう。

7 綾ブランドの光と影

7.1 条例制定後の販売実績

1993年から農林水産省が有機農産物等の表示ガイドラインを実施した後も、綾町の認証制度のほうが、品質上の信頼性をもっていたようである。農水省ガイドラインが生産者責任制による表示であるのに対し、綾町は地方自治体という第三者が認証を行ったからであろう。

このように、綾町における有機農業の普及は目覚ましく、「手づくりの里」、「有機農業の町」としてのブランド形成が進み、綾町の生産物は付加価値がつ

いて売れるようになった。たとえば,「綾町の野菜」,「綾町の天然酵母のパン」というと「安全でおいしいというイメージがふくらみ,付加価値がつく」ほどである。そして綾町の自然環境や人情,住みやすさにひかれて都市生活者が移り住み,新しい事業にチャレンジしている。たとえば,養豚業のかたわら手づくりハムの生産,豚舎からでる糞尿を畑作に利用する循環型有機農業の実践,養鶏,天然酵母の手づくりパン工房などである。

綾町の野菜は,たとえ「有機農産物」という表示をつけなくても,ハウス栽培のキュウリでも,「綾のキュウリだから健康で安全だ」と高く売れるという。そのなかで,「完全有機農業」をやめる農家がでてきている。また,「有機農業条例」制定後も,キュウリのハウス栽培は急速に増えている。こうした状況を,有機農業を提唱した郷田前町長は次のようにみている。

「(ハウス栽培が増えた)ということは,依然として『有機農業では食えない,採算が合わない,もうかるのはなんだかんだ言ったってハウスだ』という考え方から抜けきらん人が多いんですね。健康な食べ物を提供する農業の使命を忘れておるんです」(白垣, 2000: 140, 括弧内は引用者)。

理由として,東京の大田市場をはじめとする大都市圏の卸売市場への出荷・販売の伸び悩みが挙げられる。綾町においても,なかでも農協は,認証制度の導入によって市場流通における付加価値を高めることをねらっていた。これはまた,一般消費者の安全・健康志向の高まりを受けて,産直提携だけでなく市場流通の拡大をめざしたからである。だが,図9-7の通り,認証制度の導入後も,生協を中心とした産直が主体で,有機農産物の販売額の8割近くを占めた(1996年度)。ほかには,町の中心部にあって観光客の利用も多い手づくりほんものセンターや宮崎市内の直売所(農協のアンテナショップ)での直売である。

つまり,綾町で生産された有機農産物の販路は,ほとんど産直提携と直販である。認証制度の導入によって産地としてのブランド形成を図ったが,大都市圏の中央卸売市場に参入することは困難であった。これは,規格化された工業製品のような農産物を取り扱う大規模化した市場流通のシステムと有機農産物とは相容れないところが多くあることの証明でもある。

第9章　行政主導による有機農業の町づくり

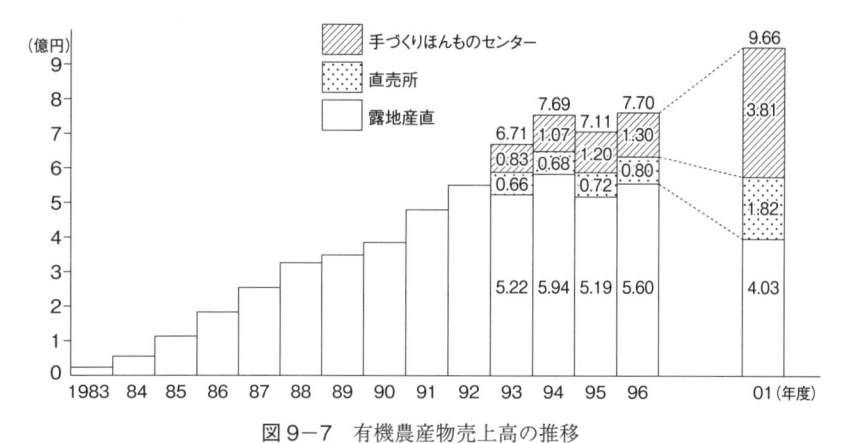

図9-7　有機農産物売上高の推移
(注)　露地産直とは，露地栽培した有機野菜を生協などへ産直する方法
(資料)　綾町「露地園芸総会資料」(1996年4月25日)，JA綾町・手づくりほんものセンター資料
(出典)　小川(1997: 64)より作成

写真9-3　綾町産有機農産物の展示販売
(左)　宮崎市内の百貨店
(右)　同上，生産者の名前入り野菜
(1999年9月18日)

7.2 認証制度の空洞化傾向

(1) 有機農業のレベルの低下

販売および消費者への生産過程情報の提供の両面において，基準・認証制度の空洞化の傾向がみられる。

1990年代以降，経済のグローバル化のもとで，有機認証システムの国際的整合化（ハーモナイゼーション）が求められるようになった。FAO/WHO合同のコーデックス（国際食品規格）委員会が「有機」の国際ガイドラインを決定したのにともない，日本においても1999年農林水産省はJAS法（農林物資の規格化及び品質表示の適正化に関する法律）の一部を改定し，有機食品の検査認証・表示制度を創設した。改定JAS法施行後は，政府の認定した第三者機関（有機登録認定機関）による認証を受けなければ，「有機野菜」等の表示はできなくなり，罰則をともなうことになった。

2001年4月の改定JAS法完全実施にともない，綾町においても町内で生産された有機農産物の認証を行うため，2001年11月有機登録認定機関として町（行政）を登録し，認証業務を開始した。農家の経済的負担を考慮して，綾町では，生産行程管理者（生産者）の認証手数料を1件につき3,000円，農地検査手数料を一圃場につき2,000円と，他の認定機関よりもかなり低く抑えている。

しかし，認証業務開始後約1年間の綾町における有機JAS認証実績は，わずか15戸，14haである。出荷・販売先である生協や外食産業からの要請を受けて有機JASの認証を申請してくるケースがほとんどであるという（2002年12月，綾町有機農業開発センターからの聞き取りによる）。

また，有機農産物の認証シールの貼付が徹底されていないということが起きている（『南日本新聞』1997年4月2日　綾町の世界3）[13]。「需要が増えて農家が多忙になり，貼る手間が負担になったためだという」ことらしいが，前町長も，「綾町の農産物は有機農業でできたというイメージが強いんですが，厳密に調べたら，今はさあ，どのくらい『金色シール』がもらえますかねえ。それを考えると恐ろしくなるんです」と，有機農業のレベルの低下と認証制度の空洞化・形骸化を嘆いている。

(2) 欧米の基準・認証制度との共通点と限界

1950年代，欧米において有機農業を実践する生産者団体によって初めて有機農産物の基準が策定された。その後，欧米の生産者団体は相次いで自主基準を策定していくのだが，こうした生産者団体の基準は，加盟する農民の栽培指針になるとともに，生産物の品質を保証することによって自らの権益を擁護するという原初的な目的をもっていた。綾町の基準・認証制度は，欧米の生産者団体の有機農産物の自主基準と通底する目的と機能をもっていたといえよう。

しかし，綾町の基準・認証制度は，行政主導で全国に先駆けて策定されたものであり，減農薬栽培の「綾ブランド」という産地形成を企図したものであった。しかも，欧米の生産者団体のような厳格な自主基準ではなく，農薬・化学肥料の使用について段階的に基準を設定したものであったこともあり，必ずしも品質の向上に結びつくようには機能しなかったのである。

8 有機農業の町づくり
―――「土からの文化を楽しむ町」づくりに向けて

8.1 生活文化を楽しむ町に

これまでみてきたように，綾町では，町内の有機性廃棄物の堆肥化を推進して，土づくりと減農薬栽培の普及・拡大に積極的に取り組んできた。そして，綾町で生産された農産物を，「有機農業の町」の農産物，あるいは「有機農産物」として供給してきた。郷田町長時代に創り上げてきた「有機農業の町」というブランドはいまでも健在である。

前町長は，照葉樹林伐採反対運動を通して「山」「自然」「土」の大切さを知り，「土づくりが町づくり」という考え方にもとづいて，早い時期から住民に「土からの文化を楽しむ町」づくりや，「土からの文化を楽しむ農園」への参加を呼びかけた。つまり，「照葉樹林の自然生態系を大切に，そのなかで生活文化を楽しむ人になろう，町になろう」，これを町是としてきたのである。

「一坪菜園運動」，「一戸一品運動」，「有機農業の町」，「手づくりの里」といったモノづくりにこだわる施策を次々と打ちだしてきたのも，「生活文化を楽しむ，眠った文化を掘り起こす」ことが町づくりの核になるという前町長の考えがあったからなのである。この前町長の町づくりの基本理念は，次の言葉に

集約されている。

　「私がほんとうにこだわっている本物は人間の本物です。本物の人間でなければ本物の品物はできない。野菜でいえば本物の健康な土，ミネラルがいっぱいあって，微生物が働いている。そういう土がほんとうに健康によい野菜をもたらしてくれる。土台が本物でなければ理念はたちまち形骸化していってしまうのです」（郷田，1998: 188）。

　綾の生活文化の継承・創造にもとづくモノづくりと土づくりのなかから"ほんもの"の有機農産物がつくりだされてくることを，郷田さんは誰よりもよくわかっていた。だからこそ，有機農業の普及・振興を生活文化運動の延長上に位置づけ，次のような自治公民館を拠点とする町民参加のしくみをつくったのである。

8.2　"ほんもの"にこだわる施策

(1) 自治公民館運動・生活文化祭

　綾町の町づくりは，町民全員参加によって進められなければならない。よりよい町づくりをするには，「自治の心」「結いの心」を取り戻すことが大切である。そう考えた郷田さんは町長に就任すると，上意下達による従来の区長制を廃止し，「自治公民館運動」の実践に取り組んだ。綾町には公立の公民館は1つだけだが，住民が自主的に設置した自治公民館は22の集落ごとにある[14]。この集落を単位とする自治公民館を拠点にして町民全員参加の町づくりをめざしたのである。

　それ以前は，22の集落はそれぞれ1つの区になっていて，区長が行政の手足となって働いていた。この区長制を廃止し，集落の問題は自治公民館ですべて話し合うことにした。そして，各集落の公民館長は，月に1度，町の公民館で開かれる連絡会に出席する。そこには町長をはじめとする町（行政）の職員も出席し，公民館長は集落で話し合った内容を報告する。また，行政からの提案や報告を聞く。そして，連絡会では，言いたいことや意見をだしやすくするように誘導した。これによって，住民のなかに「自治の心」（自治力）がよみがえっていったのである。

第9章　行政主導による有機農業の町づくり

　全国の自治体のなかでもいち早く創設された有機農業の認証制度は，行政主導で進められたが，綾町で育まれた「自治の心」は有機農業の普及に大きく貢献した。住民の自治力はまた，これからの高齢化社会や青少年の教育，生活文化運動の実践にあたっても，いっそう重要な意味をもってくるものと思われる。
　たとえば，1980年から自治文化祭が集落ごとに開催されるようになった。1968年に郷田町長が提唱した「一戸一品運動」は10年以上たって，集落の自治公民館運動として1年に1回，各家庭でつくったものを持ち寄る「手づくり文化祭」や「生活文化祭」の定期開催に発展していったのである。「住民のみなさんが，自治公民館で議論して，納得するまでには，それだけ時間がかかるんですね」（白垣, 2000: 149）と，郷田さんが分析しているように，住民のなかに定着するには継続的な議論と実践の積み重ねが必要なようだ。
　2001年現在，年に1度，11月の日曜日を利用して，自治公民館にその集落の住民の作品を展示する文化祭が開かれている。ひと昔前まで自分たちの先輩が営んできた生活の1つひとつが文化なのだから，「生活文化祭」。家庭菜園の野菜でもいい，おばあちゃん自慢のおまんじゅうでもいい，竹細工でも織物でもなんでもいいのである。
　生活文化祭は，「住民がつくることによって生活文化を楽しむことが前提で，その楽しんでつくっているさまを楽しんでみてもらえる町を目指したのです」（郷田, 1998: 50）という，郷田さんの町づくりの「哲学」の結晶である。つまり，綾町における有機農業の普及・振興は，「一坪菜園運動」や「一戸一品運動」という，住民自らの健康と生活の楽しみを追求する生活文化活動と自治活動を基盤に，生活を楽しむモノづくりの延長にあるものとして進められたのである。

(2) 手づくりほんものセンター
　そして，モノづくりを楽しむようになった住民から，「つくったものを売る場所がほしい」という声があがり，1989年に町役場に隣接して直売所「手づくりほんものセンター」が開設された。このセンターには，町の住民であればだれでも出品できる。ただし，農産物については「有機栽培」であること，また，その他の加工品や手工芸品も，なるべく綾の素材で作ったものであることなどが条件になっている。2001年現在，登録者705名（個人，農家，業者を含む）。登録者は，登録番号と名前を書いて納品し，店に並べておく。

写真 9-4　手づくりほんものセンター
綾町で生産された有機農産物，加工食品，工芸品など特産物の展示即売（1999年9月17日）

　手づくりほんものセンターには，町内や宮崎市内だけでなく，県外からの顧客，それに年間100万人を超える観光客が立ち寄る。1998年度に売上げが3億円を超え，2001年度は4億円近くの販売実績を残している（図9-7）。つまり，手づくりほんものセンターは地域（集落）に根ざした一戸一品運動が生みだした「生活文化の町づくり」の集大成ともいえる場所なのである。ここでは産直市，あるいはファーマーズ・マーケットにみられる原初的な関係性が，一部に形成されていることに注目しておきたい[15]。

(3) 町づくりの各種施設

　綾町の町づくりにはほかに，地域産品の展示・加工・販売のテーマパーク「酒泉の杜」[16]，世界一の歩行用吊橋である照葉大吊橋の建設，綾城（中世の山城）の再建，綾国際クラフトの城，花時計など，地域の特性を生かした建造物，日本一の原生照葉樹林と関連文化施設（照葉樹林文化館），スポーツ施設と町営宿泊施設の建設，手工芸・陶芸などの作家や工房の誘致等がある。これらの連関が綾ブランドを高めてきたのである[17]。

8.3　開発の波に抗して

　自然生態系を大切にする町づくり運動は，農家だけでなく住民にも浸透している。1996年1月，町内の全婦人2,000人が参加して「綾町の水を守る会」を結成し，合成洗剤などを使わない運動を始めた。このように，住民のなかには環境を汚さないライフスタイルへの意識的な転換が起きている[18]。

第9章 行政主導による有機農業の町づくり

だが，綾町にも，自然や景観を損ねる開発の波が押し寄せている。1997年7月，50万ボルトの送電線を支える鉄塔16基（高さ60～100 m）を町内に建設する計画が明らかになった。綾の照葉樹林の至近距離にある地区に巨大鉄塔が建つのは，九州電力が建設を予定している木城町の子丸川揚水発電所から高城町までの高圧送電線ルートにあたるからである。揚水発電所は，出力調整の効かない原子力発電による余剰電力を利用する付属という見方が通説となっているが，九州電力は揚水発電所と原子力発電とは関係がないとし，「国定公園内には置かず，景観にも配慮してルートを設定したし，環境アセスメントでも照葉樹林に影響はない」と説明する。

住民ら約30人は「綾の自然と文化を考える会」[19]を結成し，照葉樹林文化を守るために景観を損ねる鉄塔建設に反対の意志表示をした。町議会も1998年3月，建設反対の請願を採択したが，前田穰現町長は態度を明らかにしていなかった（『朝日新聞』1999年10月5日夕刊「ルポ・有機農業の町」）。

ところが，郷田前町長が2000年3月21日に急逝した翌日の町議会で，前田町長は「環境，景観を損なわないと判断した。高圧線の公共性，公益性を考えると環境アセスメントを受け入れざるを得ない」と表明した。これに対して，「綾の自然と文化を考える会」は強く反発した。2002年6月の町長選挙では，鉄塔建設を容認する立場の前田現町長が4選を果たし，九州電力の鉄塔着工の予定が2003年1月に迫るなか，2002年秋，郷田美紀子さんは綾の森を世界遺産に登録する運動を起こした。この運動には，多くの住民から賛同署名が寄せられた。「鉄塔容認」の前田町長も賛同人に加わったが，世界遺産の範囲は国定公園の範囲であり，鉄塔はその外にできるので問題ないという考えからのようである。世界遺産への登録を求める署名は約14万人に達した（早川，2003a）。

だが，世界遺産への登録は見送られ，2003年8月にとうとう九州電力は綾町内の鉄塔15ヵ所のうちの5ヵ所で鉄塔建設工事に着手し（早川，2003b），12月中旬には陣之尾・竹野の両地区で2基が完成した（早川，2004）。綾の森が守れるかどうか，予断を許さない状況が続いている。

8.4 綾町の生活文化の継承・創造

綾町の取り組みは，行政主導による町ぐるみの有機農業推進例として注目されてきた。また，その原点は，"ほんもの"にこだわるモノづくり，生活文化

の継承・創造にある。そして，各集落にある自治公民館を拠点として，自治の力を養い，有機農産物をはじめとする"ほんもの"のモノづくり，生活文化の継承・創造が展開されてきたのである。

　このように集落を基盤に有機農業の推進・普及を図ってきたところに，綾町における有機農業の推進・振興方法の特色がある。"ほんもの"とは，「人をだまさんもののこと。自分のことばかり考えず，相手にどう喜んでもらえるか考えてつくったもののこと。それともう1つ，環境を汚さんもののこと」（おおい, 2001: 140）。これが，郷田さんの人づくり・モノづくり・まちづくりの真髄なのである。

　行政主導で進められてきた綾町の有機農業だが，前述のように有機農業条例にもとづく認証制度は空洞化の傾向がみられる。そればかりか「有機農業」を営む農家も減っている（白垣, 2000: 9）。前町長のいう"ほんもの"のモノづくりの理念を空洞化させることなく，生活文化をいかに継承・創造していくかが，これからの大きな課題である。

　生活文化を楽しむ運動は，生活の楽しみ，生きがい，人との和をつくりだすことが目的なのである。綾町では，行政主導から住民を主体とする生活文化を楽しむ人づくり・町づくりに向けた営みが積み重ねられている。前町長が撒いた種がどのように実を結んでいくのか，注視していきたい。

注
(1) 郷田實さんは，1918（大正7）年9月，宮崎県綾町（旧・綾村）に生まれる。1941年拓殖大学南方専門科卒業。台湾電力に入社。1942年から敗戦まで，中国大陸からのフランス領インドシナ（現在のベトナム），タイなどを転戦。1946年に復員，綾農業会（綾町農業協同組合の前身）に就職。その後，農協の創設に尽力，初代庶務課長となる。1954年から助役3期（12年間）。1966年7月，47歳で町長に初当選，以来連続6期（24年間）務める。1990年に町長退任後，日本生態系農業推進協議会会長などを歴任。2000年3月，81歳で急逝。

　なお郷田さんを町長として慕っていた綾町の住民のなかには，町長を退職して10年以上経過後も「町長」と呼んでいる人がかなりいる。したがって，ここでも，郷田さんの「町長」としての行動や考え方について記述する際には，「前町長」と表記することとする。

第 9 章　行政主導による有機農業の町づくり

(2) 藩政時代，綾川は島津藩の専用漁場となっており，毎月 6 月になると現在の鹿児島から鮎奉行がやってきて，獲れたての新鮮な黄金の鮎を早馬で搬送し，島津藩主の食膳に供えられたと伝えられている。「綾の山林はカシ，シイ，タブ，クス，ツバキといった常緑広葉樹の天然林である。これらの樹木があってこそ，あの立派な鮎が育つ。もし植生が変われば駄目になる。そう聞いていたので，私はそのことを伐採反対の大きな理由とした」と前町長は述べている（郷田, 1998: 18）。

(3) 中尾佐助『栽培作物と農耕の起源』（岩波新書，1966 年初版）によると，照葉樹林帯は日本文化のルーツであるという。照葉樹林文化論とは，日本から中国の江南地方，雲南，ヒマラヤ中腹の照葉樹林帯にかけて共通した文化的な特色が多くみられ，ここから焼畑，稲作農業が始まったという主張である。照葉樹林帯のなかに日本文化の伝統をみるとともに，照葉樹林文化は，照葉樹林というひとつの環境から誕生した文化の系譜，歴史的な事実であるという見方である。

(4) 生産された液肥は農家の注文を受け，役場職員がバキュームカーで圃場に散布する。液肥は主として元肥用として農地に還元されている。年間の施用は，水田に 173t，スイートコーンに 153t，野菜に 152t，花木等に 2,081t の計 3,600t である。1991 年度の液肥工場の運営費は 546.4 万円で，1t あたり 1,512 円となる。町はこれを農家に 1t 当たり 250 円で渡している（1986 年までは無料で農家に供給）。当然赤字であるが，屎尿回収業者が処理しても当然かかる費用だとして，町費で賄っている（河野, 1988: 104，武藤, 1994: 224-225）。

(5) 肉用牛肥育センターは 1987 年に設立され，キャトルステーション（JA 綾町が子牛を受託肥育する），マザーファーム（JA 綾町が施設をリースする），リーリングファーム（JA 綾町がもと牛を育成する）から成っている。

(6) 綾豚会は 1982 年に若手の養豚農家 5 戸が結成した生産グループ。養豚団地は 1990 年に建設され，各々の個別経営から成っていた。母豚 500 頭を飼養して，毎月 1,400 頭の肉豚を出荷していた。その後農事組合法人綾豚会となる。

(7) 産直提携にあたっては一品ずつ面積，栽培方法，出荷の時期などを相談し，契約栽培を行った。栽培方法は，マルチ栽培等により除草剤は使わず，他方，殺虫・殺菌剤については 1～2 回の減農薬栽培が主体で，作目や時期によってはまったく使わずにできるものもある。線虫防除などのための土壌燻蒸剤については，とくに取り決めはない。

(8) ここでは，入会金を支払うと割引の特典が受けられる会員制をとっている。会員でなくても購入することはできるが，割引の特典はない。

(9) 一例を紹介しよう。綾町尾立の田渕民雄さんは，出水郡長島町出身で13歳の時に両親と入植して2haの果樹園を開拓した。大木を伐採したあと，痩せた土地を肥沃にするのに苦労した。田渕さんは町や農協が取り組む以前から有機農業をやってきた。土づくりをした果樹園からはおいしい果実が収穫できる。だが，「とにかく害虫には悩まされた」という。暗中模索が続き，何度か大きな被害にもあったが，町が有機農業を宣言し，防虫ネットや木酢液などの防除資材があるのを初めて知った。「効果的な資材の利用法を自分で研究する一方，地区内の仲間2，3人と意見交換を重ねるうちに技術が向上。虫食いが少なくなっ」（『南日本新聞』1997年4月5日　綾町の世界4）ていったのである。

(10) 有機農産物等の産直野菜（露地産直，直売所）の販売実績は，町に有機農業推進本部を設置した1983年以降，年々増えていたが，1994～95年度の販売金額は減少している。これは，綾町農協が比較的多く出荷している北九州生協が，95年から地元の農産物産直に重点をおくようになり，綾町との取引額が減ったためである（図9-7; 小川, 1997: 64）。

(11) この転換にあたって，農協が農家に先行投資に必要な資金を積極的に融資したのも，綾町の特徴である。綾町の農協独自の資金融資は，年率3.5％で期間は10年，国の制度資金に比べて条件面で農家が利用しやすくした。多い年には30件約1億5,000万円を融資した。このほか，農協の婦人部員を対象に，繁殖牛の購入にあたり無利子で5年返済の融資を行った。この制度は「預託牛制度」と呼ばれ，1,100頭の目標に達して1989年に廃止された。

(12) 1985年度に，気象条件や病虫害の発生等によって収量や出荷が不安定になりやすい有機農産物に対して価格補償制度が創設された。町（8分の4）・農協（8分の3）・農家（8分の1）の3者が，災害時の農家への補償にあてるために積立金を拠出して基金を造成するものである。

(13) たしかに，筆者が認証制度導入直後の1989年11月に現地を訪れた時には，手づくりほんものセンターの店頭には有機農産物の認証区分決定の仕組みを示したパネルが掲げられ，シール貼りも徹底して行われていた。ところが，1999年9月に同センターに立ち寄った時には，店頭の農産物にシールが貼られたものはほとんどなかった。前町長もシール貼りの現状について，次のように嘆いている。「これらのシールは，私が町長の間は，どの農産物にも厳格に貼られておったんですが，最近は手抜きが多いんです。役場隣にある売店『手づくりほんものセンター』では，この基準を表示する看板は掛かっておるが，売っている農産物にはシールは貼られておりません。シールを貼るよう何回か申しましたが，一向に改善されません」（白垣, 2000: 138-139）。

第 9 章　行政主導による有機農業の町づくり

(14) 集落の大きさにはばらつきがあり，多いところは 250 戸，少ないところで十数戸であった。「これだけばらつきがあるのに，それをいじらなかったのは，目の届く範囲という点では，集落単位がもっとも町民の皆さんが動きやすいと思ったからです」（郷田, 1999: 231）と，前町長は述べている。

(15) 前述した尾立の田渕民男さんも毎日センターに納品している。土づくりや農法の工夫を独自に重ねてきた田渕さんの野菜を目当てに来店し，名前を見て買っていく顧客も多い。田渕さんのように，町の認証制度の枠外で出品したものを媒介にして，消費者との「顔の見える関係」ともいえる信頼関係を実質的につくっている生産者もいる。なかには畑に直接野菜を買いにくる顧客もあるという。そうして，田渕さんは，「以前は市場に出荷していたが，今はほんものセンターと産直のみでやっている」（おおい, 2001: 143）という。

　　郷田さんの一人娘である郷田美紀子さんは，薬局を営むかたわら，有機農業にも携わり，1998 年 9 月に手づくりの薬膳弁当を出す薬膳茶房の店（「オーガニック　ごうだ」）を開店した。この店では，農薬や化学肥料を使わず，重油を燃やすハウス栽培などで環境を汚すことのない有機農業から生まれる食材だけを使う。美紀子さんはこの店を郷田イズムと綾の生活文化を継承する実践の場にしていこうとしている。

(16) 町の誘致を受けて，雲海酒造の工場が 1985 年に完成した。照葉樹林ではぐくまれ「日本名水百選」に選ばれたおいしい水が進出の決め手になった。見学できる工場が人気を呼んだのをきっかけに，施設を順次増設し，1989 年にテーマパーク「酒泉の杜」を開業した。宿泊施設のほか，ワインとビールの工房も併設し，集客力を高めていった。なかでも，1996 年 4 月にオープンした地ビールレストランの効果は絶大で，綾町への入込客が 40 万人も増えた原動力になったという（『南日本新聞』1997 年 3 月 31 日　綾町の世界 2）。

(17) 郷田前町長から町政を引き継いだ前田町長も，「どこにでもあるような観光地ではだめ。地域資源を生かし，個性を高める綾らしい観光振興策を今後も続ける」と，"綾らしさ"にこだわり，郷田前町長の「理念を発展させていく責務がある」と述べている（『南日本新聞』1997 年 3 月 31 日・4 月 12 日，綾町の世界 2・10）。

(18) 会長の小野ケイ子さんは「食器についた油も毛糸でふき取り，川に流さないように申し合わせた。生活雑排水で地下水や川を汚さないのが，綾町で生活する主婦の務め」と述べている（『南日本新聞』1997 年 4 月 12 日　綾町の世界 10）。

(19) この会の結成は九州電力の鉄塔問題がきっかけではなかったが，計画が明らかになった時期に結成が重なった。九電の計画が綾の自然環境を変えてしま

うことに危惧を抱いた仲間たちが集まって，綾の自然についてもっと深く考えようとした。会に参加したのは，ほとんどが転入者である。会員のなかには，地元の人は「国策に逆らえば町のためにならないと考える人が多いのではないか」という見方がある。会の代表には，前町長の一人娘である郷田美紀子さんが選ばれ（早川，2001: 65-66），事務局長は新住民・小川渉さんが担っている。小川さんは大手自動車メーカーを退職して東京から綾町に転入し，夫婦で天然酵母のパンを焼いている。

資　料
綾町有機農業開発センター, 1997『農と食を考えた自然生態系農業をめざして』.

第9章 行政主導による有機農業の町づくり

年表 綾町の「有機農業の町」「照葉樹林都市」づくり

年	有機農業の町・手づくりの里	自然生態系と照葉樹林文化保全
1966 (S41)	郷田實町長当選（7月） 「自治公民館運動」の開始	国有林伐採計画もち上がる（9月） 郷田町長，反対運動を展開　伐採計画中止（12月）
1967 (S42)	「一坪菜園運動」の開始	
1968 (S43)	「一戸一品運動」の開始	
1972 (S47)		国民保養センター「綾川荘」の開設（5月10日）
1974 (S49)	「有機野菜」価格補償制度の導入（～80年）	「綾町の自然を守る条例」制定
1976 (S51)	青空市場の開設（毎週水曜日）	
1977 (S52)	町民の屎尿を自給堆肥化	
1978 (S53)	綾町農業指導センターの開設（4月） 自給肥料供給施設場（屎尿の液肥化）の設置（7月）	
1980 (S55)	錦原「土からの文化を楽しむ農園」の設置（58区画） 生活文化祭の開催（毎年11月）	
1981 (S56)	家畜糞尿処理施設の設置	
1982 (S57)	養豚家「綾豚会」の結成（現・農事組合法人） 綾町憲章制定（3月） 綾ツアーの開始（消費者との交流会，7月）	照葉樹林帯，「九州中央山地国定公園」に指定（5月）
1983 (S58)	有機農業推進本部の設置（8月） 錦原体験農園の開園（土からの文化を考える会）（9月） 共生社生協（福岡）と産直提携開始（1988年より生協事業連合グリーンコープ）	綾渓谷の照葉樹林，「日本の自然百選」（森林文化協会）に指定
1984 (S59)	家畜増頭政策の実施　綾町堆肥推進協議会の設置 堆肥増産共進会（堆肥コンクール）の実施（～86年） あや市の開催（毎週日曜日，～89年）	世界一の歩行用吊橋「綾の照葉大吊橋」の架設
1985 (S60)	綾町農協直売所（現「水の郷」綾有機直販センター）開設（宮崎市） 有機栽培価格補償制度の創設	綾城完成 雲海酒造の工場完成 綾川湧水群，「日本名水百選」（環境庁）に選定 第1回「照葉樹林文化シンポジウム」開催（～89年，第5回まで）
1986 (S61)		綾照葉樹林文化館の開設 「綾国際クラフトの城」（工芸館）の開設
1987 (S62)	生活雑廃コンポスト製造装置の設置 生ゴミの堆肥化（町の中心部全戸） 堆肥増産共進会の継続（町，農協）	
1988 (S63)	「自然生態系農業の推進に関する条例」（綾町有機農業条例，6月30日，89年10月施行） 独自の有機農産物認証制度を制定 綾町自然生態系農業審議会設置（7月）	

年		
1989 (H1)	「手づくりほんものセンター」の開設（6月1日） 綾町有機農業推進会議の設置（8月） 綾町有機農業開発センターの設置（9月）	環境庁第1回「緑の国勢調査」で綾の照葉樹林の原生林残量（1,700ha）が日本一となる 「酒泉の杜」の開設（11月24日）
1990 (H2)	郷田町長退任(6期24年)，前田穰町長当選(6月) 綾豚会の養豚団地建設	
1991 (H3)	有機農業実践振興協議会の設置（5月） 東京都大田市場に有機野菜出荷（11月）	
1992 (H4)		子丸川揚水発電所建設計画が発覚
1993 (H5)		「朝日森林文化賞」（朝日新聞社）受賞（6月）
1995 (H7)		「水の郷」に選定（国土庁，3月）
1996 (H8)	第1回「環境保全型農業推進コンクール」（農林水産省）大賞受賞（2月）	「綾町の水を守る会」の結成（1月） 九州電力子丸川幹線の鉄塔建設反対の請願書を町議会に提出
1997 (H9)	東京都と有機農産物の流通協定締結（3月） 綾町堆肥センターの運転開始（8月）	「綾の自然と文化を守る会」の結成
1998 (H10)	屎尿堆肥化施設の建設 有機野菜ジュース館（綾町産業観光案内所）の開設（4月20日）	町議会，九州電力鉄塔建設反対の誓願を採択（3月）
2000 (H12)	郷田前町長急逝（3月21日） 定住営農希望者のための町営住宅の建設（10世帯分）	前田町長，町議会で送電線建設の環境アセスメント（環境影響評価）受け入れを表明（3月22日）
2001 (H13)	有機JAS登録認定機関として認証業務を開始（11月）	町議会，九州電力鉄塔建設計画受け入れを決定（9月）
2002 (H14)	前田町長4選（6月），鉄塔建設容認を表明	「照葉樹林文化シンポジウム」再開（綾町後援，4月） 「綾の森を世界遺産にする会」設立，約14万人の登録賛同署名（11月末）
2003 (H15)		九州電力，綾町内の鉄塔建設に着工（8月18日） 鉄塔2基完成（陣之尾・竹野地区，12月中旬）
2005 (H17)		官・学・民など5者協働による「綾川流域照葉樹林帯保護・復元計画」（「綾の照葉樹林プロジェクト」）の開始

（資料）綾町有機農業開発センター（1997）；郷田（1998）；白垣（2000）；早川（2000-2005），および現地での聞き取りにもとづいて作成

結　論　日本の有機農業運動の特質
―― 歴史的意義と変革力

1　日本の有機農業運動――「新しい社会運動」と比較して

　日本の有機農業運動は，これまでの広義の社会運動論や「新しい社会運動」論の理論的整理からみると，異なる特質をもった運動である。

　欧米諸国と相通じる時代状況のもとで発生した日本の有機農業運動もまた，理念主義的であり，自省的(リフレクシブ)で価値志向性が強い運動である。しかし政治的要求やイッシューとかかわりをもつ政治運動としての性格は，共同購入型の生協運動（生活クラブ生協など）の一部にみられるだけである。一方，J. L. コーエンが「新しい社会運動」の性格として指摘した「アイデンティティ志向性」「自己限定的なラディカリズム」という性格は共有している。

　ここでは，序章の3.2でみた C. オッフェ（Offe,1985）による「新しい社会運動」の4側面に即して，日本の有機農業運動と「新しい社会運動」を比較してその特質を明記しておきたい。

1.1　新しい社会運動との共通点と特質

（1）担い手（行為主体）

　有機農業運動の主要な担い手は，農薬害や土の疲弊，家畜の異変に気づいた農民と，「安全な食べ物」を求める都市の消費者（とくに子育て期の女性）である。高学歴で経済的にゆとりのある階層や既成政党支持者，特定の宗教や信仰に必ずしも限られることなく，むしろ自らの生命や生態系の危機を感じとり，そうした危機感に衝き動かされた人びとであったところに特徴がある。この点に関しては，従来の社会運動（反公害・住民運動など）が直接の利害当事者を主要な担い手としていたことと共通している。

　「新しい社会運動」論や資源動員論では，運動において重要な役割を果たし

た担い手として，ニュー・ミドルクラス（新中間層）や知識人，学生など，直接の利害当事者ではない周辺のアイデンティティ探求者（「良心的構成員・支持者」）に焦点があてられている。60年代におけるアメリカの公民権運動はその典型であるが，欧米先進諸国の社会運動は，市民や専門家を中心として，大都市圏で組織される市民運動的な性格が強かったためとみられる。有機農業運動においても，農学者や医師，協同組合関係者などの専門家が重要な役割を果たしたことをつけ加えておく。

(2) イッシュー

有機農業運動は，農業の近代化・工業化にともなう環境や健康，安全にかかわる危機・リスクを回避し，生活防衛をめざす「リスク回避型運動」[1]である。そのために，有機農業運動は，生活の場（「消費点」）のイッシューだけでなく，生産の場（「生産点」）における農法・農業・農村の問題をもイッシュー化しており，「新しい社会運動」にはみられない特質がある。

(3) 価値志向

有機農業運動とは，農薬・化学肥料などの合成化学物質の排除，等身大の適正技術，健康・安全，エコロジー・生態系保全，農業の復権，生活の自律性の回復，地域における自給・自立・自治の再生などをめざす，価値志向がきわめて強い運動である。近代農業批判から出発した有機農業運動は必然的に，大量生産・大量消費・大量廃棄の浪費文明，原発や遺伝子組み換え技術などの巨大化した科学技術への根源的な懐疑と批判に行き着いた。

また，有機農業運動は，後述のように有機農産物の生産・流通・消費にわたる過程をトータルにとらえ，有機農産物というモノを媒介として社会変革をめざす運動である。日本の有機農業運動は先鋭的な理念として食べ物の「脱商品化」を標榜しており，自己増殖する市場経済（「資本主義市場経済」）への深い問い直しを内包している[2]。グローバル化と農業の「産業化」の進展にともない，農業・食料システムは世界市場システム（「資本主義市場経済」）に組み込まれつつある。そうした状況のもとで，有機農業運動は，生命の源である食べ物まで限りなく商品化する歯止めのない「資本主義市場経済」に真っ向から対抗する論理として，「地産地消」「地域自給・自立」という運動理念（価値）を強く打ちだしている。この運動理念はまた，物質循環のシステムを健全に機

能させる「循環型地域社会」の創造という理念とも呼応するものである。有機農業運動は，地域における関係性（〈提携〉のネットワークや親密圏）や社会経済〈システム〉（循環型地域社会）の形成に向かっている。

このように，モノを媒介として社会関係や社会経済〈システム〉の変革をめざす有機農業運動の価値志向性は，「新しい社会運動」にみられない特質である。

(4) 行為様式

有機農業運動の行為様式には，「新しい社会運動」において重視されている「自己決定性や表出性，自己限定的なラディカリズム」と共通する性格がある。だが，有機農業運動の行為様式には，「新しい社会運動」にみられる「非日常的性格」[3]はなく，逆に，日常性とオルタナティブな価値志向性にその特徴がある。言い換えるならば，有機農業運動は，有機農産物の生産・流通・消費という行為の日常的・持続的な実践を通して，オルタナティブなライフスタイル，生活文化，生命の預託システム，社会経済システムの創造をめざす運動なのである。

以上の4側面のほかに，有機農業運動にかかわる運動体の内的構造の特徴についてふれておくと，ネットワーキング志向が強く，運動体内での非官僚制的で直接民主主義的な組織運営が求められている。これは労働運動や体制変革志向的な運動と対比される，広義の新しい社会運動の組織的特徴と共通する。

1.2 まとめ

日本における社会運動や環境運動の系譜にあえて位置づければ，有機農業運動は，長谷川が整理しているように，「『新しい社会運動』の典型である環境運動の一つ」である。たしかに有機農業運動は，「新しい社会運動」にみられる理念追求型の価値志向性が強い運動ではあるが，有機農産物というモノを媒介とする日常的な経済活動・事業をともなう運動であり，持続的な生産と生活に向けての変革運動であった。有機農業運動は制度改革よりも運動の実践を通じて日常的営為そのもの（農法や暮らし，生活文化など）の見直し・変革，新しい社会経済〈システム〉の創造へと向かっている。この点が，「新しい社会運

281

動」にはみられない有機農業運動の特質である。

2 有機農業運動の変革力——有機農業運動は何をめざしてきたか

2.1 地域・自給・自立の理念

いま，地球環境の危機が国際問題化している。地球環境問題の多くは，地域における人間の営みが自然生態系に過度の負荷を与え，それが集積した結果である。高度経済成長が終焉を迎えつつあった1970年代の初頭，第一次オイルショックを契機に環境問題，エネルギー・資源問題が顕在化した。日本において意識的に有機農業に取り組む生産者が現れたのも，1970年前後である。当初から生命系や環境の危機を直感して，各地で自然発生的に有機農業運動が起こったのである。

有機農業運動は，生産力の向上や効率，経済的利益の追求のために，生態系を無視して生産された「商品」としての農畜産物が，消費者にとって何であったのか，農民にとって何であったのか，という問いから出発した。地球規模の環境問題への社会的関心が高まるなかで提出された「工業生産力（経済発展）を，生態系の許容限度内に制御しうる社会・経済システムとは何か」という問題は，運動にとって最初から避けて通れないものであった。

こうした問題に直面した有機農業運動は，「生産力主義を超えて農林漁業を地域・生態系に埋め戻す」，「地場生産・地場消費」あるいは「地域自給」といった「地域」「自給」「自立」を視野に入れた運動を展開するようになった。具体的には，多品目を「作りまわす」有畜複合小農経営と，地域内への直接販売というルールに則った生産・流通システムである。これが，経営内・地域内の「物質・生命循環の原理」を保障するものとなる。つまり，循環性と多様性に支えられる有機農業は，必然的に「自然であることと地域性があることとは表裏一体である」という地域主義に立脚することになる。

そして，「穫れたて，出来たての農畜産物を，直接，地域の消費者に手渡す」という関係性（〈提携〉のネットワーク）は，生態系の原理にかなうのである。有機農業運動では，こうした原理を「自給自足する生産者の食卓の延長上に都市の消費者の食卓をおく」，あるいは「身土不二」といったスローガンで表現している。

そして，有機農業運動の展開過程で，「地域内提携」あるいは「小農自給・地域自給」という運動目標（理念）が獲得され実践に移されてきた。埼玉県霜里農場の金子美登さん（金子，1987；1992）や，第7章で取り上げた奥出雲地域の木次有機農業研究会による有機農業運動も，当初から〈地域自給〉を視野に入れていた。

また，産業社会の高度化につれて解体が進む農業・農村，米の部分開放の受け入れなど，危機的状況下で衝き動かされるようにして，有機農業への転換が試みられたのである。有機農業運動は，営農環境の保全や産地・生産者としての生き残りをかけて，「安全で味のよい農産物」の生産に取り組んだのである。第8章で取り上げた「無茶々園」はそうした事例のひとつである。とくに大消費地から遠く離れた辺境の農山村では，農業・農村の再生，地域自給・自立の戦略の主軸として，有機農業への期待が高まっている。

ドイツのエコロジー・ファームの運動においても，「地域という狭く小さなエリアで，コミュニティとコスモロジーの再構築を試みること」，すなわち自然界の循環のなかで，自然と共生・共存する可能性を有機農業に見いだしている。国の違いを超えて日本とドイツの動きに共通しているのは，近代産業社会が行きついた危機的状況下で，「生態系の許容限度内に制御しうる社会・経済システムとは何か」という問題に立ち向かったとき，当然の帰結であるかのように，「地域」（コミュニティ）と「自給」（コスモロジー）の再構築が，実践的課題としてみえてきたのである。

そして，有機農業運動は農業が環境に与える負荷の増大や，WTO体制下で物質循環の切断などによって生じる環境問題や社会的不公正の問題を実践的な課題として深刻に受け止め，その脱出口を探し求めていった。

農業はそもそも環境に負荷を与えない産業であるという認識から，有機農業運動も農業による環境破壊や汚染を必ずしも問題にしてこなかったという見解が一部にあるようだが，これまでみてきたように，日本の有機農業運動は草創期から，農業の近代化・工業化にともなう環境問題を視野に入れて運動目標としてきた。そして，有機農業が本来内包している「物質・生命循環の原理」にもとづく循環型地域社会形成の試みが，注目を集めている。

2.2 〈提携〉のネットワークと親密圏の形成

　第Ⅱ部で取り上げた3地域は，いずれも大都市圏から遠く離れた辺境（周縁）に位置している。だが，それぞれの地域には，性格が異なる「在地」の中核的担い手が存在し，有機農業運動の地域的広がりを獲得してきた。

　奥出雲地域では「酪農農家の共同体」である木次乳業，愛媛県明浜町では柑橘農家集団「無茶々園」，宮崎県綾町には強い個性と信念をもった町長のリーダーシップのもとで「有機農業の町づくり」を推進した行政によって，有機農業運動が「面」として地域に広がりつつあった。そして，「自然や村の共同性とともにあった時間」のなかで作り上げた地域の産物（低温殺菌牛乳やみかん，野菜など）を媒介にして，周辺地域や都市とのあいだに〈提携〉のネットワークを形成し，身体性をそなえた人びとの「生命共同体的関係性」（親密圏）を紡ぎだしていた。辺境（周縁）の地であったがゆえに，近代化の波にすべて飲み込まれることなく，「在地」の暮らしと文化が継承され脈々と息づいていたともいえる。そして，「その地域に『在る』もの，そしてその地域の暮らしとともに『在る』もの」（田中耕司）を，〈提携〉のネットワークを形成しつつ大切に育ててきたのである。

　また，最上川の上流域に位置する山形県長井市（人口約33,000人，9,000世帯）では，行政と市民が一体となって生ゴミの堆肥化事業（「台所と農業をつなぐながい計画」）を立ち上げ，地域自給と自治を基盤とする循環型まちづくりに取り組んでいる。そして，その実践は産業社会のシステムに組み込まれ，歪められた農業や生活，人間関係の見直しにまで行き着いた。長井市の運動のリーダーの1人である農民・菅野芳秀さんは，「土と人間の品格ある関係」を取り戻すこと，つまり生活文化の再構築が何よりも求められていることを，説いて回っている（大野編, 2001；菅野, 2002）。

　さらに，1970年代初めから有機農業運動が起こった山形県高畠町では，有機農業が地域に広がっただけでなく，都市との提携・交流が深まるなかで，30数名もの都市生活者が移住して「新しい混住社会」が形成されつつある。有機農業運動の「随伴結果」として，都市生活者や定年後の帰農者が新たな農の担い手となり「世代として継承」されたことが，むら社会にインパクトを与えている（松村・青木, 1991；星, 2000）。

長年にわたる提携では，生産者と消費者の関係は相互扶助的な信頼を土台として，一種の運命共同体のように濃密になっており，〈提携〉のネットワークは，その相互変革力をなお保持しているようである。そしてその展開のなかで，環境保全や地域再生が運動の視野に入ってくる。高田昭彦によるネットワークの類別（高田, 1993: 69）にしたがえば，「課題別ネットワーキング」から，「『生活者』にもとづくコミュニティづくり」へと向かっている。

　第4章でみたように，提携運動をとりまく流通・市場の変化の影響を強く受け，消費者集団・グループの組織化が困難になってきている。だが，30余年にわたる運動を通して，個人間や組織間，そして地域に形成されてきた〈提携〉のネットワークと親密圏は，大きな変革力を潜在させている。ここに立ち現れているのは，生命の危機を感じとった人びとと，地域に根ざした「在地」，あるいは「土着」の「結衆」なのである。また，このネットワークは，有機農業運動を超えて「他者性に立った公共性」に向けて開かれ，崩壊しつつある地域やコミュニィの自治力としてさまざまな領域（たとえば，地域福祉やごみ問題など）で大きな機能を果たしていることを見逃してはならない。

3　グローバリズムとローカリズムのはざまで
　　——有機農業運動の産業化・制度化を超えて

　もともと農業の近代化・工業化批判から出発した有機農業運動であったが，1990年代に入ってから，日本の提携運動は大きな転機に立たされ，そのシステムの再点検を迫られていることは，第6章1節でみたとおりである。
　地方自治体のなかには，第9章でみた宮崎県綾町のように，1980年代後半から，条例や要綱で有機農産物の栽培基準や認証制度を制定して，独自のブランドや産地形成を図る動きがでてきた。岡山県では，全国に先駆けて1989年3月から有機農産物の認証制度をスタートさせ，有機無農薬農業の生産集団の育成を図ってきた。
　だが，政府による有機農業関連政策は，第5章でみたように農林水産省が推進する表示行政が先行し，有機農産物の認証制度の導入は健全な〈有機農業〉の普及・定着をむしろ妨げ，有機農業運動に大きな動揺を与えている。有機農産物が認知されていくなかで，広域流通やWTO体制下の自由貿易（弱肉強食の世界）を促す国際的な有機認証システムの整合化（ハーモナイゼーション）

が迫られ，生産者は有機JAS検査認証制度に翻弄される結果になったのである。その背景には農業の「産業化」がよりいっそう進み，アグリビジネスや商社，食品産業が食料供給のグローバル化のもとで力を増してきたことがある。

有機農業運動の地域的展開の現場は，まさにグローバリズムとローカリズムが対峙する状況を呈している。このような状況のもとで，第Ⅱ部でみた3地域における有機農業運動は有機JAS認証制度をどのように受け止め，運動を展開していこうとしているのであろうか。3つの地域における有機農業運動がそれぞれ形成してきた〈提携〉のネットワークの特徴と関連づけてまとめておきたい。

3.1 木次乳業を中核とする〈提携〉のネットワークと親密圏

奥出雲地域における有機農業運動の拠点となっている木次乳業は，〈提携〉のネットワークにのせて，乳製品等を出荷・販売している。消費者とのあいだに，信頼を土台とする「生命共同体」ともいうべき〈親密〉な関係性を築いている。なかでも，京都の「使い捨て時代を考える会」との〈提携〉のネットワークは緊密で，有機農産物を「農業と日本の現実を考え，自らの暮らしを反省するため」の「考える素材」と位置づける同会と，〈地域自給〉を理念とする奥出雲の有機農業運動とのあいだには，「生命共同体的関係性」（親密圏）が形成されている。こうした〈提携〉のネットワークに地域の産物をのせて販売しているので，木次乳業では有機JAS認証制度の認証を受けることは考えていないようだ。

有機認証システムのグローバル化のもとで，農林水産省は有機畜産物のJAS規格を制定したが，木次乳業では輸入した有機飼料を使用してまで国際的な畜産物の有機基準に合わせるようなことは考えていない。今後も，中山間地の奥出雲地域に適した山地酪農，「粗飼料の自給」をめざす小規模酪農農家から生乳を集め，パスチャライズ処理，あるいはヨーグルトやチーズ，アイスクリーム等に加工して〈提携〉のネットワークにのせて流通・販売していくことを基本姿勢としている。また，有機農法で生産した牛乳や米，ブドウ，野菜，卵などを，主として地元の学校給食や斐伊川流域の消費者に供給している。〈地域自給〉や健康・安全にこだわって〈有機農業〉や本来の食べ物づくりに取り組む斐伊川流域の生産者や企業・事業体，流通組織は，「生命共同体」として，

結論　日本の有機農業運動の特質

ゆるやかなネットワーク（親密圏）を形成している。

木次乳業を拠点とする奥出雲地域の有機農業運動は，こうした流域自給圏の形成によって，グローバリズムに対抗して「在地性」豊かな〈農〉と〈暮らし〉が息づく「品位ある静かな簡素社会」の構築に向かっている。まさに，日本の辺境（周縁）の地においてグローバリズムに対峙する内実をもった循環型地域社会が形成されつつある。

3.2　無茶々園の〈提携〉のネットワークと地域再生

柑橘農家集団を基軸に，地域の再生をめざす無茶々園が運動を展開している辺境（周縁）の地明浜町にも，グローバリズムの波は押し寄せている。ことに柑橘栽培はバブル経済崩壊後の不況と，オレンジをはじめとする農産物輸入自由化の直撃を受け，みかんの価格は暴落が激しい。こうした構造不況のもとでのみかんの価格暴落に加えて，毎年のように起きる異常気象や台風，カメムシの被害による生産量の減少のため，柑橘農家の経営は窮地に追い込まれている。

そのようななかで，無茶々園は四半世紀にわたる有機農業運動を通して紡ぎだした〈提携〉のネットワークに，みかんやその加工品（ジュース，マーマレードなど）をはじめ，ちりめんじゃこやはちみつ，真珠など，地域の産物をのせて販売することによって，有機農業の地域への浸透と町の再生を図ってきた。

ところが，有機認証システムの国際的整合化を企図して制定された改定JAS法が2000年6月から施行されることになり，国の認定を受けた第三者機関による認証を受けなければ「有機」と表示できなくなった。こうした事態に対応するために，無茶々園はISO（国際標準化機構）が制定した「ISO14001」のシステムに，これまで「顔の見える関係」のもとで保証してきた「安心・安全」を託すことにした。このシステムの導入によって，無茶々園の会員生産者の環境意識が高まり，消費者からも無茶々園の環境対策に対する一定の信用を得ることができた。

だが，一方では，販売上の必要から余儀なく有機JASマークも取得したが，JAS認証制度の矛盾や問題に直面して戸惑っている。国際的整合化を図るために有機農業に共通の定義を持ち込み，しかも工業生産された食品の規格に有機農産物をのせる制度であるからである。

こうした状況のもとで，無茶々園は栽培指針を作成し，これまでの実践を通

して到達した有機栽培技術を会員生産者に徹底させるとともに，会員の樹園地の栽培管理状況を情報公開することによって，信用と技術を高めようとしている。そして，有機農業運動に取り組みはじめた頃の原点に戻って，〈提携〉のネットワークの絆をより強め，広げていこうとしている。このことが，無茶々園の運動にとって，グローバリズムに対抗して「在地性」豊かな〈農〉と〈暮らし〉が息づく「地域社会協同組合」の形成に向かう確かな道であることが，有機認証システムのグローバル化の波に巻き込まれ翻弄されるなかで，はっきりと見えてきたのである。

3.3 綾町の〈提携〉のネットワークと自治の力

　綾町は日本で初めて自治体として有機農業条例を制定し，町独自の有機農産物の認証制度をスタートさせた。ケミカル・コントロールや施設栽培によって自然の摂理に逆らい作物の"旬"を無視する反自然的栽培の横行や「似非有機農産物」が氾濫している状況のもとで，厳しい態度で有機農業に取り組んできた。綾町の認証制度は，町の農産物を差別化するために，自ら設けた自主検査制度である。欧米および国際的有機農産物の認証制度の制定と重なる時期であったため，こうした動きにつらなる認証制度としてみなされ，自治体をはじめとして多くの関係者の関心を集めた。綾町の認証制度は，町が自主基準を策定して品質を保証することによって，綾町の生産物の信用を高め，ブランド化を図ろうとしたものである。

　ところが，検査認証については，シールの貼付が徹底されないという事態が起きており，消費者への生産過程情報の提供という点からも，検査認証制度の空洞化傾向がみられた。また，「有機農業」を営む農家も減っている（白垣，2000: 9）。これには，綾町の自然生態系農業を中心になって推進してきた郷田町長の退任・死去にともない有機農業の理念の風化が進んでいることや，行政主導による「有機農業の町づくり」であったことが大いにかかわっているとみられる。農林水産省が法制化した有機JAS認証制度についても，明確な理念や考え方にもとづいた対応はなされていない。綾町では，改定JAS法完全実施にともない，有機登録認定機関として町（行政）を登録し，出荷・販売先の要請を受けて有機JAS認証を必要とする「有機農産物」を，ほかの機関よりも割安の手数料で認証している。

結論　日本の有機農業運動の特質

現在のところ，綾町の「有機農業の町」というブランドは健在である。「在地」（ローカリズム）と「地球規模」（グローバリズム）が真っ向から対峙するいまこそ，町行政による強いバックアップのもとで形成された循環型地域社会の基盤を生かし，自治公民館を拠点とする有機農業の普及・振興や生活文化運動を通して培われた自治の力によって，「在地性」豊かな照葉樹林文化に根ざす「有機農業の町」の再構築に向けて，動きだすことが求められているように思われる。

3.4　まとめ

米国において，連邦レベルの有機基準の策定や認証制度の施行の動きに対抗して，草の根レベルでCSAが広がっていったように，いま，日本でも国の有機認証制度に準拠した「管理型農業」ではなく，自立した循環型地域社会の形成をめざす動きが各地で多様に展開されている。その基盤は何といっても，有機農業運動が30余年をかけて培ってきた生産者と消費者の〈提携〉のネットワーク，〈生命の支え合い〉であり，その信頼の絆であろう。まさに生産者と消費者が生命の源である食べ物を生みだす〈農〉の責任を分かち合う〈提携の経済〉によって，有機農業の「産業化」を超えようとしているのである。

日本の有機農業運動を支えてきたのは両者の「顔の見える関係」がもつ変革力であり，〈提携の経済〉であった。第Ⅱ部でみたように，辺境（周縁）地域においてグローバリズムとローカリズムが鋭く対峙する状況のもとで，「生命共同体」の内実をもった〈提携〉のネットワーク（親密圏）を軸にして持続的な社会経済システムへと転化しつつある。都市と農村を結ぶ親密な「有機的関係」，いわば親密圏を軸にして，循環型地域社会が形成されつつある。

有機農業運動は理念追求型の運動ではあるが，日常的な実践を通じて持続可能な農業と生活世界の復権をめざす変革運動であった。有機農業運動は，農法・技術の改善や制度改革への志向性だけでなく，グローバル化のもとで産業社会のシステムに組み込まれた労働や生活，社会的不公正などに対する自省的(リフレクシブ)な問い直しを提起しつつ，日常の〈農〉や〈暮らし〉の場において，伝統に根ざした生活文化と持続可能な地域社会(コミュニティ)を新たに創造しつづけているのである。

注

(1) 環境運動の特色について検討した長谷川公一（2001a: 100-102）は，「労働運動が工場という生産点のイッシューを争点化してきたのに対して，環境運動は生活の場という消費点のイッシューを問題化する」，フェミニズム運動やマイノリティ運動，福祉をめぐる運動のように新たな権利獲得や財の再配分などを求める「権利回復型運動」に対して，環境運動は，新しい社会運動のなかでも環境にかかわるリスク回避，環境リスクからの生活防衛をめざす「リスク回避型運動」という特質をもつと整理している。

(2) 佐伯啓思は，「市場経済」と，「資本主義の自己拡張運動」「欲望の肥大化」を必然的にともなう「資本主義市場経済」を区別している（佐伯，1993）。

(3) 「新しい社会運動」の行為様式の特徴として，長谷川公一（1990: 22）は，「デモ行進や座り込み，人間の鎖など，多くの人びとがその場に反対の意志をもって存在すること自体を示威する戦術が好まれる。その運動目標は防衛的，阻止的なものであり，政策当局（政体）に対しては拒否的で，非妥協的である。ヨーロッパの新しい社会運動は，交渉力を欠き，目標達成への戦略的有効性への志向は相対的に稀薄である」という。

あとがき

　30年余前，私は初めて有機農業運動に出会いました。ある雑誌の取材で「たまごの会」の農場を訪れた時，私は〈有機農業〉の世界がもつ問題の広がりと奥深さを直感しました。その当時「たまごの会」は，近代化・工業化された食べ物の生産・流通過程に疑問や不信をもった都市の消費者が，自ら食べ物を「作り・運び・食べる」実践の場として茨城県八郷町柿岡（現・石岡市）に消費者自給農場を建設し，平飼い養鶏や有機農業による野菜づくり，養豚などを始めたばかりでした。「たまごの会」の会員は，そうした試みを通して近代畜産や近代農業，また食と農の世界システムの形成につながる動きとしてその頃から進行しつつあった，農産物の生産・流通・販売のインテグレーション（垂直的統合）などについて鋭い根源的な問題提起を行い，自らの生活全体の問い直しとライフスタイルの変革をめざしていました。私はこの消費者自給運動の意義を充分消化できないまま，小さなレポートを書きました（桝潟，1974）。

　その後，私は国民生活センター調査研究部で，「時代の課題」に衝き動かされながら，有機農業運動の全国調査や地域自給，有機農産物の流通など，有機農業に関する調査研究を続けました。大学教員に転職後も，有機農業運動の地域的展開や北米のCSA（Community Supported Agriculture：地域を支える農業）などのローカルフード・ムーブメントに深い関心をもって研究を進めてきました。これらの調査研究に対して，私は有機農業が直面している実践的な課題に研究者としていかに関わるかという姿勢で取り組みました。ですから，私はフィールドワーカーとして実証的方法による研究をめざす社会学徒ではありますが，社会学的な研究にこだわってきたわけではありません。むしろ，有機農業にかぎらず環境問題のような実践的な研究課題に接近するにあたって，時代情況との緊張関係をつねに保ちながら，関連諸科学の知見や理論，パラダイムを踏まえた学際的な幅広いパースペクティブをもった問題構成のもとで研究を進めることを大切にしてきました。このような私の研究姿勢は，国民生活センター時代の共同研究，とくに国民生活センター調査研究部の研究仲間であった多辺田政弘氏（前専修大学）との共同研究を通して培われたように思います。

本書は私の有機農業研究の一つの区切りとして博士論文をもとにまとめた学術書ではありますが，専門外の読者の方々にも有機農業運動の歴史的展開過程とその意義，および有機農業が直面している「時代の課題」がわかりやすく伝わるように論述することを心がけました。もとになった博士論文は「有機農業運動の展開と〈提携〉のネットワークの形成」と題しましたように，30 余年にわたる有機農業運動に関する研究をもとに，「有機農業生産者と消費者が紡ぎだした〈提携〉のネットワークはいかに地域の再生とかかわってきたか」という問いを解明するために，社会学固有の領域と問題を設定し，大幅に加筆し再構成しました。

　有機農業運動が胎動を始めて 30 年余。日本においても政府（農林水産省）が有機農業を政策的に推進する方向に切り替わりました。2006 年 12 月の「有機農業の推進に関する法律」（有機農業推進法）の制定を期に，有機農業をめぐる情勢は大きく変化しています。いまグローバル化が過激に進み地域格差が拡大していますが，研究課題に接近する方法と視点を明確に設定したことによって，有機農業運動の展開過程で形成された〈提携〉のネットワークや親密圏がもつ現代的意義（位置価）が浮き彫りになったように思います。

　本書は，2004 年 3 月にお茶の水女子大学から博士（社会科学，Ph. D. in Sociology）の学位を授与された博士論文をもとに，大幅に加筆修正したものです。主査の平岡公一先生をはじめ審査の労をとられた先生方から多くのご教示をいただきました。とりわけ，天野正子先生には審査にあたっていただいたばかりでなく，現代産業社会研究会（東京教育大学での恩師である間宏先生が主宰されていた研究会）の先輩として，私が駆け出しの研究者時代から知的刺激と励ましをいただいております。また，森岡清美先生は，実践的な研究や仕事に走りがちな私を，アカデミズムにつなぎとめてくださいました。学部学生の頃から今日にいたるまで親身にご指導いただいております。この場をかりて，深くお礼を申し上げます。

　ここでお一人お一人のお名前をあげることは省かせていただきますが，長年にわたる研究生活において実に多くの方々の学恩に負っております。また，東京育ちの私はフィールドで出会った生産者や消費者，関係機関の方々からたくさんの知恵や知識，生きざまを学ばせていただきました。本書において，有機農業運動にかかわった人びとの〈生〉や生活のリアリティに迫れているならば，

あとがき

　それはフィールドで私と真摯に向き合ってくださった方々のお陰です。ここに記して，感謝の意を表します。ありがとうございました。
　最後になりましたが，生硬な学術論文を読みやすいものにしてくださったのは，新曜社編集部の小田亜佐子さんです。原稿を深く読み込み，本書の構成から図表の整理，表現の重複にいたるまで，献身的に細部にまで気を配って編集してくださいました。また，私の初めての個人著書の装幀をお願いした日髙眞澄さんに，今回もカバーデザインをお願いしました。
　ほんとうにたくさんの方々に支えられ励まされて本書を刊行することができました。ありがとうございました。

　　2008年1月

桝潟　俊子

初出一覧

序　章　（下記の一部を用いたが，ほぼ書き下ろし）
　「有機農業運動の展開と環境社会学の課題」『環境社会学研究』創刊号, 1995 年: 38-52.
　「いま，なぜ〈食と農〉なのか」桝潟俊子・松村和則編『食・農・からだの社会学』新曜社, 2002 年, 1-21.
　「有機農業運動が拓く新しい社会の〈システム〉」桝潟俊子・松村和則編『食・農・からだの社会学』新曜社, 2002 年, 217-236.

第 I 部
第 1 章　（2 つの論文をもとに加筆）
　「消費者の有機農業への接近——消費者集団の発生と組織化過程」国民生活センター編（多辺田政弘・桝潟俊子）『日本の有機農業運動』日本経済評論社, 1981 年, 34-59.
　「産直から提携へ」国民生活センター編（多辺田政弘・桝潟俊子）『日本の有機農業運動』日本経済評論社, 1981 年, 155-253.

第 2 章　（2 つの論文をもとに加筆）
　「消費者集団による有機農業運動の現段階」『国民生活研究』第 24 巻第 2 号, 1984 年: 34-54.
　「高畠有機農業運動の先駆性と現段階——運動の中で何が獲得されてきたのか」松村和則・青木辰司編『有機農業運動の地域的展開』家の光協会, 1991 年, 196-212.

第 3 章　（2 つの論文をもとに加筆）
　「なぜいま有機農産物の流通なのか」国民生活センター編（桝潟俊子・久保田裕子）『多様化する有機農産物の流通——生産者と消費者を結ぶシステムの変革を求めて』学陽書房, 1992 年, 1-28.
　「有機農業の『政策化，制度化』と運動の課題」『国民生活研究』第 35 巻第 4 号, 1996 年: 25-41.

初出一覧

第4章 (「80年調査」と「90年調査」のデータを用いて書き下ろし)

第5章 (下記の論文に加筆)
「有機農業の『政策化,制度化』と運動の課題」『国民生活研究』第35巻第4号, 1996年: 25-41.

第6章 (下記の一部を用いて書き下ろし)
「アメリカ合衆国におけるCSA運動の展開と意義」『淑徳大学総合福祉学部研究紀要』第40号, 2006年: 81-100.

第Ⅱ部
第7章 (下記の論文に加筆)
『酪農農家の共同体を拠点とする流域自給圏の形成──島根県奥出雲地域における有機農業運動の展開』科学研究費補助金報告書〔改訂版〕, 2003年.

第8章 (下記の論文に加筆)
「有機農業運動の展開と地域の再生──愛媛県明浜町『無茶々園』の運動を事例にして」『淑徳大学社会学部研究紀要』第36号, 2002年: 111-132.

第9章 (下記の論文に加筆)
「行政主導による『有機農業の町』づくり──宮崎県綾町における循環型地域社会の形成」『淑徳大学社会学部研究紀要』第38号, 2004年: 95-124.

結　論 (書き下ろし)

文　献

足立恭一郎, 1988「『産消提携』による農の自立──山岸会の営みを事例にして」『農業総合研究』第 42 巻第 2 号: 1-61.
───, 1989「『農』にみる共生の思想」坂本慶一編著『人間にとって農業とは』東京: 学陽書房, 148-160.
───, 1991「有機農業と基準: 再考」『農総研季報』No. 12: 1-40.
天野正子, 2005「ライフスタイルを変える『百姓』ネットワーク──『健全な農産物をつくる会』」『「つきあい」の戦後史』東京: 吉川弘文館, 223-234.
アメリカ合衆国農務省有機農業調査班編, 日本有機農業研究会訳, 1982『アメリカの有機農業──実態報告と勧告』東京: 楽游書房.
安全な食べ物をつくって食べる会 30 年史刊行委員会, 2005『村と都市を結ぶ三芳野菜──無農薬・無化学肥料 30 年』東京: 安全な食べ物をつくって食べる会.
青木辰司, 1991a「高畠町有機農業研究会の成立と展開」松村和則・青木辰司編『有機農業運動の地域的展開──山形県高畠町の実践から』東京: 家の光協会, 31-40.
───, 1991b「農薬空中散布の進行と有機農業運動」松村和則・青木辰司編『有機農業運動の地域的展開──山形県高畠町の実践から』東京: 家の光協会, 85-96.
有吉佐和子, 1975a『複合汚染』(上) 東京: 新潮社.
───, 1975b『複合汚染』(下) 東京: 新潮社.
───, 1977『複合汚染　その後』東京: 新潮社.
浅井まり子, 1995「食生活研究会 (神奈川)」『土と健康』No. 272: 2-5.
Beck, Ulrich, 1999, *World Risk Society*, Cambridge: Polity Press.
Carson, Rachel, 1962, *Silent Spring*, Greenwich, Conn.: Fawcett. ＝ 1974, 青樹簗一訳『沈黙の春』東京: 新潮社. 最初の邦訳題は 1964 年『生と死の妙薬』.
Codex Alimentarius Commission, 1999, *Guidelines for the Production, Processing, Labelling and Marketing of Organically Produced Foods: CAC/GL 32-1999*, Joint FAO/WHO Food Standards Programme. (コーデックス委員会「有機食品の生産, 加工, 表示および販売に関するガイドライン」)
Cohen, Jean L., 1985, "Strategy or Identity: New Theoretical Paradigms and

Contemporary Social Movements," Social Research 52(4): 663-716.
Colby, M., 1998, "Beyond Organic: Rejecting National Organic Standards and a Call for a New Food Movement," *Food & Water Journal*, spring 1998: 12-15.
ダイオキシン・環境ホルモン対策国民会議, 2000「7月8日に中間報告会／ダイオキシンは男児を減らすか？――全国市町村別出生比の動向調査」『ニュース・レター』Vol.7（9月10日）: 2-5.
Eder, Klaus, 1985, "New Social Movements: Moral Crusades, Political Pressure Groups, or Social Movements?" *Social Research* 52 (4) : 869-890.
Fagan, Jhon, 1994, *Genetic Engineering*, New York: MIU Press.＝1997, 自然法則フォーラム監訳『遺伝子汚染』東京：さんが出版.
Feingold, Ben F., 1975, *Why Your Child is Hyperactive*, New York: Random House.＝1978, 北原静夫訳『なぜあなたの子供は暴れん坊で勉強嫌いか』京都：人文書院.
藤森昭, 1983「木次乳業と酪農農家」国民生活センター編『地域自給に関する研究（Ⅰ）』東京：国民生活センター, 227-264.
――, 1986「木次有機農業研究会の自給運動」国民生活センター編『地域自給と農の論理――生存のための社会経済学』東京：学陽書房, 305-326.
福原宣明, 1994『魂の点火者――奥出雲の加藤歓一郎先生』.
福士正博, 1995『環境保護とイギリス農業』東京：日本経済評論社.
福士正博・四方康行・北林寿信, 1992『ヨーロッパの有機農業』東京：家の光協会.
舩橋晴俊, 1995「環境問題への社会学的視座」『環境社会学研究』創刊号: 5-20.
古沢広祐, 1995『地球文明ビジョン――「環境」が語る脱成長社会』東京：日本放送出版協会.
――, 1999「WTO市場原理に対抗する動きが生まれ始めている」『月刊オルタ』10月号.
郷田實, 1988「わが町の有機農業」『生態系農業新時代』東京：生態系農業研究会, 128-134.
――, 1998『結の心』東京：ビジネス社.
Groh, Trauger & Steven McFadden, 1997, *Farms of Tomorrow Revisited: Community Supported Farms- Farm Supported Communities*, Kimberton, PA: Biodynamic Farming and Gardening Association.（Groh T.& S. McFadden, 1990, *Farms of Tomorrow: Community Supported Farms- Farm Supported Communities*, Kimberton, PA: Biodynamic Farming and Gardening Association.＝1996, 兵庫県有機農業研究会訳『バイオダイナミック農業の創造――アメリカ有機農業運動の挑戦』東

京：新泉社 の増補改訂版
『80 年代』編集部編, 1983a「私の田舎暮らし」『80 年代』No. 21.
　──, 1983b「続私の田舎暮らし」『80 年代』No. 23.
　──, 1986「百姓を選んだ人たち」『80 年代』No. 36.
花田達朗, 1993「公共圏と市民社会の構図」山之内靖ほか編『システムと生活世界　岩波講座　社会科学の方法第Ⅷ巻』東京：岩波書店, 42-83.
原田津, 1997『食の原理　農の原理』東京：農山漁村文化協会.
長谷川公一, 1990「資源動員論と『新しい社会運動』論」社会運動論研究会編『社会運動論の統合をめざして』東京：成文堂, 3-28.
　──, 1993「社会運動──不満と動員のダイナミズム」梶田孝道・栗田宣義編『キーワード／社会学』東京：川島書店, 147-163.
　──, 2001a「環境運動と環境研究の展開」飯島伸子・鳥越皓之・長谷川公一・舩橋晴俊編『環境社会学の視点』（講座環境社会学第 1 巻）東京：有斐閣, 89-116.
　──, 2001b「環境運動と環境政策」長谷川公一編『環境運動と政策のダイナミズム』（講座環境社会学第 4 巻）東京：有斐閣, 1-34.
　──, 2003『環境運動と新しい公共圏──環境社会学のパースペクティブ』東京：有斐閣.
荷見武敬・鈴木博・河野直践, 1988『有機農業──農協の取り組み』東京：家の光協会.
波多野豪, 1998『有機農業の経済学──産消提携のネットワーク』東京：日本経済評論社.
早川文象,「どうなる『日本一の照葉樹林』と『自然重視のモデル町──環境政策の最先進地・宮崎県綾町の『岐路』を見つめる』（第 1 回～第 13 回，最終回）『望星』2000 年 1 月号～ 2004 年 6 月号，2005 年 9 月号．
　第 1 回（早川, 2000）『望星』11 月号: 62-69.
　第 2 回（早川, 2001a）『望星』1 月号: 62-69.
　第 3 回（早川, 2001b）『望星』7 月号: 54-61.
　第 4 回（早川, 2001c）『望星』12 月号: 64-69.
　第 5 回（早川, 2002a）『望星』1 月号: 70-75.
　第 6 回（早川, 2002b）『望星』6 月号: 54-60.
　第 7 回（早川, 2002c）『望星』10 月号: 52-58.
　第 8 回（早川, 2003a）『望星』3 月号: 64-71.
　第 9 回（早川, 2003b）『望星』8 月号: 68-75.
　第 10 回（早川, 2003c）『望星』11 月号: 69-75.

第 11 回（早川, 2004a）『望星』2 月号: 55-61.
第 12 回（早川, 2004b）『望星』3 月号: 60-66.
第 13 回（早川, 2004c）『望星』6 月号: 80-87.
最終回（早川, 2005）『望星』9 月号: 64-71.

Henderson, Elizabeth & Robyn Van En, 1999（rev. exp. ed. 2007）, *Sharing the Harvest: A Guide to Community–Supported Agriculture,* White River Junction VT: Chelsea Green. = 2008, 山本きよ子訳『CSA 地域支援型農業の可能性――地産地消の成果』東京：家の光協会.

本多勝一, 1991「貧困なる精神（170）『田園の聖域』」の提唱（下）」『朝日ジャーナル』8 月 16-23 日増大号: 82-83.

本城昇, 2001「有機農産物の基準・認証問題」日本有機農業学会編『有機農業――21 世紀の課題と可能性』（有機農業研究年報 Vol.1）東京：コモンズ, 62-82.

――, 2002「日本の有機農業をめぐる法と政策」日本有機農業学会編『有機農業――政策形成と教育の課題』（有機農業研究年報 Vol.2）東京：コモンズ, 17-48.

星寛治, 1976「産直は何をめざすのか」『潮流』7 月号.

――, 1982「農民の自立」『ジュリスト増刊』No. 28: 245-251.

――, 1990「高畠町における有機農業の歩み」『1989 年学生部セミナー　環境と生命報告書』東京：立教大学学生部.

――, 1994『農業新時代――コメが地球を救う』東京：ダイヤモンド社.

――, 1998「共生社会を拓く有機農業運動―山形県高畠町における実践と考察」日本村落研究学会編『有機農業運動の展開と地域形成　【年報】村落社会研究 33）』東京：農山漁村文化協会, 81-103.

――, 1999「風土に根ざす小農自立の道」日本有機農業研究会編『有機農業ハンドブック』東京：農山漁村文化協会, 314-323.

――, 2000a『有機農業の力』東京：創森社.

――, 2000b「提携にかけるわが想い」『土と健康』No. 325: 2-5.

星寛治・山下惣一, 1981『北の農民　南の農民』東京：現代評論社.

伊庭みか子・古沢広祐編, 1993『ガット・自由貿易への疑問』東京：学陽書房.

一樂照雄伝刊行会編, 1996『一樂照雄伝』東京：農山漁村文化協会.

井口隆史, 1980「生産・流通の事例分析――有機農産物の生産・流通・消費」『流域圏における地域開発のあり方に関する調査事業報告書』81-95.

飯島伸子, 1993「改訂版へのあとがき」『改訂版　環境問題と被害者運動』東京：学文社, 245-247.

文献

池田真理, 2000「アメリカ農務省, 米国有機食品基準案を改訂, 提案」『土と健康』No. 324: 35-36.
Illich, Ivan, 1981, *Shadow Work*, London: Marion Boyars. =1982, 玉野井芳郎・栗原彬訳『シャドウ・ワーク』東京：岩波書店.
Imhoff, Dan, 2001, "Linking Tables to Farms," Freyfogle, Eric T. ed., *The New Agrarianism: Land, Culture, and the Community of Life*, Washington: Island Press, 17-27.
International Federation of Organic Agriculture Movements, 2000, *IFOAM Basic Standards for Organic Production and Processing*, dedicated by the IFOAM General Assembly in Bazel, Swizerland. =2001, 共同翻訳プロジェクトチーム『IFOAM（国際有機農業運動連盟）有機生産および加工の基準』東京：日本有機農業研究会.
石井慎二, 1983『すばらしき田舎暮らし』東京：光文社.
岩下誠徳, 1984『田舎暮らし入門』東京：筑摩書房.
嘉田良平, 1990『環境保全と持続的農業』東京：家の光協会.
金子美登, 1987『未来をみつめる農場』東京：岩崎書店.
――, 1992『いのちを守る農場から』東京：家の光協会.
――, 2002「食・エネ自給と地場産業ネットワーク」桝潟俊子・松村和則編『食・農・からだの社会学』東京：新曜社, 156-167.
――, 2007「有機農業推進法に期待する――長期・本格的なスタートを！」『土と健康』No. 387: 2-4.
菅野芳秀, 2002『生ゴミはよみがえる』東京：講談社.
河田昌東, 2001「高まる遺伝子組換え食品反対　しかし汚染は広がっている」『土と健康』No. 337: 2-11.
川原一之, 1996「『夜逃げの町』から『有機農業・手づくりの里』へ――『農業哲学』で先行投資」『現代農業』8月増刊号: 8-20.
河本大地, 2005「有機農業の展開と農家の受容――有機農産物産地・宮崎県綾町の事例」『人文地理』第57巻第1号: 1-24.
小林芳正, 1985,「熱塩加納村農協における地域社会農業への取り組み」吉田喜一郎監修, 農林中金調査部研究センター編『地域社会農業』東京：家の光協会, 271-291.
小嶋秀夫, 1989『子育ての伝統を訪ねて』東京：新曜社.
国民生活センター編（多辺田政弘・桝潟俊子・井上敏夫), 1978『有機農産物の産直運動』東京：国民生活センター.
――（多辺田政弘・桝潟俊子), 1979『消費者と有機農業生産者の提携運動

──地域内産直を中心として』東京：国民生活センター．
── (多辺田政弘・桝潟俊子), 1980『有機農業運動の現状──有機農業生産者実態調査報告書』東京：国民生活センター．
── (多辺田政弘・桝潟俊子), 1981a『消費者集団による有機農業運動──有機農業生産者と提携する消費者集団調査報告書』東京：国民生活センター．
── (多辺田政弘・桝潟俊子), 1981b『日本の有機農業運動』東京：日本経済評論社．(1984, 付表一部改訂)
── (多辺田政弘・藤森昭・桝潟俊子・久保田裕子), 1983『地域自給に関する研究（Ⅰ）──島根県奥出雲地域における農家の変容と有機農業運動』東京：国民生活センター．
── (多辺田政弘・藤森昭・桝潟俊子・久保田裕子), 1984『地域自給に関する研究（Ⅱ）──和歌山県色川地区における農林業の変遷と自給運動』東京：国民生活センター．
── (多辺田政弘・藤森昭・桝潟俊子・久保田裕子), 1985『地域自給に関する研究（Ⅲ）──愛媛県明浜町狩浜における農漁業の変遷と有機農業運動』東京：国民生活センター．
── (多辺田政弘・藤森昭・桝潟俊子・久保田裕子), 1986『地域自給と農の論理──生存のための社会経済学』東京：学陽書房．
── (桝潟俊子・久保田裕子), 1989『有機農産物流通の多様化に関する研究──デパート・スーパーにおける取扱いの実態と問題点』東京：国民生活センター．
── (桝潟俊子・久保田裕子), 1990『専門流通事業体による有機農産物取扱いの実態』東京：国民生活センター．
── (桝潟俊子・久保田裕子), 1991『消費者集団による提携運動』東京：国民生活センター．
── (桝潟俊子・久保田裕子), 1992『多様化する有機農産物の流通──生産者と消費者を結ぶシステムの変革を求めて』東京：学陽書房．
小松光一・小笠原寛, 1995『山間地農村の産直革命──山形村と大地を守る会の出会い』東京：農山漁村文化協会．
河野直践, 1988「福島県熱塩加納村農協」荷見武敬・鈴木博・河野直践『有機農業──農協の取り組み』東京：家の光協会, 153-170．
──, 1994『協同組合の時代──近未来の選択』東京：日本経済評論社．
Kramer, Mark, 1977, *Three Farms: Making Milk, Meat and Money from the American Soil*, Boston: Little, Brown. = 1981, 逸見謙三監訳『病める食糧超大国アメリカ』東京：家の光協会．

工藤昭彦, 1993『現代日本農業の根本問題』東京：批評社.
熊沢喜久雄, 1995「日本的環境保全型農業の未来像［１］」『農業および園芸』第70巻第5号: 17-24.
―, 2002「環境保全型農業10年の動きとこれからの方向」全国農業協同組合中央会・全国農業協同組合連合会編『環境保全型農業――10年の取り組みとめざすもの』東京：家の光協会.
栗原彬, 1998「いのちの相互性のインターフェイス――いま環境社会学がおもしろい」『思想の科学』No. 107: 57-63.
―, 2000「表象の政治――非決定の存在を救い出す」『思想』No. 907: 5-17.
Lappe, Frances Moore & Anna Lappe, 2002, *Hope's Edge*, New York: Penguin Putnam.
Lipnack, Jessica & Jeffrey Stamps, 1982, *Networking*, New York: Doubleday & Company. ＝1984, 社会開発統計研究所訳『ネットワーキング』東京：プレジデント社.
丸元淑生, 1992『生命の鎖』東京：飛鳥新社.
桝潟俊子, 1974「消費者自給農場への試み――たまごの会」多辺田政弘・桝潟俊子「生活の全体性を求めて――模索する消費者運動」『国民生活』第4巻第9号：22-27.
―, 1978「自給農場への試み――『たまごの会』の運動」国民生活センター編（多辺田政弘・桝潟俊子・井上敏夫）『有機農産物の産直運動』東京：国民生活センター, 139-188.
―, 1979「小集団による地域内産直への試み――『所沢生活村』の運動」国民生活センター編（多辺田政弘・桝潟俊子）『消費者と有機農業生産者の提携運動』東京：国民生活センター, 109-161.
―, 1979「食べ物で地域のつながりを再生――地場生産・地場消費をめざす三多摩たべもの研究会」『国民生活』第9巻第8号: 36-43.
―, 1981a「消費者の有機農業への接近――消費者集団の発生と組織化過程」国民生活センター編（多辺田政弘・桝潟俊子）『日本の有機農業運動』東京：日本経済評論社, 34-59.
―, 1981b「産直から提携へ」国民生活センター編（多辺田政弘・桝潟俊子）『日本の有機農業運動』東京：日本経済評論社, 155-253.
―, 1981c「食生活の変化」国民生活センター編（多辺田政弘・桝潟俊子）『日本の有機農業運動』東京：日本経済評論社, 264-274.
―, 1983a「『たべもの』の会」国民生活センター編『地域自給に関する研究（Ⅰ）』東京：国民生活センター, 269-283.
―, 1983b「木次有機農業研究会の活動と地域自給」『土と健康』No. 136:

15-23.

——, 1984「消費者集団による有機農業運動の現段階」『国民生活研究』第 24 巻第 2 号: 34-54.

——, 1986「無茶々園の有機農業運動」国民生活センター編『地域自給と農の論理』東京：学陽書房, 269-286.

——, 1987a「都市近郊で有機農業に取り組む」『農業と経済』50 巻 2 号: 54-58.

——, 1987b「提携米を食べる——食生活を見直し，生き方を変える」坂本慶一・大崎正治・橋本明子・桝潟俊子編『米——輸入か農の再生か』東京：学陽書房, 287-305.

——, 1988a「『帰農』というライフスタイルの転換とその展開（上）」『国民生活研究』第 28 巻第 1 号：38-54.

——, 1988b「『帰農』というライフスタイルの転換とその展開（下）」『国民生活研究』第 28 巻第 2 号：19-35.

——, 1991a「日本における有機農産物の基準づくり——市場流通拡大のなかで」国民生活センター編『有機農産物の基準づくりをめぐって——アメリカ全国基準の成立経過・日本の動向』東京：国民生活センター, 40-62.

——, 1991b「高畠有機農業運動の先駆性と現段階——運動の中で何が獲得されてきたのか」松村和則・青木辰司編『有機農業運動の地域的展開』東京：家の光協会, 196-212.

——, 1992a「なぜいま有機農産物の流通なのか」国民生活センター編（桝潟俊子・久保田裕子）『多様化する有機農産物の流通——生産者と消費者を結ぶシステムの変革を求めて』東京：学陽書房, 1-28.

——, 1992b「専門流通事業体による有機農産物の取扱い」国民生活センター編（桝潟俊子・久保田裕子）『多様化する有機農産物の流通——生産者と消費者を結ぶシステムの変革を求めて』東京：学陽書房, 61-149.

——, 1992c「都市と農村をむすぶ〈もうひとつの流通〉を求めて」国民生活センター編（桝潟俊子・久保田裕子）『多様化する有機農産物の流通——生産者と消費者を結ぶシステムの変革を求めて』東京：学陽書房, 215-280.

——, 1992d「有機農産物の基準・表示を考える」『月刊ちいきとうそう』No. 262: 9-16.

——, 1994「有機農業の内外動向と表示基準」『農業市場研究』第 2 巻第 2 号（通巻 38 号）：1-11.

——, 1995「有機農業運動の展開と環境社会学の課題」『環境社会学研究』創刊号：38-52.

——, 1996a「有機農業の『政策化，制度化』と運動の課題」『国民生活研究』第 35 巻第 4 号：25-41.

——, 1996b「エコロジカルな農業による循環型地域社会の形成に向けて」農村生活総合研究センター編『個の自立とゆるやかな連携に向けて——日本型エコロジー・ファームを目指して』東京：農村生活総合研究センター，36-45.

——, 2002a『農山村における循環型地域社会形成の条件に関する研究』科学研究費補助金研究成果報告書.

——, 2002b「有機農業運動の展開と地域の再生——愛媛県明浜町『無茶々園』の運動を事例にして」『淑徳大学社会学部研究紀要』第 36 号: 111-132.

——, 2002c「いま，なぜ〈食と農〉なのか」桝潟俊子・松村和則編『食・農・からだの社会学』東京：新曜社, 1-21.

——, 2002d「自立と互助の地域づくり：愛媛県明浜町・無茶々園」桝潟俊子・松村和則編『食・農・からだの社会学』東京：新曜社, 168-178.

——, 2002e「有機農業運動が拓く新しい社会の〈システム〉」桝潟俊子・松村和則編『食・農・からだの社会学』東京：新曜社, 217-236.

——, 2003『酪農農家の共同体を拠点とする流域自給圏の形成——島根県奥出雲地域における有機農業運動の展開』科学研究費補助金報告書〔改訂版〕.

——, 2004「行政主導による『有機農業の町』づくり——宮崎県綾町における循環型地域社会の形成」『淑徳大学社会学部研究紀要』第 38 号：95-124.

——, 2006「アメリカ合衆国における CSA 運動の展開と意義」『淑徳大学総合福祉学部研究紀要』第 40 号：81-100.

桝潟俊子・松村和則編, 2002『食・農・からだの社会学』東京：新曜社.

松村和則, 1995「有機農業の論理と実践——『身体』のフィールドワークへの希求」『社会学評論』180: 39-53.

松村和則編, 1997『山村の開発と環境保全——レジャー・スポーツ化する中山間地域の課題』東京：南窓社.

松村和則・青木辰司, 1991『有機農業運動の地域的展開——山形県高畠町の実践から』東京：家の光協会.

松崎早苗, 2001「日本の環境汚染から一般住民への環境ホルモン影響を見いだす試み——出生性比の地域差および経時変化の解析」『環境ホルモン』創刊号, 53-68.

満田久義, 2001「環境社会学の国際的動向（A）欧米の環境社会学」飯島伸子・鳥越皓之・長谷川公一・舩橋晴俊編『環境社会学の視点』（講座環境社会学第 1 巻）東京：有斐閣, 117-131.

森まゆみ, 2007『独立自営農民という仕事』東京：バジリコ.

森岡清美, 1991『決死の世代と遺書』東京：新地書房.
守田志郎, 1975『小農はなぜ強いか』東京：農山漁村文化協会.
武笠俊一, 2001「柿崎京一氏『飛騨白川村研究と私』を聞いて」『生活史研究会通信』No. 41.
室田武・多辺田政弘・槌田敦編, 1995『循環の経済学——持続可能な社会の条件』東京：学陽書房.
武藤軍一郎, 1994「有機農業を通じた町おこし——宮崎県JA綾町」農林水産省監修, JA全中・JA全農編『最新事例環境保全型農業』東京：家の光協会, 219-234.
中田実, 1992「地域社会学と環境社会学の接点」北川隆吉編『時代の比較社会学』東京：青木書店, 85-99.
——, 1993『地域共同管理の社会学』東京：東信堂.
中島紀一, 2005「有機農業法制論の転換を——表示規制から農業ビジョンへ」日本有機農業学会編『有機農業法のビジョンと可能性』（有機農業研究年報Vol.5）東京：コモンズ, 8-15.
——, 2006「有機農業推進法制定の意義とこれからの課題」『週刊農林』No. 1972: 8-9.
中村尚司, 1994『人びとのアジア——民際学の視座から』東京：岩波書店.
中野芳彦・中島静司, 1982「資料　有機農業運動研究（一）——『安全な食べものをつくって食べる会』のアンケート結果報告」『千葉大学教養部研究報告』A-15: 357-415.
——, 1983「資料　有機農業運動研究（二）——『三芳村安全食糧生産グループ』の調査結果」『千葉大学教養部研究報告』A-16（下）: 369-446.
——, 1985「資料　有機農業運動研究（四）——熱田忠男氏の農業経営と技術の調査報告」『千葉大学教養部研究報告』A-18（下）: 207-265.
中野芳彦・中島静司・伊藤嘉代子, 1984「資料　有機農業運動研究（三）——『菜っぱの会』のアンケート結果報告」千葉大学教養部研究報告』A-17（下）: 265-356.
National Research Council, 1989, *Alternative Agriculture*, Washington, DC: National Academy Press. ＝1992, 久馬一剛・嘉田良平・西村和雄監訳『代替農業——永続可能な農業をもとめて』東京：農山漁村文化協会.
日本生協連・食糧問題調査委員会編, 1984『産直——生協の実践』.
——, 1988『「第2回全国産直調査」報告書［I］——生協の産直・提携の取り組み実態』.
日本生協連編, 1992『「第3回全国産直調査」報告書——生協産直　新たな可能

性』.

日本消費者連盟, 1982『ほんものの牛乳がのみたい』東京：日本消費者連盟.

日本有機農業研究会編, 1999『有機農業ハンドブック』東京：農山漁村文化協会.

日本有機農業研究会, 2000「有機認証関連団体の最近の動き」『土と健康』No. 326: 12-15.

日通総合研究所, 1990『先進的高付加価値農業の在り方に関する調査報告書——消費者の期待に応える高付加価値農業』東京：日通総合研究所.

農林中金研究センター, 1975『有機農産物の流通について』東京：農林中金研究センター.

——, 1987「農協産直事業の実態と問題点（その1）——生協との産直活動」『NRCレポート87』No. 3.

農産業振興奨励会, 1991『平成2年度有機農業生産流通調査委託事業報告書』東京：農産業振興奨励会.

大江正章, 2001『農業という仕事』東京：岩波書店.

——, 2006「いのちと食をまもる開かれた地域自給のネットワーク——島根県木次町ほか」（新連載ルポ　人が豊かになる地域づくり1）『世界』2月号: 75-84.

Offe, Claus, 1985 "New Social Movements: Challenging the Boundaries of Institutional Politics," *Social Research* 52（4）: 817-868.

小川華奈, 1997「有機農業による地域活性化に関する考察——宮崎県綾町の実践を事例として」『神戸大学農業経済』第30号: 60-71.

おおい・まちこ, 2001「自治公民館の生活文化祭から手づくりほんものセンターへ」『現代農業』5月増刊号: 136-143.

大野和興編, レインボープラン推進協議会, 2001『台所と農業をつなぐ』東京：創森社.

大坂貞利, 1980「自然から学んだ低温殺菌牛乳——百姓が"百の匠み"に成る様努力したい」（『月刊地域闘争』6月号より転載）『ほんものの牛乳をもとめて』京都：使い捨て時代を考える会・安全農産供給センター, 18-19.

大山利男, 2002「コーデックス有機畜産ガイドラインと日本の有機畜産」日本有機農業学会編『有機農業——政策形成と教育の課題』（有機農業研究年報Vol.2）東京：コモンズ, 49-61.

——, 2003『有機食品システムの国際的認証——食の信頼構築の可能性を探る』東京：日本経済評論社.

Rodale, Jerome Irving, 1946, *Pay Dirt*, New York: The Devin-Adair Company. = 1974, 一楽照雄訳『有機農法』東京：農山漁村文化協会.

佐伯啓思, 1993『「欲望」と資本主義』東京：講談社.
斎藤純一, 2000『公共性』東京：岩波書店.
佐々木輝雄, 2001「自然循環の構築による地域経済社会の発展モデル——宮崎県綾町の事例を中心にして」環境経済・政策学会編『経済発展と環境保全』（環境経済・政策学会年報第6号），189-199.
佐藤忠吉, 1980「木次牛乳が生まれるまで」『ほんものの牛乳をもとめて』京都：使い捨て時代を考える会・安全農産供給センター, 1.
―――, 1981「百姓の牛乳」『自然食通信』No.5: 34-38.
―――, 1989「『牛飼い』仲間がひらく地域自給への道」『現代農業』3月増刊号：162-169.
―――, 1999a「地域自給と『次の村』づくり」日本有機農業研究会編『有機農業ハンドブック』東京：日本有機農業研究会, 252-256.
―――, 1999b「西南暖地での山地酪農——島根県大田市稲用・岩崎孝牧場の事例」『畜産コンサルタント』No. 418: 20-25.
―――, 1999c「有機農業と地域自給」『土と健康』No. 321: 2-3.
―――, 2000「牛の乳とともに」橋本武夫監修『もっと知りたい母乳育児——その原点と最新のトピック』メディカ出版（『Neonatal Care』秋季増刊）：44-48.
―――, 2001「私たちが考える理想の村」『畜産コンサルタント』1月号：22-23.
佐藤亮子, 2006『地域の味がまちをつくる——米国ファーマーズマーケットの挑戦』東京：岩波書店.
佐藤幸男・法子, 1984『むぎくさ通信——有機農業の現場から』甲府：山梨ふるさと文庫.
佐藤慶幸, 1994「共同購入環境社会論」環境社会学会第9回セミナー発表レジュメ（5月21日）.
―――, 1996『女性と協同組合の社会学——生活クラブからのメッセージ』東京：文眞堂.
佐藤慶幸編, 1988『女性たちの生活ネットワーク——生活クラブに集う人びと』東京：文眞堂.
佐藤慶幸・天野正子・那須壽編, 1995『女性たちの生産者運動——生活クラブを支える人びと』東京：マルジュ社.
Schnaiberg. A. & K. A. Gould, 1994, *Environment and Society*, St. Martin's Press. = 1999, 満田久義ほか訳『環境と社会』京都：ミネルヴァ書房.
千田雅之, 1995「健康性を重視した酪農・営農の取組みによる消費者提携の展開と地域農業・地場産業の活性化（島根県木次町）」農政調査会・中央畜産会・日本草地協会編『平成6年度新制策推進調査研究助成事業報告書——畜産経

営活性化調査研究事業』日草, 81-96.
篠原孝, 1981「長続きしないアメリカ型農業——二一世紀は日本型農業で」『用水と営農』12月:
白垣詔男, 2000『命を守り心を結ぶ　聞き書き・郷田實（前綾町町長）——有機農業のまち・宮崎県綾町物語』東京：自治体研究社.
白根節子, 1979『たかが菜っ葉の話から——現代たべもの文化考』東京：ダイヤモンド社.
Shiva, Vandana, 1991, *The Violence of the Green Revolution*, Penang Malaysia: Third World Network. ＝1997a, 浜谷喜美子訳『緑の革命とその暴力』東京：日本経済評論社.
——, 1993, *Monoculture of the Mind*, Penang Malaysia: Third World Network. ＝1997b, 高橋由紀・戸田清訳『生物多様性の危機——精神のモノカルチャー』東京：三一書房.
庄司俊作, 1998「第四十四回村研大会記事」日本村落研究学会編『有機農業運動の展開と地域形成　【年報】村落社会研究—33』東京：農山漁村文化協会.
食糧問題国民会議編, 1989『有機農業・新しい「食と農」の運動——国民の食糧白書'89』東京：亜紀書房.
鈴木智之, 1995「有機農業に取り組む——宮崎・熊本両県における環境保全型農業の推進事例」『レファレンス』534号：113-133.
多辺田政弘, 1983「有機農業運動から何が見える——食糧自給に発想の転換」『エコノミスト』11月8日号：56-62.
——, 1983「木次有機農業研究会の運動経過」国民生活センター編『地域自給に関する研究 (I)』東京：国民生活センター, 203-226.
——, 1986「〈もう一つの戦後〉の可能性」国民生活センター編『地域自給と農の論理——生存のための社会経済学』東京：学陽書房, 328-341.
——, 1995「自由則と禁止則の経済学」室田武・多辺田政弘・槌田敦編『循環の経済学——持続可能な社会の条件』東京：学陽書房, 49-146.
立川雅司, 1999「農業の産業化とバイオテクノロジー」『村落社会研究』No. 11：19-29.
高田昭彦, 1990「草の根市民運動のネットワーキング——武蔵野市の事例研究を中心に」社会運動研究会編『社会運動論の統合をめざして』東京：成文堂, 203-246.
——, 1993「ネットワーキング」梶田孝道・栗田宣義編『キーワード／社会学』東京：川島書店, 51-71.
——, 1995「環境問題への諸アプローチと社会運動論」『社会学評論』180：

16-38.

高松修, 2000「在来種があれば遺伝子組み換え作物はまったく必要ない」『土と健康』No. 328: 24-30.

―――, 2001『有機農業の思想と技術』東京：コモンズ.

田中耕司, 2000「自然を生かす農業」田中耕司編『講座人間と環境3　自然と結ぶ―「農」にみる多様性』京都：昭和堂, 6-21.

谷口吉光, 1988「『提携』の研究序説」『上智大学社会学論集』12: 79-98.

―――, 1989「『生活者』の形成―有機農業運動における関係変革の諸相」東北社会学会編『社会学年報』第18号：79-94.

寺田良一, 1990,「環境運動の類型と環境社会学―『新しい社会運動』の制度化，政策化を展望して」社会運動論研究会編『社会運動論の統合をめざして―理論と分析』東京：成文堂, 63-93.

―――, 1994「アメリカの環境運動における制度化と脱制度化」社会運動研究会編『社会運動の現代的位相』東京：成文堂, 145-169.

徳野貞雄, 1990「農業危機における農民の新たな対応」日本村落研究学会編『転換期の家と農業経営　【年報】村落社会研究―26』東京：農山漁村文化協会, 7-65.

―――, 1998「生活農業論から見た有機農業運動」日本村落研究学会編『有機農業運動の展開と地域形成　【年報】村落社会研究―33』東京：農山漁村文化協会, 9-41.

―――, 2002a「食と農のあり方を問い直す―生活農業論の視点から」桝潟俊子・松村和則編『食・農・からだの社会学』東京：新曜社, 38-53.

―――, 2002b「食と農を見直す農民：福岡県桂川町・合鴨水稲会」桝潟俊子・松村和則編『食・農・からだの社会学』東京：新曜社, 192-198.

鳥越皓之, 1999『環境社会学』東京：放送大学教育振興会.

鳥居ヤス子, 1992「広がるアメリカの有機食品　大手企業も参入」『自然農法』3月号，自然農法国際研究センター.

Touraine, Alain, 1985, "An Introduction to the Study of Social Movements," *Social Research* 52（4）: 749-787.

―――, 1978, *La Voix et le Regard,* Paris: Editions du Seuil. = 1983, 梶田孝道訳『声とまなざし―社会運動の社会学』東京：新泉社.

槌田敦・槌田劭編, 1975『化学者・槌田龍太郎の意見』京都：化学同人.

槌田佳代子, 1980「わが家の食卓七年」『果林'80すずかぜ』京都：使い捨て時代を考える会.

槌田劭, 1980「心のこもった牛乳とホンモノ」『ほんものの牛乳をもとめて』京

都：使い捨て時代を考える会・安全農産供給センター, 16.
使い捨て時代を考える会・安全農産供給センター編, 1980『ほんものの牛乳をもとめて』京都：使い捨て時代を考える会・安全農産供給センター.
内山節, 1993『時間についての一二章』東京：岩波書店.
鵜飼照喜, 1992a「自然保護運動と環境社会学の課題——新石垣空港を事例として」北川隆吉編『時代の比較社会学』東京：青木書店, 100-116.
———, 1992b「都市と自然——環境社会学の立場」鈴木広編『現代都市を解読する』京都：ミネルヴァ書房, 113-132.
山崎万里, 2000a「地域自給をめざして(1) 近代農業の先兵から有機農業へ 佐藤忠吉さん」(三代の農業を聞く⑲)『たべもの通信』8月号：28.
———, 2000b「地域自給をめざして(2) 商品としての『食品』から風土に根ざした食べものへ 佐藤忠吉さん」(三代の農業を聞く⑳)『たべもの通信』9月号：29.
———, 2000c「地域自給をめざして(3) 学習・教育が地下水脈に 佐藤忠吉さん」(三代の農業を聞く㉑)『たべもの通信』10月号：30.
———, 2000d「地域自給をめざして(4) 憲法とキリスト教を支えに 田中初恵さん」(三代の農業を聞く㉒)『たべもの通信』11月号：31.
———, 2000e「地域自給をめざして(5) 木次町シンボル農園『食の杜』 田中利男さん・初恵さん」(三代の農業を聞く㉓)『たべもの通信』12月号：29.
———, 2001a「地域自給をめざして(6) 微生物群との共生の道を 井上裕義さん」(三代の農業を聞く㉔)『たべもの通信』1月号：29.
———, 2001b「地域自給をめざして(7) 有機農業・点から面の時代へ 井上裕義さん」(三代の農業を聞く㉕)『たべもの通信』2月号：29.
———, 2001c「地域自給をめざして(8) 次世代にどう継ぐか 佐藤貞之・伊代子さん」(三代の農業を聞く㉖)『たべもの通信』3月号：30-31.
保田茂, 1986『日本の有機農業』東京：ダイヤモンド社.
———, 1993「解題」本野一郎『有機農業の可能性』東京：新泉社, 283-294.
米澤和久, 1993「愛媛県東宇和郡明浜町——挑戦する農民集団『無茶々園』」『エコノミスト』4月13日号：72-74.
湯浅欽史, 1984「食と農の荒廃をめぐって——有機農業運動の現段階」「講座現代と変革」編集委員会編『現代危機の諸相』(講座現代と変革 1) 東京：新地平社, 132-147.
Yussefi, Minou & Willer Helga, 2003, *The World of Organic Agriculture Statistics and Future Prospects, 2003*, Theley-Theley: IFOAM.

人名索引

あ行
青木辰司　　10, 33
浅井まり子　　46, 70
熱田忠男　　10, 100
安部紀夫　　184
天野慶之　　40
雨川直人　　182
有吉佐和子　　56, 73, 211
安藤孫衛　　40, 42
飯島伸子　　12
井口隆史　　169
一樂照雄　　5, 41-42, 54, 72-73, 96
井上裕義　　186, 188-190, 202
イリイチ, I.　　69
上田数富　　215
鵜飼照喜　　17
宇田川光好　　169, 192, 199
内山節　　21-22
浦田雅史　　49, 83
エダー, K.　　16
大石訓司　　184-185
大坂貞利　　161-175, 182, 198, 201
岡田茂吉　　40
岡田米雄　　52
小川渉　　276
オッフェ, C.　　15-16, 279
小野ケイ子　　275

か行
影山サダ子　　188
片山元治　　206, 210, 228-229
加藤歓一郎　　163, 182, 199
金子美登　　49, 61, 116, 136, 283
菅野利久　　72
菅野芳秀　　284
北脇則男　　168
熊沢喜久雄　　16
栗原彬　　21, 35-36

郷田實　　246-251, 264, 267-278
郷田美紀子　　271, 275
コーエン, J. L.　　16, 279
小寺とき　　69

さ行
斎藤純一　　35
斉藤達文　　210, 229
斉藤正治　　210, 229
佐伯啓思　　18, 290
桜沢如一　　168
佐藤貞之　　205
佐藤順一　　191, 202
佐藤忠吉　　161-205
佐藤伝次郎　　161, 198
佐藤慶幸　　11, 12
島村登詞男　　49, 83
シュネイバーグ, A.　　3
スタンプス, J.　　35

た行
高田昭彦　　17, 35, 285
高橋三郎　　164
田中耕司　　20, 154, 284
田中利男・初恵　　180-182, 192, 199, 201
田中豊繁　　166, 179, 201
谷義男　　134
谷口吉光　　10
田渕民雄　　274-275
多辺田政弘　　14, 17-18, 33, 54, 83, 114
玉野井芳郎　　17, 34
田村一二　　201
築地文太郎　　71
槌田敦　　17-18, 34
槌田龍太郎　　54
ツルネン, マルティ　　134
寺田良一　　11, 136
トゥレーヌ, A.　　14-15, 33

313

徳野貞雄　　　3, 11, 13, 31
鳥越皓之　　　32
鳥谷久義　　　166

な行
中尾佐助　　　248, 273
中川信行　　　78-79
中島紀一　　　136
中田実　　　　34
中野芳彦　　　10
中村尚司　　　17-18, 35
中村一　　　　42

は行
長谷川公一　　10, 15, 33, 281, 290
ハバーマス, J.　15, 35, 147
福岡正信　　　39, 211
福士正博　　　32,
福間博利　　　164
舩橋晴俊　　　32
古沢広祐　　　31, 147
古野隆雄・久美子　　11
ベック, U.　　5
星寛治　　　　71-85, 133

細木勝　　　　202
本城昇　　　　137

ま行
前田穣　　　　271, 275-276, 278
松村和則　　　10, 33
三上忠幸　　　185
水野肇　　　　41
室田武　　　　17-18
メルッチ, A.　15
森信三　　　　199

や行
保田茂　　　　8, 16
梁瀬義亮　　　40, 54
山下惣一　　　78

ら行
ラング, T.　　1
リップナック, J.　35
ロディル, J. I.　40, 70
若月俊一　　　41, 54
渡部務　　　　77
渡部晴基　　　165

事項索引

あ行

ISO14001認証　227, 237
IFOAM（国際有機農業運動連盟）　142, 149
アイデンティティ　15, 280
明浜町（愛媛県）　206-243
　　——の生業　208
　　——の有機農業運動　240-243
新しい社会運動　14-16, 279-281, 290
新しい食料・農業・農村政策の方向（新政策）　125-126
綾町（宮崎県）　244-278, 288-289
　　——の生業　244-245
　　——の堆肥化システム　251-252, 257-258
　　健康野菜づくり　250-251
　　自治公民館　268-269
　　直売所　253, 265
　　手づくりほんものセンター　265, 269-270
　　鉄塔建設反対　271
　　認証制度　255-257, 266-267
　　有機農業条例　254-255
　　有機農業の出発　249-251
　　有機農業の推進　251-254, 256, 262-263
　　有機農産物の販売ルート　253, 263-265
綾豚会　252-253, 273
綾の森世界遺産登録賛同署名　271
綾ブランド　263-265
安好会・マザーシップ　191
安全・安心　66, 108, 227
安全な食べ物　2-3, 45-46
安全な食べ物をつくって食べる会　10, 44, 49, 55, 68, 116, 119

市島町有機農業研究会　49, 55, 116
井上醤油店　188-190

温州みかん　210-238
雲南市（島根県）　155-159, 197-198

液肥　215, 251, 273
エコファーマー　128-129, 139
NOP（全国有機プログラム）　143-144
LISA（低投入・持続的農業）　119
LPG基地反対運動　212-213
縁農　44, 64

大石葡萄園　184-185
オーガニック食品市場　141-143
奥出雲地域（島根県）　155-205
　　——の生業　160
　　——の乳用牛飼養　160, 176-178
　　——の有機農業運動　204-205
奥出雲葡萄園　183-184
オルターナティブ　3, 5, 146-148, 281

か行

顔の見える関係　68-69, 74, 226
化学合成物質　2, 6
影山製油所　188, 202
価値（志向）　15-16, 69, 279-280
学校給食　180, 201
カメムシ異常発生被害　212, 215, 235
柑橘農家　206-243
　　——の後継者　229
柑橘農業　219-221
柑橘類価格暴落　219
環境運動　15, 281
環境社会学　10, 17-19, 34
環境保全型農業　119, 125-129, 135
　　——推進の基本的考え方　127-128
関係性　7-8, 66, 284
　　——重視主義　114

木次町（島根県）　155-205

315

『きすき次の村』　174-175
木次に集う会　175, 200
木次乳業　156-205, 286-287
　　——の集乳　170, 200
　　——の創業　166-168
　　——の地域への浸透　179-180
　　——のチーズ，アイスクリーム　171-174
　　木次パスチャライズ牛乳　169-170, 200
木次有機農業研究会　156-158, 164-171,178
帰農（都市住民の農への接近）　70, 84
基本法農政　1
90年調査　29-31, 101-117
京滋有機農業研究会　139
共同購入　2, 12, 32, 45, 106
共同の力　158, 225
近代農業（農業の近代化／工業化）　1-3,
　　42-43, 161-162,

グリーンコープ（共生社生協）　192-193,
　　251, 253
グループ青空　61, 69
グローバリズムとローカリズム　289

経済原理　20-22
減農薬栽培　89, 262

公共圏　35
公共性　35-36
　　他者性に立った——　21, 35, 285
公・私・共　19
公正取引委員会　94, 121, 137
高付加価値農業　119-120
国際的有機認証システム　141-143
　　——との整合化（ハーモナイゼーション）
　　125, 142
国民生活センター　13, 25-31, 33, 91
コーデックス（国際食品規格）委員会
　　123-125, 142, 149
コロコロの舎　191-192

さ行
在地　20-21
山地酪農　171-173

CSA（地域が支える農業）　24, 27, 145-146

——運動　145-146
自給粗飼料　162, 172, 178
自給農場（八郷町）　49, 74
慈光会　41, 49
自己限定的ラディカリズム　16, 281
自主配送　44, 79-80, 107, 115
自省的（リフレクシブ）運動　76, 147, 279
施設園芸（キュウリのハウス栽培）　259-
　　261, 264
自然農法　39-40,
持続的農業促進法　128-129
自治（地域民主主義）　19, 82, 234, 288
資本主義市場経済　280, 290
下郷農場　49, 55
社会運動論　10-13, 279
社会学的介入　14, 33
社会経済システム　3-5, 23
　　——の変革　3-5, 17
JAS法改定（改定JAS法）　123-125, 130
　　-131, 226-227, 266
自由貿易　140-142, 146-148
集落営農体制　221-222
循環型地域社会形成　8, 23, 195-196, 283
　　——の研究　27
循環の経済学　18-20
消費者　2, 7-8, 42-43
　　——との提携・交流　168-169, 232-233,
　　253-254
　　——自給運動　61, 69
消費者集団（グループ）　43-53, 101-117
　　——調査　27-31
照葉樹林　247-249
　　——伐採反対運動　248
食生活研究会　44, 49, 61, 70
食と農の分断　1-3
食と農をむすぶこれからの会　61, 83-84
食の世界市場システム　4-5, 23, 141-143
食の杜　180-187
食品公害　40-43
食品公害から命を守る会　40, 42, 55, 61
食品公害を追放し安全な食べ物を求める会
　　49, 113, 116
自立　234, 282-283
身土不二　57, 282
親密圏　21, 23, 35-36, 196-197, 235, 284-

事項索引

　　285
信頼　　7, 231-232

鈴蘭台食品公害セミナー　　49, 52
スーパー（量販店）　　90-91, 141

生活協同組合（生協）　　62-63, 83, 88, 92, 99
　　――の産直　　92, 253
生活クラブ生協　　11-12, 32-33, 49, 83
生活者　　14-15
　　――運動　　2, 56
生活文化　　3-5, 23, 267-272
生産者／有機農業生産者　　2, 7-8, 43-53, 58-70, 101-117
　　――への補償　　44, 83, 106, 250
生命共同体　　21, 23, 196-197, 235, 284
生命系　　18-19
生命・生活の原理　　20-22
西予市（愛媛県）　　206-207, 235
世界救世教　　40, 49, 92
専門流通事業体　　90, 98, 115-116
全量引き取り制　　44, 55, 115-117

相互扶助（互助）　　7, 234

た行

大地を守る会　　34, 90
大東町（島根県）　　176-177, 201
堆肥（有機性廃棄物）　　251-252, 257-258
堆肥センター　　213, 216, 235, 257
代理人運動　　12, 32-33
高畠町（山形県）　　10, 70-82, 284
　　――有機農業研究会　　49, 72-82
宅配　　92, 107-108, 117
縦軸の時間／横軸の時間　　21-22
WTO体制　　140-150
食べ物／食べ方　　65-67, 83-84
食べ物の安全性　　86, 114
「たべもの」の会　　168-169
たまごの会　　13, 49, 61, 74, 84

地域　　12, 17-18, 282-283
　　――再生運動　　228-243, 287
　　――内提携　　57-58, 62, 283
　　――酪農　　176-177

地域自給　　58-59, 282-283
　　――ネットワーク　　187, 194-195
　　――研究　　25-26
　　――の原理　　8-9
地産地消　　57, 282
直接提携集団　　101-112

使い捨て時代を考える会　　46, 49, 52, 170
付き合い　　7, 59-60
土づくり　　8-9, 132, 215-216, 250-252, 267-268

〈提携〉　　7-8, 20-23, 284-289
　　――の原理　　7-8
　　――の十原則　　55, 59-60, 75
　　――の定義　　7, 42, 59-60
提携運動　　42-85
　　――の拡大・増加の3タイプ　　60-62
　　――の多様化　　111
　　――の変革力　　64
　　集団間提携型――　　48-50
　　消費者主導型――　　48-50
　　生産者主導型――　　48-50
　　転機に立つ――　　101-117
天動の世界　　17, 34

東京青果　　90-91
東京都　　94
豆腐工房しろうさぎ　　184-185
所沢生活村　　10, 49, 52, 74, 84
土壌協会（イギリス）　　7, 97

な行

長井市（山形県）　　284
70年代　　2, 14, 41-44, 56-60
南予用水事業　　217-222

担い手　　82, 234, 279
日本的食生活　　67, 84
日本の有機農業運動
　　――の展開過程　　23, 37-150
　　――の特質　　23-24, 279-290
　　――の欧米との違い　　132
日本有機農業研究会　　5-9, 41-42, 56-57, 96, 119, 131-133

317

乳価不足払い制度　173, 200

ネットワーク　21, 23, 35, 115, 195-197, 226, 232, 284-289

農業協同組合（農協）　87-89, 97, 173-174, 251-253
農民の主体性　80-82
農薬汚染（害）　40-43, 163,
農薬・化学肥料　6, 39-40, 121, 127-129, 161-163
農薬空中散布　78, 85
農薬使用の取決め　108-109
農薬スプリンクラー散布　217-222, 236
　　──の中止　222
農林水産省　84, 87, 89, 97-99, 118-130, 135-139
ノートピア（百姓の理想郷）　227-228

は行

パスチャライズ（低温殺菌）牛乳　52, 169-171
80年代　60-64, 90-94, 118-120
80年調査　27-29, 45-53, 101-110,
84年調査　29, 57-58, 63, 82
晩柑類（伊予柑，ポンカン）　210-220

斐伊川流域　155-159, 194
日登牧場　172-173
「百姓」　82, 166
兵庫県有機農業研究会　116
表示行政　129-130
平飼い養鶏　192, 199
品位ある静かな簡素社会　193-197

ファーマーズ・マーケット　148, 150, 270
風土プラン　185-187, 201
『複合汚染』　56, 211
物質・生命循環の原理　5-7, 16, 134, 158, 282-283
ブラウンスイス種　172-173
ブロック制　80-81, 85
分析主義　114

米国農務省　7, 32

米国の有機食品　143-144, 149
米国の有機農業　143-146

ボカシ　191, 202, 216
ホームヘルパー　230, 238
"ほんもの"　52-53, 65-66, 96, 272

ま行

まいにち生協　192-193
"まがいもの"　96, 130
町づくりの哲学　247-249, 269
マルベリー工房　192

茗荷村　181, 201
三芳村（安全食糧）生産グループ　10, 44, 55, 61, 68, 116, 119
民際学　19, 35

無茶々園　206-243, 287-288
　　──基金協会　223
　　──の出発　210-211
　　──の生産販売増大　213-214
　　──の組織運営　214, 223
　　──の地域への浸透　212-213
　　──の販売ルート　214, 219, 225-226
　　──の無農薬栽培技術　215-216
　　──婦人部なんな会　230-231
地域協同組合──　222-223, 228, 238
地域法人──　214, 223, 229
農事組合法人──　214, 223
家族協同労働　224, 235
集団出作り農業　224-225, 237
正会員と准会員　214, 222, 236
『天歩』　212, 235
ファーマーズユニオン天歩塾　224-225
無農薬ブドウ栽培　184-185
無農薬柑橘栽培　211-217
むらとの相克　77-79
室山農園　181-183

杜のパン屋　182-183

や行

ヤマギシ会　49, 92-93, 99

事項索引

有機 JAS 規格　124
有機 JAS 検査認証制度　217, 227, 237
有機食品基準（イギリス）　7
有機食品国際ガイドライン　123-125, 142
有機食品生産法（米国）　142-143
有機畜産物国際ガイドライン　123, 138
有機農業
　——関連行政　120-121
　——に関する基礎基準（有機農業研究会）　8-9
　——の産業化　96-97, 141-145
　——の制度化・政策化　118-139
　——の定義　5-9, 96
　——の変革力　282-285
　——の町づくり　244-278
　——ブーム　87-89
　行政主導による——　259-263
　底の浅い——　32, 141
有機農業運動
　——の拡大　87-89
　——の先駆者　39-42
　——の草創期　39-55
　——の地域的展開　24, 70-82, 151-278
有機農業研究　10-22, 25
　社会学における——　10-13
　村落研究における——　12-13
有機農業推進法　134-136
有機農産物
　——等表示ガイドライン　121-123, 137
　——ニーズ　91-93

——の価格（決定）　68, 94, 105-106, 113-114
——の基準・検査認証・表示制度　93-95, 121-125, 128-131, 216-217
——の供給開始時期・品目　50-53, 104
——の高付加価値・商品差別化　91, 119
——の市場流通　91-97
——の脱商品化／脱制度化　68, 132-133
——の輸入　95, 100, 133, 142
——の流通（ルート）多様化　7, 26, 86-100
有機ビジネス　89, 89-90, 140-141, 147
有精卵　53, 192
有畜複合（小農）経営　57, 76, 82, 155, 165, 282
遊佐農協（山形県遊佐町）　49, 83

良い食べものを育てる会　49, 113
吉田村（島根県）　156, 159, 166, 197-198
よつ葉牛乳　44, 52, 55

ら行
ライフスタイル　3-5, 23, 281
酪農農家　155-205
　——の共同体　194-197

リスク回避　5, 280, 290
流域自給圏　157-158, 194-197

319

著者紹介

桝潟　俊子（ますがた　としこ）

- 1947 年　東京都生まれ
- 1971 年　東京教育大学文学部社会学専攻卒業
  　　　　国民生活センター調査研究部研究員を経て
- 現　在　淑徳大学大学院総合福祉研究科・総合福祉学部教授
  　　　　博士（社会科学）
- 専　攻　環境社会学，産業社会学
- 主要著書
  『企業社会と余暇——働き方の社会学』学陽書房, 1995 年
  『食・農・からだの社会学』（共編著）新曜社, 2002 年
  『離土離郷——中国沿海部農村の出稼ぎ女性』（共編著）南窓社, 2002 年
  『山村の開発と環境保全』（共著）南窓社, 1997 年
  『多様化する有機農産物の流通』（共著）学陽書房, 1992 年
  『有機農業運動の地域的展開』（共著）家の光協会, 1991 年
  『米——輸入か農の再生か』（共編著）学陽書房, 1987 年
  『地域自給と農の論理』（共著）学陽書房, 1986 年
  『日本の有機農業運動』（共著）日本経済評論社, 1981 年　ほか

有機農業運動と〈提携〉の
ネットワーク

初版第 1 刷発行　2008 年 3 月 20 日 ©

著　者	桝潟俊子
発行者	塩浦　暲
発行所	株式会社　新曜社

　　　　101-0051　東京都千代田区神田神保町 2-10
　　　　電話（03）3264-4973（代）・FAX（03）3239-2958
　　　　E-mail：info@shin-yo-sha.co.jp
　　　　URL：http://www.shin-yo-sha.co.jp/

印　刷	長野印刷商工	Printed in Japan
製　本	イマヰ製本	

ISBN978-4-7885-1088-3 C3036

―――― 関連書 ――――

桝潟俊子・松村和則　編
食・農・からだの社会学
シリーズ環境社会学　5　　　　　　四六判 288 頁　　本体 2400 円

古川彰・松田素二　編
観光と環境の社会学
シリーズ環境社会学　4　　　　　　四六判 312 頁　　本体 2500 円

井上真・宮内泰介　編
コモンズの社会学　森・川・海の資源共同管理を考える
シリーズ環境社会学　2　　　　　　四六判 264 頁　　本体 2400 円

宮内泰介　編
コモンズをささえるしくみ
レジティマシーの環境社会学　　　　四六判 272 頁　　本体 2600 円

鳥越皓之・嘉田由紀子・陣内秀信・沖大幹　編
里川の可能性
利水・治水・守水を共有する　　　　四六判 280 頁　　本体 2200 円

M・ネスル　三宅真季子・鈴木眞理子　訳
フード・ポリティクス
肥満社会と食品産業　　　　　　　　A5 判 560 頁　　本体 4800 円

S・ヘス＝バイバー　宇田川拓雄　訳
誰が摂食障害をつくるのか
女性の身体イメージとからだビジネス　四六判 360 頁　　本体 2800 円

新曜社